深圳市第一职业技术学校
THE FIRST VOCATIONAL TECHNICAL SCHOOL OF SHENZHEN
2017 Auditory feast
MUSIC
2017 Auditory feast
校园歌手大赛
时间：2017.12.08
地点：大礼堂
主办单位：学生会
赞助商：美联英语
座位号： 排 号
深圳市第一职业技术学校
THE FIRST VOCATIONAL TECHNICAL SCHOOL OF SHENZHEN
注意事项：
1.观看演出时请关闭手机或调至静音。
2.禁止大声喧哗，开场后严禁随意走动。
3.随身物品请保管妥当，以免丢失。
地点:大礼堂
时间:2017.12.08 3点10分
活动名称:深圳市第一职业技术学校校园歌手大赛
一职学生会公众平台

图 1-1

绿色地球
保护环境 从我做起
环保月
2018·Apr
保护地球环境，人人有责
现实
奋斗
保护环境
1st SZVTS
学生会

图 1-29

图 2-1

图 2-38

图 2-72

图 2-117

图 3-1

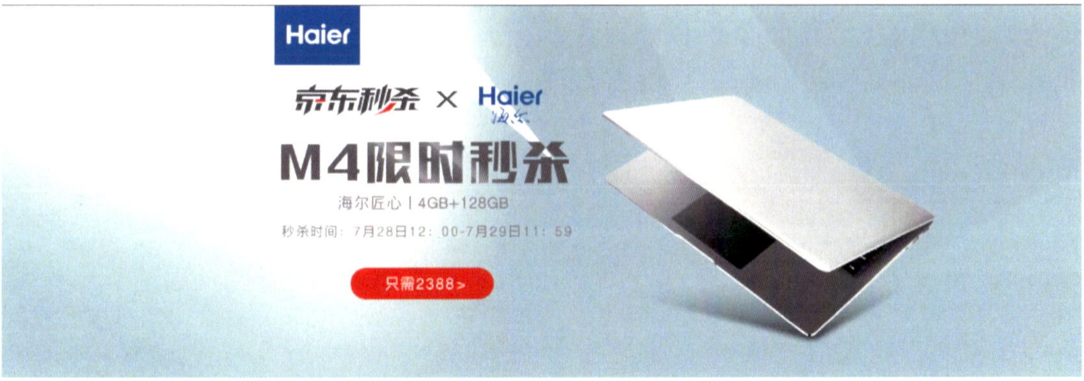

图 3-26

图 3-42

图 3-60

图 4-1

图 4-21

图 4-40

图　4-56

图　5-1

图　5-24

图　5-42

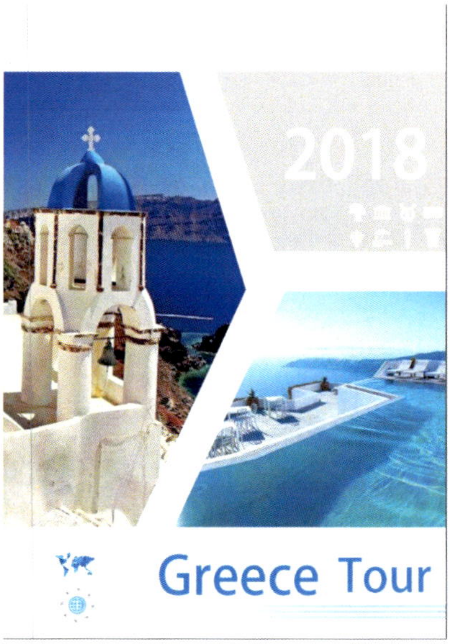

图　5-57

龙须面
LONG XU MIAN
正宗龙须面、开业特惠
凭学生证可享满 20元立减 5元优惠
活动时间：6月1日至6月15日
“龙须面”是我国北方传统风味筵席面点品种之一，是从山东抻面演变出来的精品，至今已有300多年的历史。龙须面为汉族面食，流行于北方广大地区。是一种又细又长、形似龙须的面条。农历二月二龙抬头，有吃龙须面之俗。今已为居民普通食品，常年食用。
（色泽雪白，细如发丝，易于消化）

图 6-1

鹿车拉不动，
记得等着我，等着我说……
MERRY
CHRISTMAS！
祝您平安夜，享平安！

图 6-27

图 6-48

图 6-87

图 6-106

图 6-158

图 7-1

图 7-15

图 7-32

图 7-44

图　7-51

图　7-71

职业教育数字媒体技术应用专业系列教材

Photoshop CC
实用案例教程

主　编　吕　琼　胡　靓

副主编　刘国萍　沈聪聪　范丛丛

参　编　郦梦楠　张铂浩　王　欢　张文湃

机械工业出版社

本书采用项目式的方式对Photoshop CC的实际应用进行讲解，共7个单元、15个项目，包括图像基本操作，图像的绘制与修饰，选区与图层，图层与图像高级功能，路径与形状、蒙版与通道，文字与滤镜、动作与动画，以及常用领域应用。本书以实际案例为载体，循序渐进、深入浅出地为读者介绍Photoshop CC的相关知识和应用技巧。

本书可作为职业院校计算机美术设计及相关专业的教材，也可作为平面设计培训班以及Photoshop CC的初、中级学者的参考用书。

为方便教师教学和学生学习，本书配有电子课件、素材、源文件等教学资源，教师可登录机械工业出版社教育服务网（www.cmpedu.com）注册后免费下载或联系编辑（010-88379194）咨询。

图书在版编目（CIP）数据

Photoshop CC实用案例教程/吕琼，胡靓主编. —北京：机械工业出版社，2020.12（2026.2重印）

职业教育数字媒体技术应用专业系列教材

ISBN 978-7-111-67057-5

Ⅰ. ①P… Ⅱ. ①吕… ②胡… Ⅲ. ①图像处理软件—职业教育—教材 Ⅳ. ①TP391.413

中国版本图书馆CIP数据核字（2020）第251462号

机械工业出版社（北京市百万庄大街22号 邮政编码100037）

策划编辑：梁 伟 责任编辑：梁 伟 张星瑶

责任校对：张 征 封面设计：鞠 杨

责任印制：郜 敏

河北虎彩印刷有限公司印刷

2026年2月第1版第6次印刷

184mm×260mm・20.25印张・4插页・438千字

标准书号：ISBN 978-7-111-67057-5

定价：69.00元

电话服务	网络服务
客服电话：010-88361066	机 工 官 网：www.cmpbook.com
010-88379833	机 工 官 博：weibo.com/cmp1952
010-68326294	金 书 网：www.golden-book.com
封底无防伪标均为盗版	机工教育服务网：www.cmpedu.com

前　言

Photoshop（简称PS）是Adobe公司最著名的图像处理软件，也是当今最受欢迎的平面设计软件之一。其应用领域非常广泛，涉及平面设计、广告摄影、影像创意、网页设计、文字特效、界面设计、GIF动画设计等领域。

Photoshop CC操作稳定、高效易学，可以有效地进行图像编辑、图像合成、校色调色及功能色效制作等操作，支持Windows操作系统、安卓系统与Mac OS。

本书共7个单元、15个项目，以30个任务式案例为载体，全面、系统地讲述了中文版Photoshop CC在不同领域中的常用操作功能。主要包括图像基本操作，图像的绘制与修饰，选区与图层，图层与图像高级功能，路径与形状，蒙版与通道，文字与滤镜，动作与动画，以及常用领域应用，满足了不同读者、不同层次的需要。

为落实立德树人的教育根本任务，本书选用了保护环境、禁烟等公益广告制作的案例，并融入中华优秀传统文化等思政教育元素，在培养学生实际工作能力的过程中实现价值引领，引导学生形成积极正确的人生观、价值观和世界观。

教学建议的学时安排如下：

单　元	项　目	任　务	操作学时	理论学时
第1单元	项目1	任务1　设计“校园歌手大赛”门票	2	2
		任务2　设计学校环保月“保护环境”海报	2	2
第2单元	项目2	任务1　设计广东省大学生运动会会徽	2	1
		任务2　设计源点科技芯片公司标志	3	1
	项目3	任务1　设计研味学堂餐厅桌卡	4	2
		任务2　设计研味学堂餐厅优惠券	4	1
第3单元	项目4	任务1　设计禁止吸烟公益海报	2	2
		任务2　设计海尔计算机促销海报	2	1
	项目5	任务1　设计“理想之城”房地产杂志广告	2	2
		任务2　设计“动漫部作品展”杂志广告	2	1
第4单元	项目6	任务1　设计“爱的告白”户外广告	2	2
		任务2　设计“世界杯开幕式”户外广告	2	1
	项目7	任务1　设计“太平鸟”企业画册	4	2
		任务2　设计“科幻时尚之都”房产画册	4	1
第5单元	项目8	任务1　绘制酒瓶	2	2
		任务2　绘制智能手机	2	1
	项目9	任务1　设计婚纱杂志封面	2	1
		任务2　设计旅游书籍插图	2	1
第6单元	项目10	任务1　设计龙须面美食广告	2	1
		任务2　设计ABC商场圣诞节广告	2	1
	项目11	任务1　设计房地产DM单	2	1
		任务2　设计宠物店DM单	2	1
	项目12	任务1　设计《阿~打》QQ表情	4	2
		任务2　设计《路过》QQ表情	4	1

（续）

单　元	项　目	任　务	操作学时	理论学时
第7单元	项目13	任务1　人像的精细化磨皮修图	2	2
		任务2　制作风景照片的水彩效果	2	1
	项目14	任务1　设计Banner条	2	1
		任务2　设计商品广告	2	1
	项目15	任务1　绘制卡通动物	3	1
		任务2　绘制儿童插画	4	1

本书由吕琼、胡靓任主编，由刘国萍、沈聪聪、范丛丛任副主编，由郦梦楠、张铂浩、王欢、张文湃任参编。其中，吕琼负责本书的统筹规划，编写了前言目录部分以及项目1、项目2、项目3；胡靓负责编写了项目5、项目6、项目7；刘国萍负责编写了项目13和项目15；沈聪聪负责编写了项目8；范丛丛负责编写了项目4和项目14；郦梦楠负责编写了项目11；张铂浩负责编写了项目12；王欢负责编写了项目10；张文湃负责编写了项目9。吕琼主编指导的电子商务项目曾获全国技能大赛一等奖，担任神Q侠侣影视校企工作室的指导老师，制作了全国第八届大运会平面设计、广州市政府垃圾分类吉祥物设计等项目。在编写过程中，得到了深圳市第一职业技术学校神Q侠侣影视校企工作室和校园电视台的全力支持，得到了深圳市龙岗第二职业技术学校、深圳市第三职业技术学校和广州市艾地广告有限公司的大力支持，在此向他们表示诚挚的感谢。

由于编者水平有限，书中难免存在疏漏和不足之处，恳请各位读者批评、指正。

编　者

目　　录

第1单元

图像基本操作

项目1　校园活动类宣传设计

学习目标

知识目标：掌握Photoshop CC 的基本操作。

技能目标：能使用Photoshop制作出完整的文件并输出打印。

情感目标：培养学生的任务操作能力和团队协作能力。

任务1　设计“校园歌手大赛”门票

任务情境

深圳市第一职业技术学校即将迎来一年一度的“校园歌手大赛”总决赛，学校传媒部接到宣传制作任务，要将“校园歌手大赛”总决赛的门票在规定时间内做好。

大赛门票的设计要求：围绕主题，积极向上，创新设计。内容要求：主题名称、时间地点、主办单位、赞助商、座位号以及学校LOGO。

学生会负责人姚老师和设计教研组的老师们接到学校对大赛门票的具体制作要求后，开始指导和分配任务，将传媒部的所有学生分成两个工作组——摄影组和设计组进行分工合作。其中摄影组负责摄影和前期素材收集工作；设计组负责图像后期处理和版式编排设计，将总决赛门票利用Photoshop软件进行设计，然后输出、打印成品。

任务分析

“校园歌手大赛”总决赛以“校园歌手”为本次任务的主题，设计制作时要体现校园、青春、音乐等元素。理解平面设计的构图方式，掌握Photoshop的图像基本操作以及版面调整，进一步熟悉软件的整个操作界面及应用范围。

任务最终效果如图1-1所示。

图 1-1

◆ 必备知识

制作本任务之前，需要具备平面设计的基本要领、通过网络下载门票所需画笔、字体等素材、完成Photoshop软件安装和基本界面操作。

基本知识

Photoshop主要处理由像素构成的数字图像。使用其众多的编辑与绘图工具，可以有效地进行图片编辑工作。它有很多功能，在图像、图形、文字、视频、出版等各方面都有涉及。平面设计是Photoshop应用最为广泛的领域，无论是图书封面，还是招贴、海报，通常都需要使用Photoshop软件对图像进行处理。

从功能上看，Photoshop可分为图像编辑、图像合成、校色调色及功能色效制作等。图像编辑是图像处理的基础，可以对图像做各种变换如放大、缩小、旋转、倾斜、镜像、透视等；也可进行复制、去除斑点、修补、修饰图像的残损等。

图像合成则是将几幅图像通过图层操作、工具应用合成完整的、传达明确意义的图像，这是美术设计的必经之路；该软件提供的绘图工具让图像素材与创意很好地融合。

校色调色可方便快捷地对图像的颜色进行明暗、色偏的调整和校正，也可在不同颜色间进行切换以满足图像在不同领域如网页设计、印刷、多媒体等方面的应用。

特效制作主要由滤镜、通道及工具综合应用完成。包括图像的特效创意和特效字的制作，如油画、浮雕、石膏画、素描等常用的传统美术技巧都可由该软件特效完成。

Photoshop是一款优秀的图像处理软件，启动时，必须首先创建新的项目文件或打开已存在的项目文件，这是Photoshop最基本的操作之一。

◆ 任务实施

1．新建文档

1）新建文档的方法有两种，第一种是使用快捷键<Ctrl+N>，第二种操作方法如下：

①启动Photoshop CC软件，选择“文件”→“新建”命令，如图1-2所示。

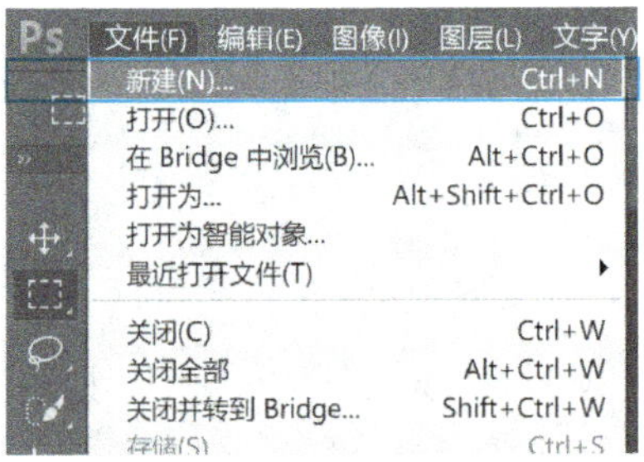

图 1-2

②弹出“新建”对话框，如图1-3所示。

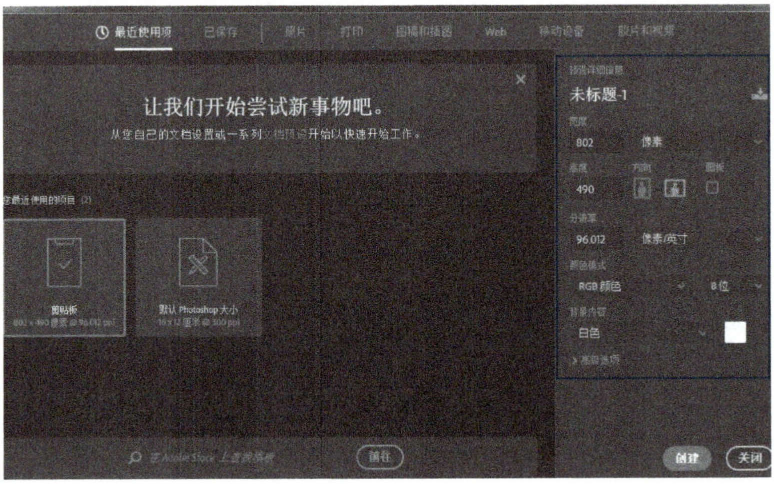

图 1-3

小提示

在制作网页图像的时候一般使用“像素（px）”做单位，在制作印刷品的时候则使用“厘米（cm）”做单位。

2）在新建文档中，“预设详细信息”选项卡中均为默认设置，可根据需求调整参数设置，以便提高工作效率。

①“宽度”“高度”设置框：默认以像素为单位，也可以选择英寸、厘米、毫米、点、派卡和列等。

②“分辨率”设置框：指位图图像中的细节精细度。像素/英寸默认为分辨率的单位，也可以选择像素/厘米。

③“颜色模式”下拉列表：图像的颜色模式是指将某种颜色表现为数字形式的模型，或者说是一种记录图像颜色的方式。列表中包括位图、灰度、RGB颜色、CMYK颜色和Lab颜色几种模式。其中RGB模式是一种发光模式，也叫“加光”模式，只有在发光体上才能显示出来，如显示器、电视等，该模式所包括的颜色信息有1670多万种，是一种真色彩颜色模式。CMYK模式是一种印刷模式，也叫“减光”模式，该模式下的图像只有在印刷体上才可以观察到，如纸张。

④“背景内容”下拉列表：包括白色、背景色、透明3种。

3）预设好详细信息，单击“创建”按钮就新建了一个空白文件。如图1-4所示。

图 1-4

小提示

按快捷键<F5>可以打开“画笔”面板。

按快捷键<F6>可以打开“颜色”面板。

按快捷键<F7>可以打开“图层”面板。

按快捷键<F8>可以打开“信息”面板。

按快捷键<Alt+F9>可以打开“动作”面板。

基本知识

在图1-4中Photoshop CC 工作界面根据功能大致可以分为以下几部分：

①菜单栏。

②工具箱。

③工具选项栏。

④搜索工具、教程和Stock内容。

⑤工作区控制器。

⑥当前操作的文档。

⑦面板。

⑧状态栏。

菜单栏：Photoshop CC中包含11组主菜单，分别是文件、编辑、图像、图层、文字、选择、滤镜、3D、视图、窗口和帮助。每个菜单内都包含一系列命令，这些命令按照不同的功能采用分割线进行分离。

工具箱：工具箱是图像处理过程中使用最频繁的工具，也是整个软件比较重要的功能。通过这些工具，可以进行选择、选区、绘制、文字、取样、图像修补等操作。

工具选项栏：在选择某项工具后，在工具选项栏中会出现相应的工具选项，在工具选项栏中可对工具参数进行相应设置。

面板：控制面板是Photoshop CC中进行颜色选择、编辑图层、编辑路径、编辑通道和撤销编辑等操作的主要功能面板，是工作界面的一个重要组成部分。

状态栏：状态栏位于文档窗口底部，可以显示文档窗口的缩放比例、文档大小、当前使用工具等信息。

2. 导入素材

进入Photoshop工作界面后，选择“文件”→“打开”命令，如图1-5所示。找到背景素材图，将其打开后双击“背景”命令解锁，然后按住鼠标左键将背景图直接拖入当前操作的文档区，如图1-6和图1-7所示。

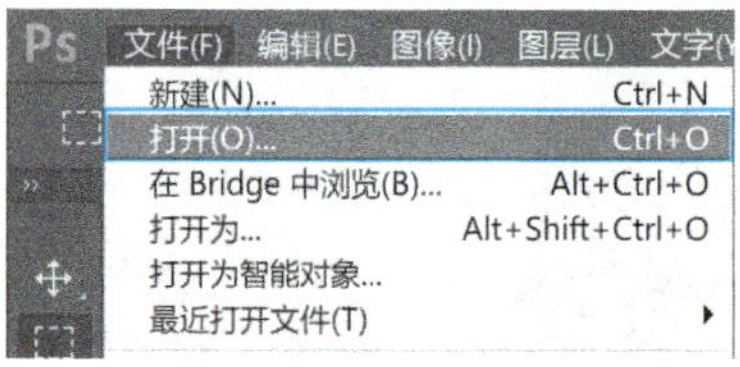

图 1-5

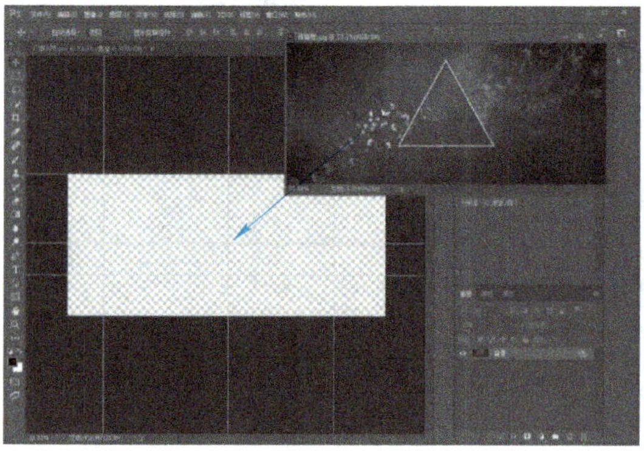

图 1-6

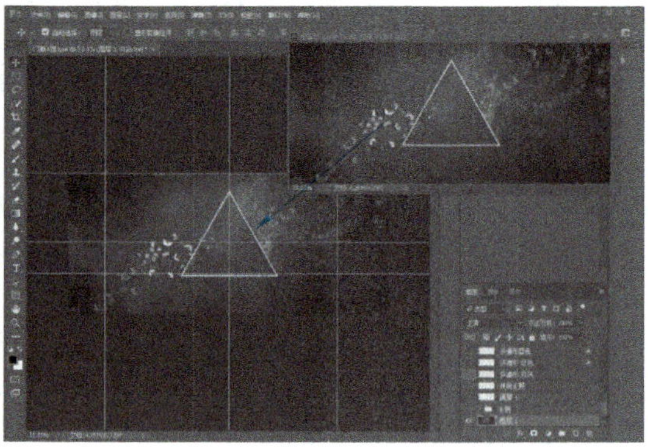

图 1-7

小提示

可打开<单个>素材文件，也可以同时打开多个文件。同时打开多个文件需选择一个文件后，按住<Ctrl>键再单击其他文件，即可同时选中多个所需文件。

打开文件快捷键为<Ctrl+O>，打开网格快捷键为<Ctrl+R>，然后按住鼠标左键在网格处直接将辅助线拖到需要的位置。

3. 制作门票正面

首先，选择左侧菜单栏“T”命令，输入主题文字“2017 Auditory feast”，如图1-8所示；然后复制图层两次，分别着色浅蓝和玫红；利用左侧菜单栏的钢笔工具绘制多个小三角形和线条，分别着色浅蓝和玫红，并将其分布在主题文字的周围，然后将主题文字的白色、浅蓝色、玫红色三个颜色文字叠加在一起，得到的效果如图1-9所示。

图 1-8

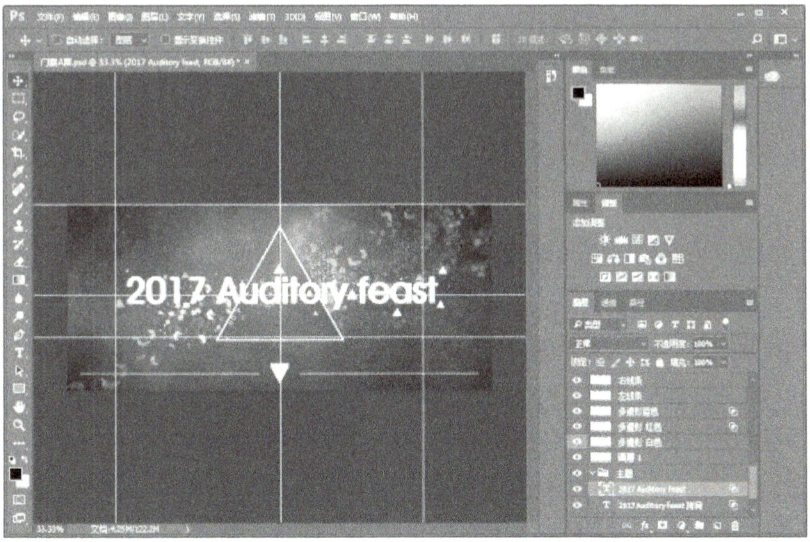

图 1-9

通过面板右下角的“复制图层”命令将群组1复制，然后选择“滤镜”→“转换为智能滤镜”命令，如图1-10所示；再选择“风格化”→“风”命令，如图1-11所示。

出现风动效果的预览图后，在“方法”选项栏中选择“风”，“方向”选项栏中选择“从左”，如图1-12所示；然后将群组1复制一个图层，利用同样的方法得到风动效果，在“方向”选项栏中选择“从右”，如图1-13所示。

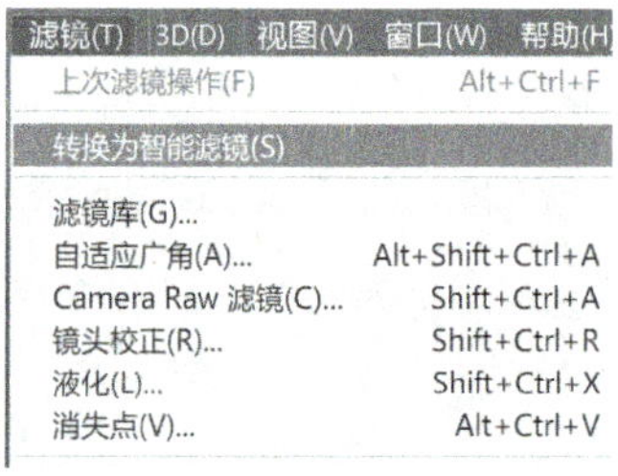

图 1-10

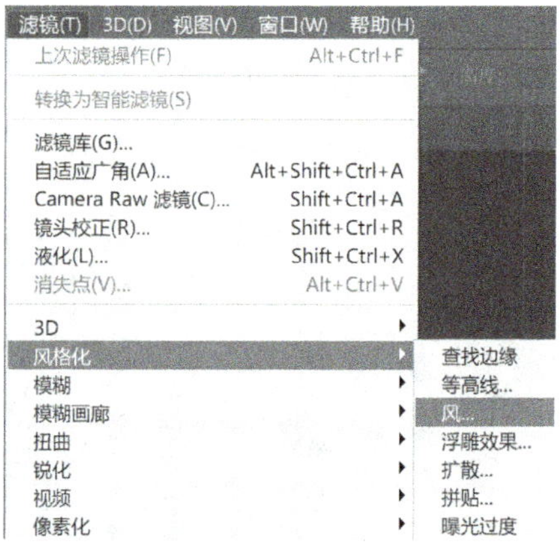

图 1-11

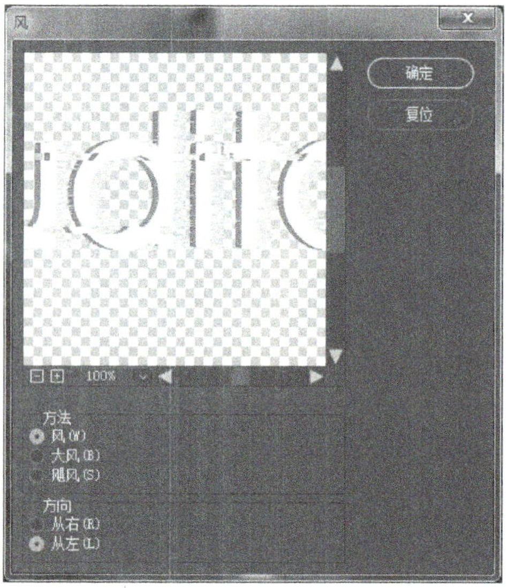

图 1-12

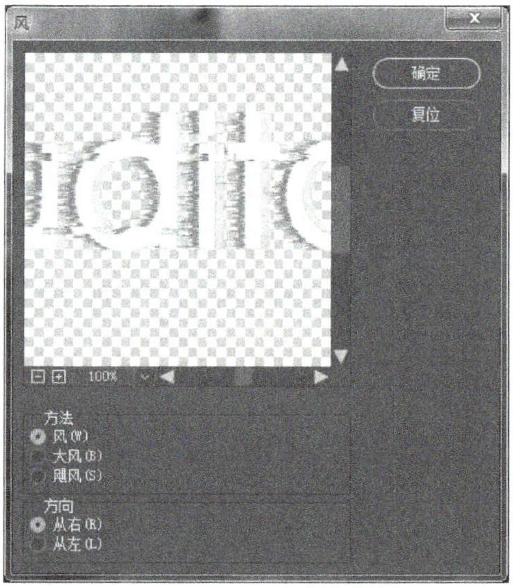

图 1-13

对字体的浅蓝色图层和玫红色图层在混合选项中使用“溶解”命令，“不透明度”调节为48，如图1-14所示。利用工具箱里的“矩形选框工具”→“单行选框工具”制作出底部装饰线，着色玫红色，最终得到的主题字体效果图，如图1-15所示。

将图1-15的文件按<Ctrl+C>组合键进行保存，新建一个“门票A面”PSD文件，开始添加“校园歌手大赛”门票所需要的其他元素和文本内容。

首先，将下载好的与主题相关的素材LOGO进行适当修改，将原素材的文字进行原色填充，再在LOGO上编辑好“2017 Auditory feast”以及“MUSIC”，字体加黑，体现镂空效果，如图1-16和图1-17所示。

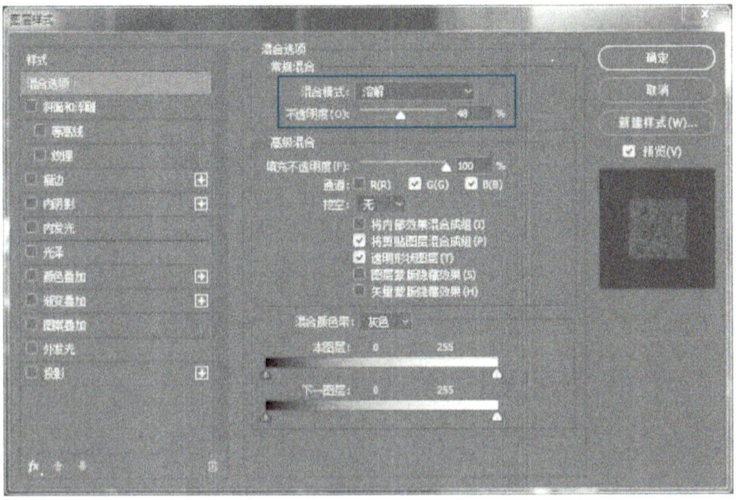

图　1-14

图　1-15

图　1-16

图 1-17

然后选择“文本工具”输入“校园歌手大赛”中文字体，字体选择“Adobe黑体”，如图1-18所示；再利用制作“2017 Auditory feast”字体效果的同样方式（风格化、溶解）制作出“校园歌手大赛”中文字体的相应效果，如图1-19所示。

图 1-18

图 1-19

小提示

将文本文字进行特效制作之前，往往要将其“栅格化文字”，再进行操作。方法是选中面板中的文字图层并右击，在弹出的快捷菜单中选择“栅格化文字”，如图1-20所示。

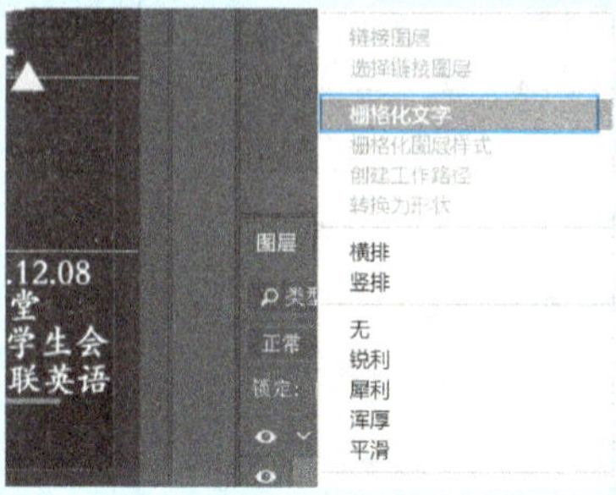

图 1-20

将此次“校园歌手大赛”的相关信息利用“文字工具”编辑、排版好，总决赛的门票正面就做好了，如图1-21所示，记得保存文件，按<Ctrl+S>键或导出为JPG格式，以备打印。

图 1-21

4. 门票反面制作

总决赛门票的反面尺寸与正面尺寸设置一样，同样将背景图打开后直接拖入画面中，然后按住快捷键<Ctrl+R>，将网格辅助线拖至相应位置，以备文字排版所需；接着单击左边工具箱里的文字工具“T”，输入观看歌手比赛所需要注意的事项，共4行文字，注意文字间隔，依据辅助线排版，如图1-22所示。

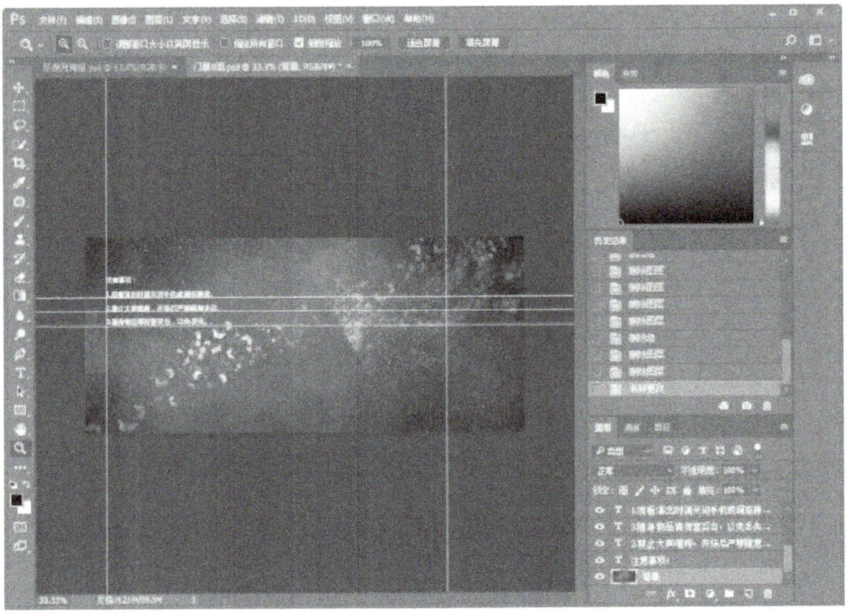

图 1-22

将学校的中英文名称、学校LOGO以及总决赛的时间、地点等信息排版至画面左上角，注意不要太靠边，这样方便最后打印出成品时裁剪，有充分的“出血”位置，如图1-23所示。

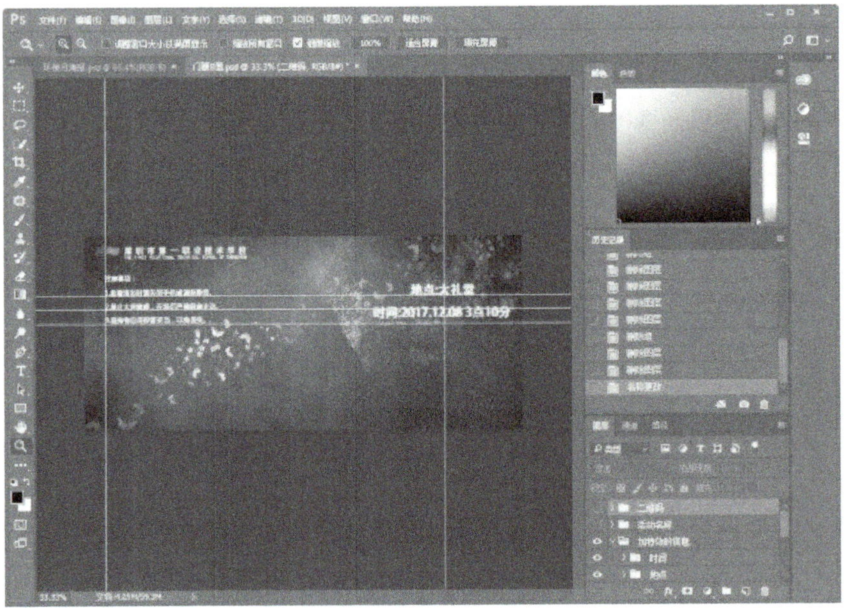

图 1-23

小提示

“出血”是一种印刷业的术语。纸质印刷品所谓的“出血”是指，加大产品外尺寸，在裁切位加一些延伸或事先预留好，专门给各生产工序在其工艺公差范围内使用，以避免裁切后的成品露出白边或裁到内容。一般设计师会在图片裁切位的四周加上2～4mm预留位置“出血”来确保成品效果的一致。在制作时分为设计尺寸和成品尺寸，设计尺寸总是比成品尺寸大，大出来的边是要在印刷后裁切掉的，这个要印出来并裁切掉的部分就称为印刷出血。

在打印之前设置“出血”线：选择“视图”→“新建参考线”命令，如图1-24，然后依次选择“水平”“垂直”选项，在位置文本框里输入“0.3厘米”，如图1-25。出现两条出血线之后，利用图像尺寸减去0.3厘米得到的数据就是设置另外两条出血线的位置。如图1-26和图1-27所示。

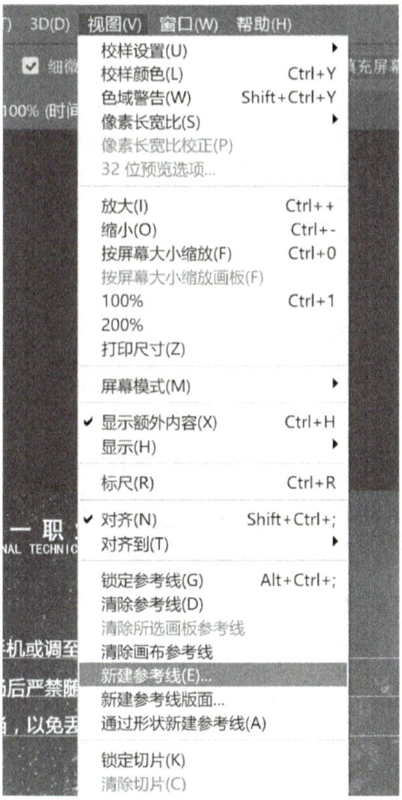

图 1-24

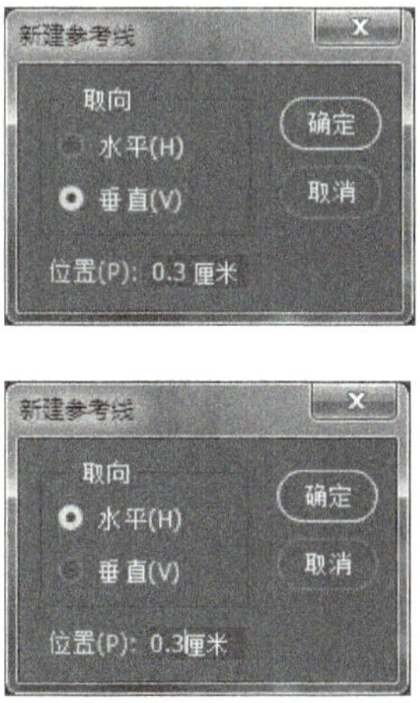

图 1-25

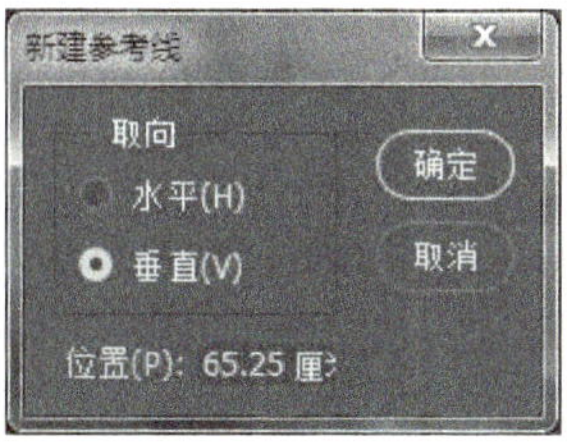

图 1-26

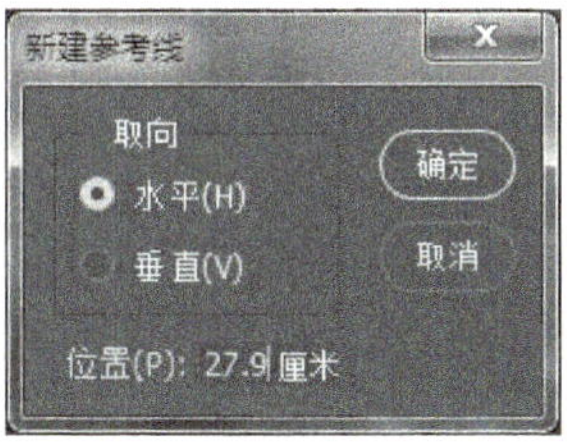

图 1-27

最后得到打印之前的门票反面的最终效果图，如图1-28所示。

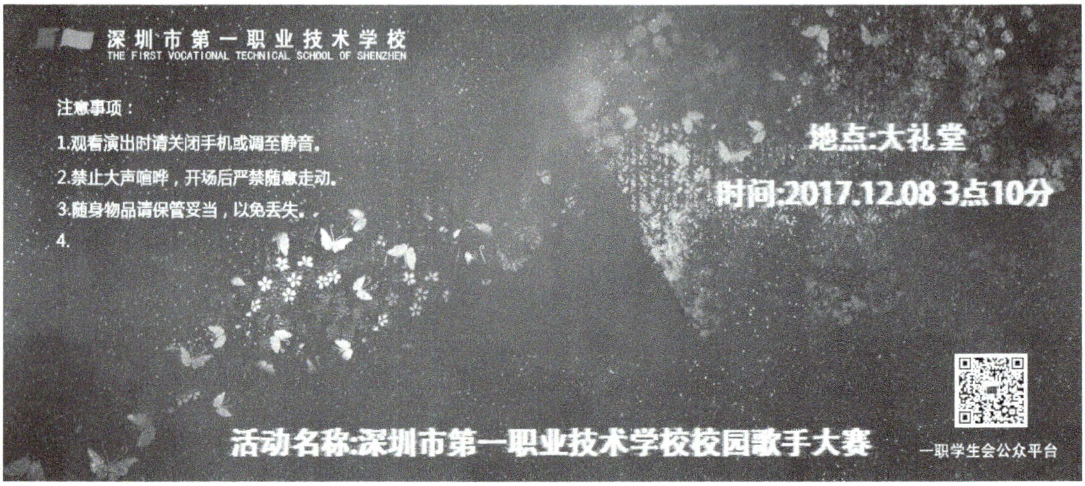

图 1-28

任务2 设计学校环保月“保护环境”海报

◆ 任务情境

为了增强广大学生的环保意识、做一个爱护环境的公民，深圳市第一职业技术学校开展了四月环保教育宣传月活动，学校学生会提前接到制作环保月海报的任务，要在规定时间内制作完成。

环保月海报设计要求：环保主题为“保护环境”，尺寸为100cm×66cm，要求海报画面积极向上，美观大方。能对学校四月份的环保月活动起到一定宣传教育的作用，增强全校师生的环保意识和参与意识——人人都可以成为环保生活的倡导者、环保理念的传播者、环保生活方式的实践者，共同为低碳环保增添一片绿色。

学生会负责人姚老师和设计教研组的老师们接到学校对环保月海报的具体设计要求后，开始指导和分配任务，告知传媒部的学生如何利用设计软件Photoshop制作大尺寸的环保海报，将学生分成两个工作组——外围组和设计组进行分工合作。其中外围组负责前期素材收集和后期打印工作；设计组则负责图像处理和版式编排，设计画面的整体效果和主次关系。

◆ 任务分析

学校环保月以“保护环境”为本次任务的主题，要体现环保、绿色、人人参与等内容要点。但是海报制作要美观大方，所以不宜像装饰画一样什么都表现、什么色彩都有。“Less is More”的设计理念，在优秀的海报设计中经常体现。此任务由学生会外围组收集素材，包括图像素材和字体素材，素材收集后交给设计组进行图像处理，从而设计版式。通过本任务，学生能理解平面设计的构图方式，包括海报构图需要注意的问题；制作过程中能掌握Photoshop中图像素材的基本处理方式以及蒙版操作等命令，从而进一步熟悉软件的多方面应用范围。

任务最终效果图如图1-29所示。

图 1-29

必备知识

学习本任务之前需要具备以下知识：平面设计基本要领、通过网络下载海报所需画笔、字体等素材的方法、Photoshop软件安装和基本界面操作能力。

基本知识

在使用Photoshop CC编辑图像的过程中，如果对创建的效果不满意，可以撤销操作，或者将图像恢复到最近保存过的状态，Photoshop CC提供了很多帮助用户恢复操作的功能，用户可以放心大胆地创作，下面介绍如何进行图像的恢复与还原操作。

还原与重做：在菜单栏选择“编辑”→“还原”命令或按<Ctrl+Z>快捷键，可以撤销对图像所做的最后一次修改，将其还原到上一步编辑状态中。如果想取消还原操作，则可以在菜单栏中选择“编辑”→“重做”命令，或按<Shift+Ctrl+Z>快捷键。

恢复文件：在Photoshop中选择“文件”→“恢复”命令，可以直接将文件恢复到最后一次保存的状态。

历史记录面板和快照：历史记录一般默认隐藏在面板中，将其打开后，会发现之前进行的每一步操作都会被记录在“历史记录”中，通过该面板可以将图像恢复到某一步的状态，也可以回到当前的操作状态，或者将当前处理结果创建为快照或创建一个新的文件。

任务实施

1. 新建文档

在制作之前，需要了解具体的海报尺寸、悬挂位置等细节，这样才能将正确的海报高度、宽度在新建文档的时候设置好。选择“文件”→“新建”命令后，在新建文档的设置框里，尺寸属性栏选择“厘米”，“宽度”输入100，“高度”输入66，“分辨率”输入150，“背景内容”选择白色，“标题栏”输入环保月海报，然后单击“创建”按钮即可，如图1-30所示。

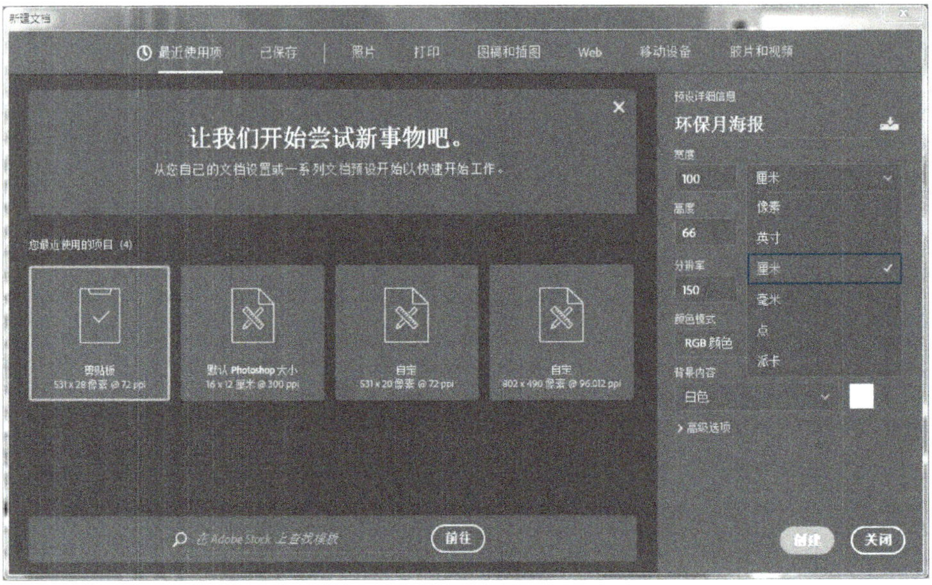

图 1-30

2. 导入素材

素材准备好以后，直接从面板中选择“打开”命令，找到素材所在位置，选中、打开，如图1-31所示；然后用工具箱第一个命令“移动工具”将打开的素材图片直接拖入“环保月海报”的面板中，如图1-32所示。

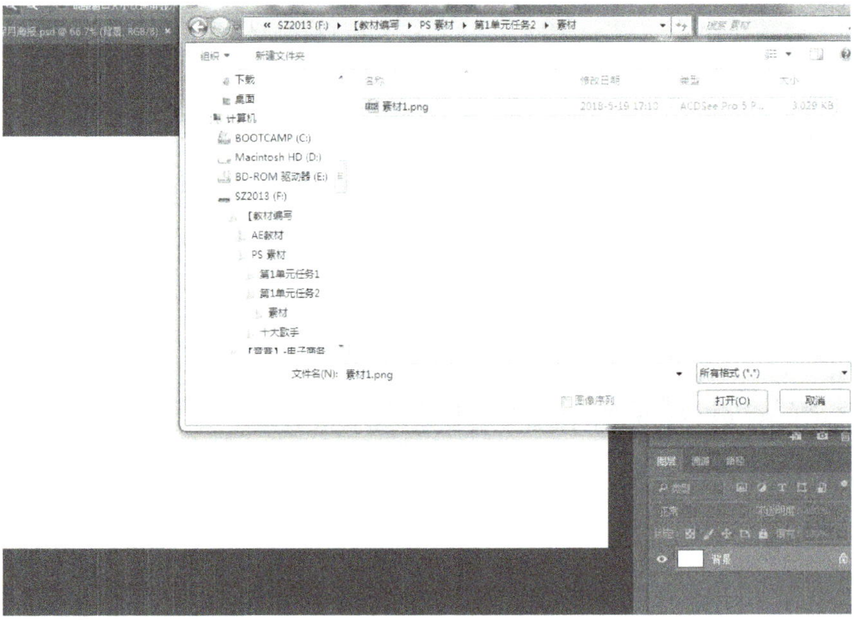

图 1-31

图 1-32

将素材2地球图片打开后移动至海报画面中间偏下处，这时可以利用“视图”中的“标尺”将辅助线移动至画面最中间的位置（标尺快捷键是<Ctrl+R>），如图1-33所示。接下来，将地球图像移动至想要的中间位置，就会有个精准的参考，如图1-34所示。

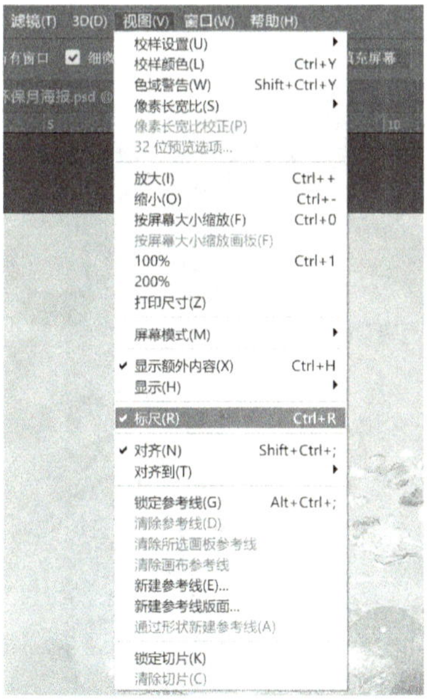

图 1-33

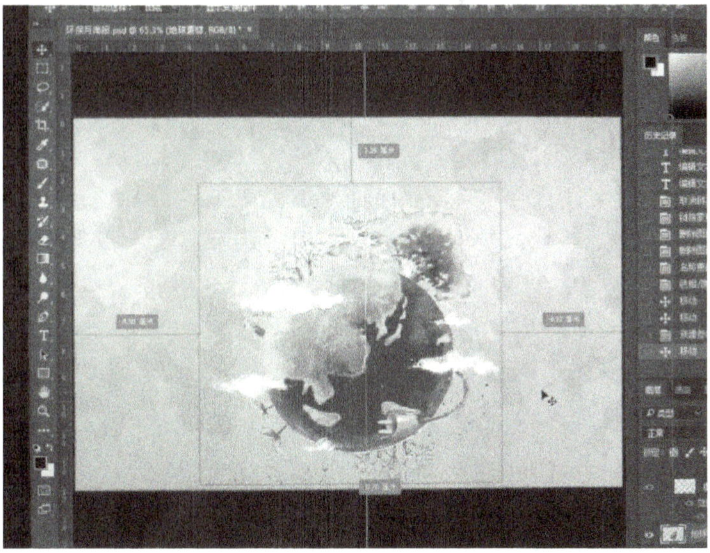

图 1-34

小提示

如图1-34所示，在Photoshop CC中移动图像时（其他目标也适用），按住<Ctrl>键，会出现这个目标到整个画面边缘的距离数值，以便于调整目标在画面中的位置。这个是Photoshop CC新推出的功能，对于制作海报以及其他需要打印或者印刷的设计图来说，显得更加人性化。

3. 设计制作

原素材图片的周围有很多小黑点，可以单击工具箱里的“橡皮擦”直接将其擦掉，“画笔大小”设置为14，如图1-35所示，擦掉后的素材图如图1-36所示。

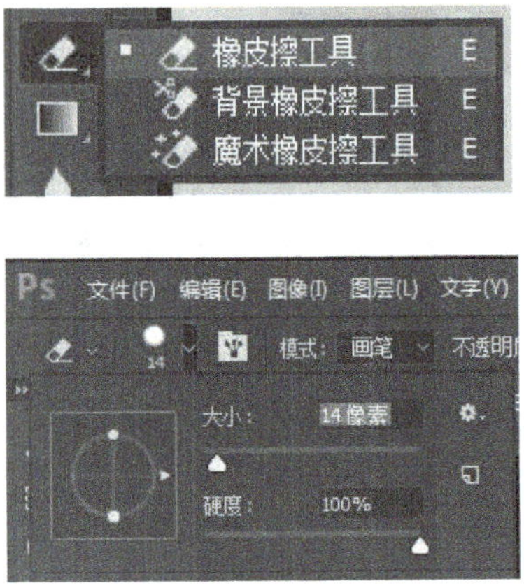

图 1-35

图 1-36

由于原素材图片的饱和度问题，需要对地球图片素材进行图像处理。选择“图像”→“调整”→“色相/饱和度”命令，在“色相”选项中将参数调至“+15”，如图1-37和图1-38所示。

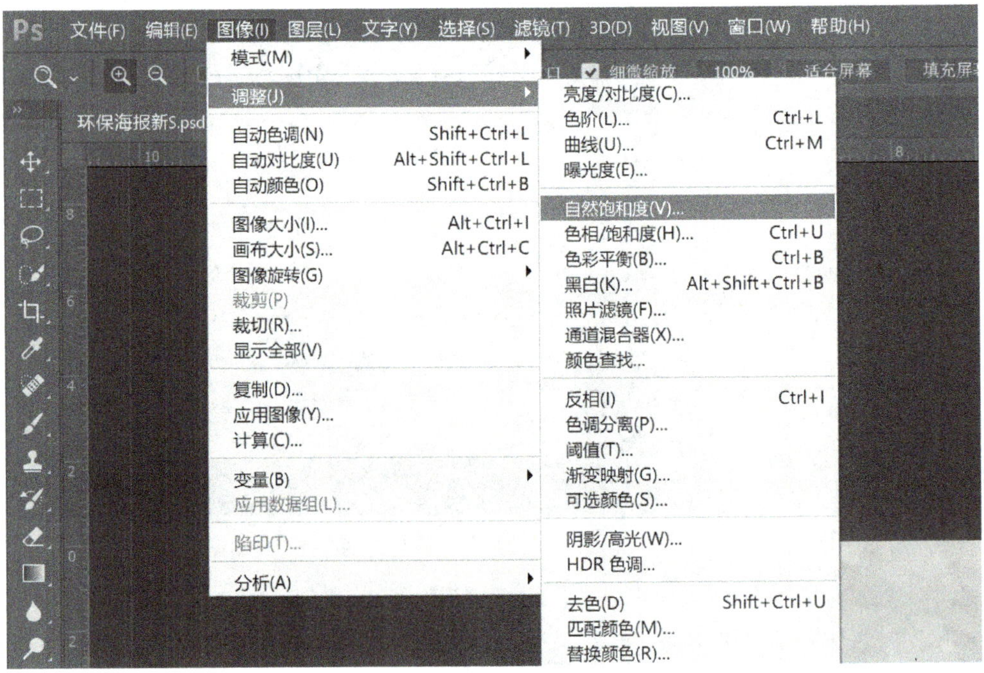

图 1-37

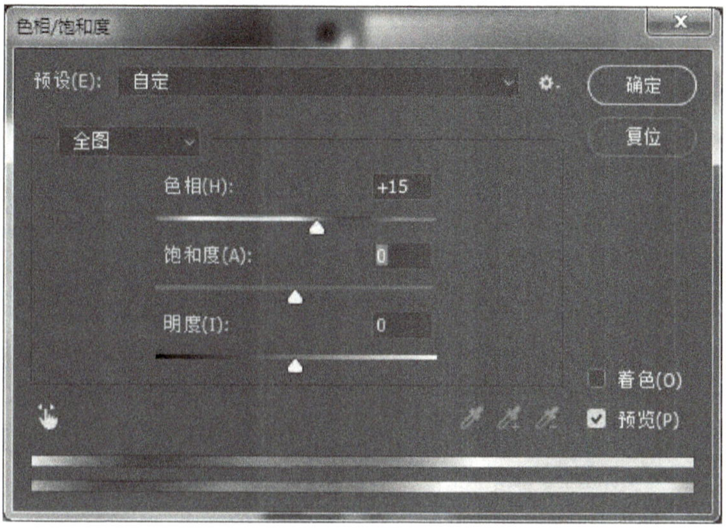

图 1-38

基本知识

Photoshop颜色模式：图像的颜色模式是指将某种颜色表现为数字形式的模型，或者说是一种记录图像颜色的方式。在Photoshop中，颜色模式分为位图模式、灰度模式、双色调模式、索引颜色模式、RGB颜色模式、CMYK颜色模式、Lab颜色模式和多通道模式，如图1-39所示。

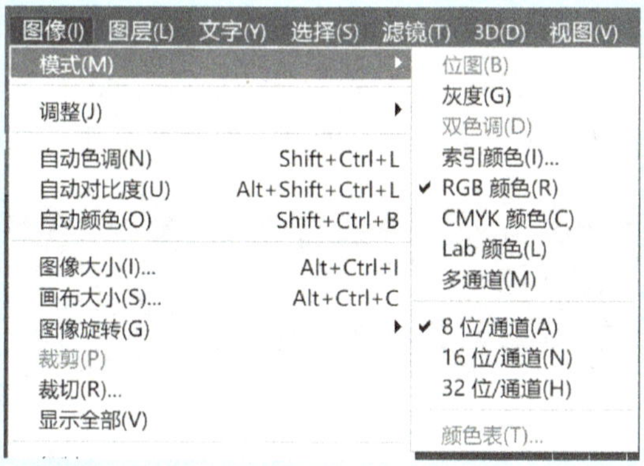

图 1-39

位图模式：是指使用两种颜色值（黑色或白色）中的其中一种来表示图像中的像素。将图像转换为位图模式会使图像减少到两种颜色，从而大大简化了图像中的颜色信息，同时也减少了文件的大小。

RGB模式：是一种发光模式，也叫“加光”模式。RGB分别代表Red（红色）、Green(绿色)、Blue（蓝色），在“通道”面板中可以查看到3种颜色通道的状态信息。RGB模式下的图像只有在发光体上才能显示出来，如显示器、电视机等，该模式所包括的颜色信息（色域）有1670多万种，是一种真色彩颜色模式。

CMYK模式：是一种印刷模式，也叫“减光”模式，该模式下的图像只有在印刷体上才可以观察到，如纸张。CMYK颜色模式包含的颜色总数比RGB模式少很多，所以在显示器上观察到的图像要比印刷出来的图像亮丽一些。CMY是3种印刷油墨名称的首字母，C代表Cyan（青色）、M代表Magenta（洋红）、Y代表Yellow（黄色），而K代表Black（黑色），这是为了避免与Blue（蓝色）混淆，因此黑色选用的是Black最后一个字母。在“通道”面板中可以查到4种颜色通道的状态信息。

Lab模式：是由照度（L）和有关色彩的a、b这3个要素组成的，L表示Luminosity（照度），相当于亮度；a表示从红色到绿色的范围；b表示从黄色到蓝色的范围。Lab颜色模式的亮度分量（L）范围是从0～100，在Adobe拾色器和“颜色”面板中，a分量（绿色-红色轴）和b分量（蓝色-黄色轴）的范围是从-128～127。

多通道模式：是指在每个通道中都包含256个灰阶，在特殊打印时非常有用。将一张RGB颜色模式的图像转换为多通道模式的图像后，之前的红、绿、蓝3个通道将变成青色、洋红、黄色3个通道。多通道模式图像可以存储为PSD、PSB、EPS和RAW格式。

调整好以后，将海报主题文字“绿色地球”置于海报的醒目位置。单击PS工具箱里的“T”文字工具，然后在文字选项中选择下载好的新字体“汉仪铸字童年体”，单击画面中间靠上位置，输入文字“绿”，如图1-40所示。单击面板左下角的“fx”添加图层样式命令，对文字进行图层样式设置：单击“描边”选项，描边大小设置像素为2，位置为“外部”，填充颜色选择“白色”，如图1-41所示；单击“内阴影”选项，混合模式选择“正片叠底”，颜色选择墨绿色“00625d”，如图1-42所示，不透明度为75%，角度为120度，距离为3像素，如图1-43所示；单击“投影”选项，颜色选择深绿色“#024e2a”，如图1-44所示，距离为4像素，如图1-45所示。图层样式全部设置好之后，最终得到的主题文字效果如图1-46所示，其他三个文字参照刚才第一个文字的制作方法即可。

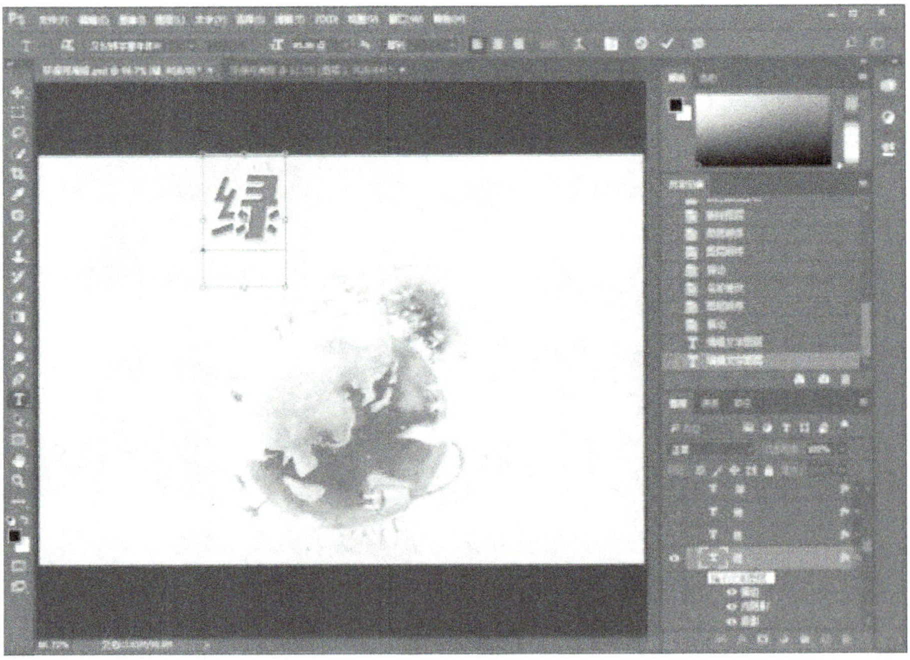

图 1-40

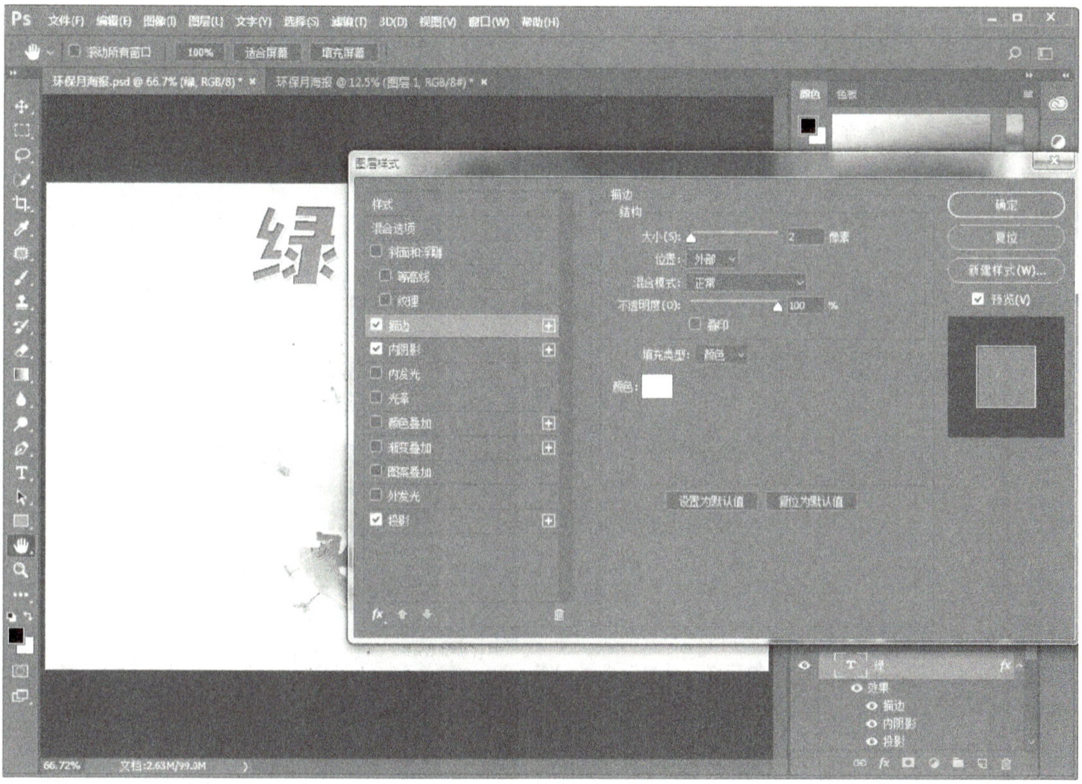
图层样式
样式
混合选项
斜面和浮雕
等高线
纹理
描边
内阴影
内发光
光泽
颜色叠加
渐变叠加
图案叠加
外发光
投影
描边
结构
大小(S): 2 像素
位置: 外部
混合模式: 正常
不透明度(O): 100 %
叠印
填充类型: 颜色
颜色:
设置为默认值
复位为默认值
确定
复位
新建样式(W)...
预览(V)
效果
描边
内阴影
投影

图 1-41

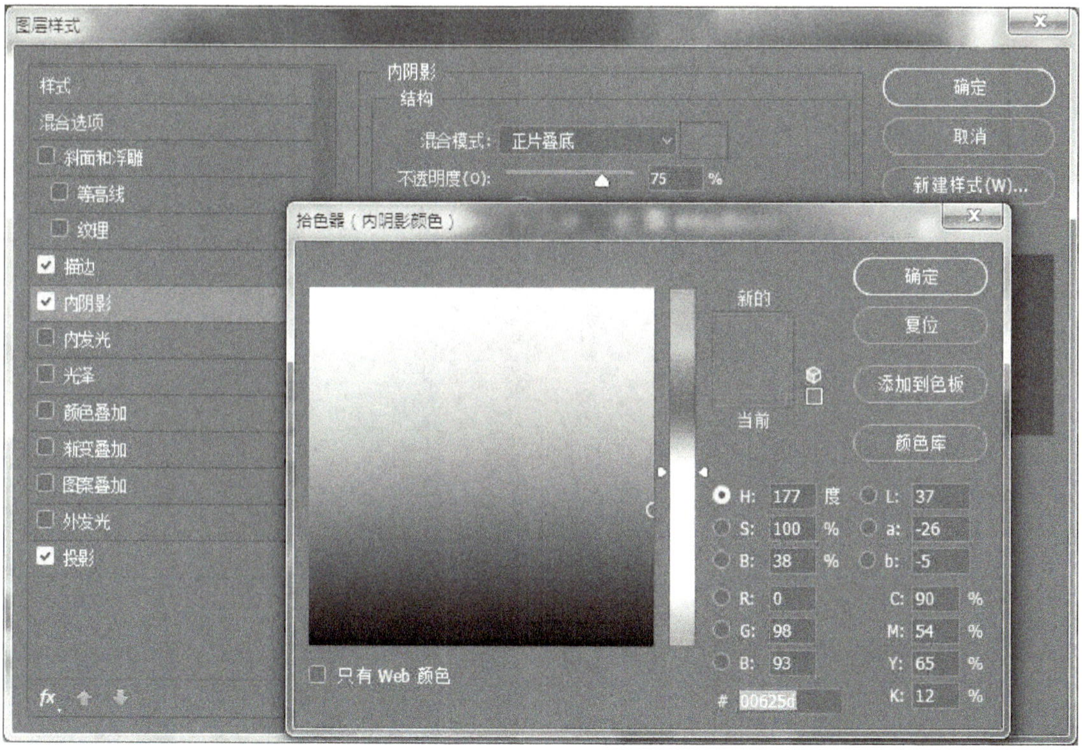
图层样式
样式
混合选项
斜面和浮雕
等高线
纹理
描边
内阴影
内发光
光泽
颜色叠加
渐变叠加
图案叠加
外发光
投影
内阴影
结构
混合模式: 正片叠底
不透明度(O): 75 %
确定
取消
新建样式(W)...
拾色器（内阴影颜色）
确定
复位
添加到色板
颜色库
新的
当前
H: 177 度
S: 100 %
B: 38 %
L: 37
a: -26
b: -5
R: 0
G: 98
B: 93
C: 90 %
M: 54 %
Y: 65 %
K: 12 %
只有 Web 颜色
00625d

图 1-42

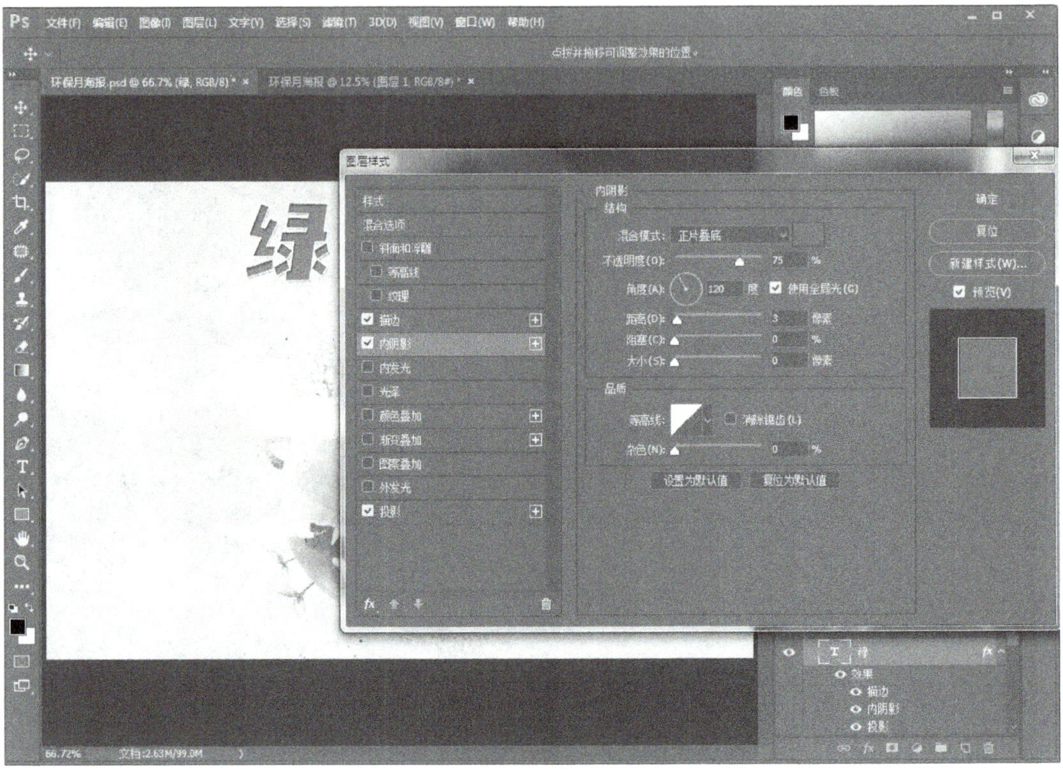
图层样式
样式
混合选项
斜面和浮雕
等高线
纹理
描边
内阴影
内发光
光泽
颜色叠加
渐变叠加
图案叠加
外发光
投影
内阴影
结构
混合模式：正片叠底
不透明度(O): 75 %
角度(A): 120 度 使用全局光(G)
距离(D): 3 像素
阻塞(C): 0 %
大小(S): 0 像素
品质
等高线： 消除锯齿(L)
杂色(N): 0 %
设置为默认值 复位为默认值
确定
复位
新建样式(W)...
预览(V)

图 1-43

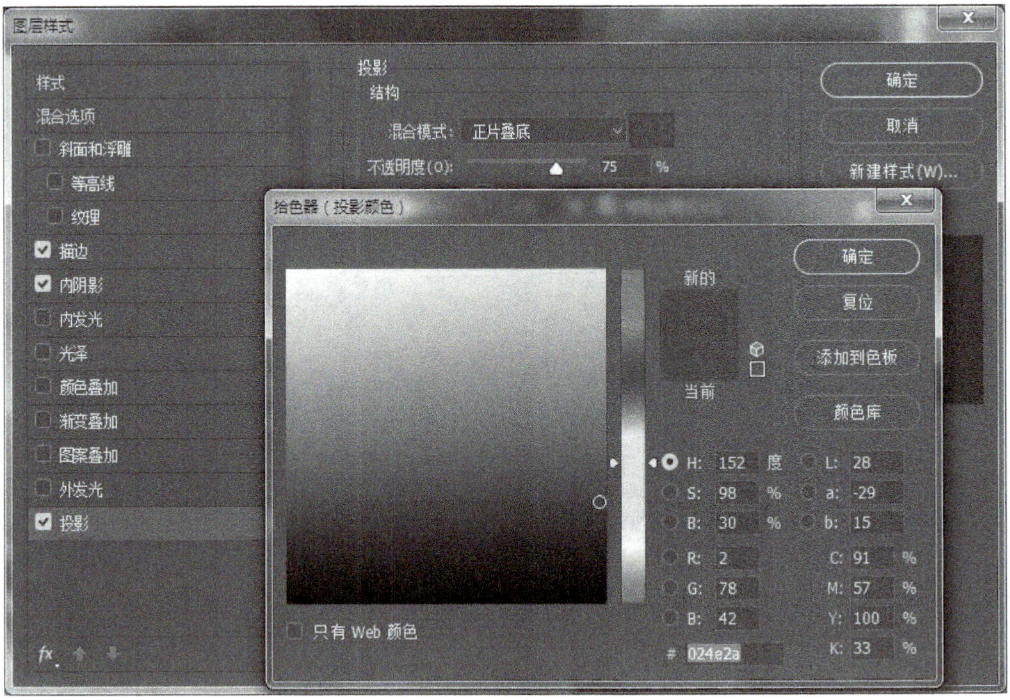
图层样式
样式
混合选项
斜面和浮雕
等高线
纹理
描边
内阴影
内发光
光泽
颜色叠加
渐变叠加
图案叠加
外发光
投影
投影
结构
混合模式：正片叠底
不透明度(O): 75 %
确定
取消
新建样式(W)...
拾色器（投影颜色）
新的
当前
确定
复位
添加到色板
颜色库
H: 152 度
S: 98 %
B: 30 %
R: 2
G: 78
B: 42
L: 28
a: -29
b: 15
C: 91 %
M: 57 %
Y: 100 %
K: 33 %
只有 Web 颜色
024e2a

图 1-44

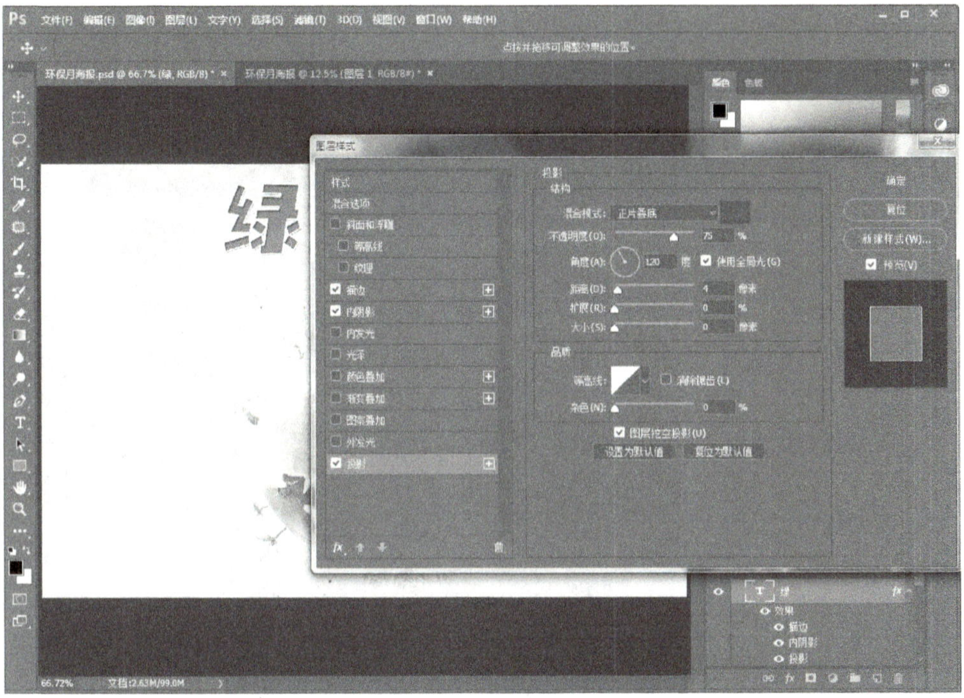

图 1-45

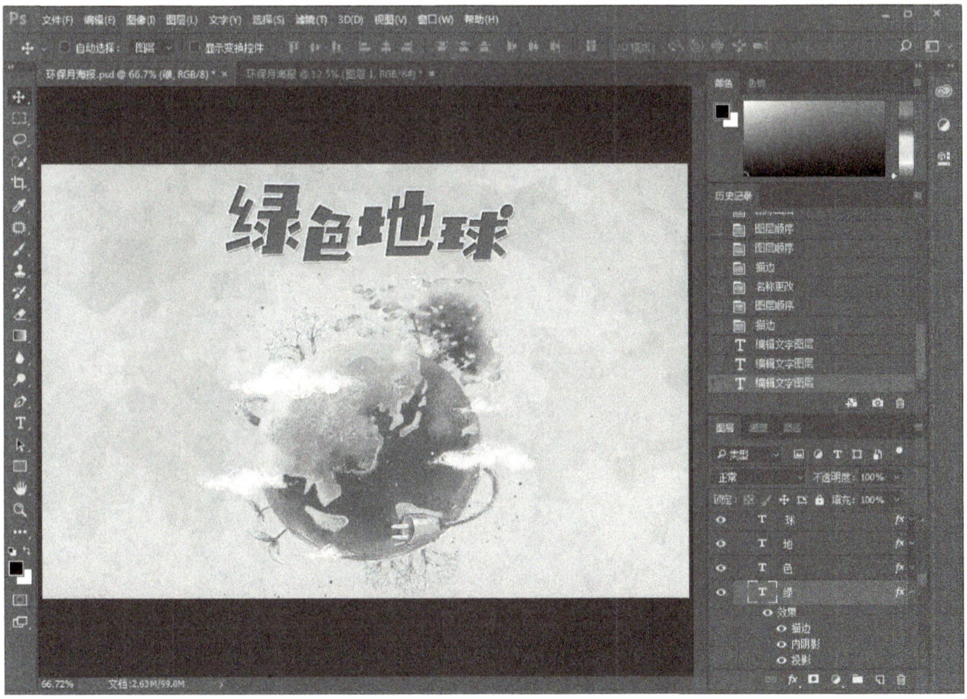

图 1-46

主标题做好之后制作次标题，利用工具箱里的“椭圆选框工具”画圆并填色，“矩形选框工具”画左右两边的横线条；然后选择“T”文字工具，字体选“方正正粗黑简体”，依次输入文字“保护环境”“从我做起”，如图1-47所示。次标题做好，再利用“钢笔”工具画一些装饰线置于主标题上方，如图1-48所示（钢笔工具的用法在第5单元里会有详细阐述）。

图 1-47

图 1-48

与制作次标题的方法大致相同，将与学校环保月有关的信息通过文字和图形设计排版在海报画面的左右两边，其中“2018 • Apr”字体选择“Comic Sans MS”，然后绘制多个小圆点进行连接。设计意义在于表达：保护环境，人人有责，人与环境是息息相关的，地球和人类就像母亲和子女一般，是有连接的。这样设计，整个海报画面也会有一个美的平衡感，不会显得杂乱烦琐，如图1-49所示。

接下来将叶子素材用移动工具拖进画面中，复制图层，共出现4片叶子之后，将其大小、位置以及模糊度一一调整，分别移动至地球素材的左右两边，切记不要左右对称而影响设计美感，如图1-50所示（滤镜模糊功能在第6单元会有详细阐述）。

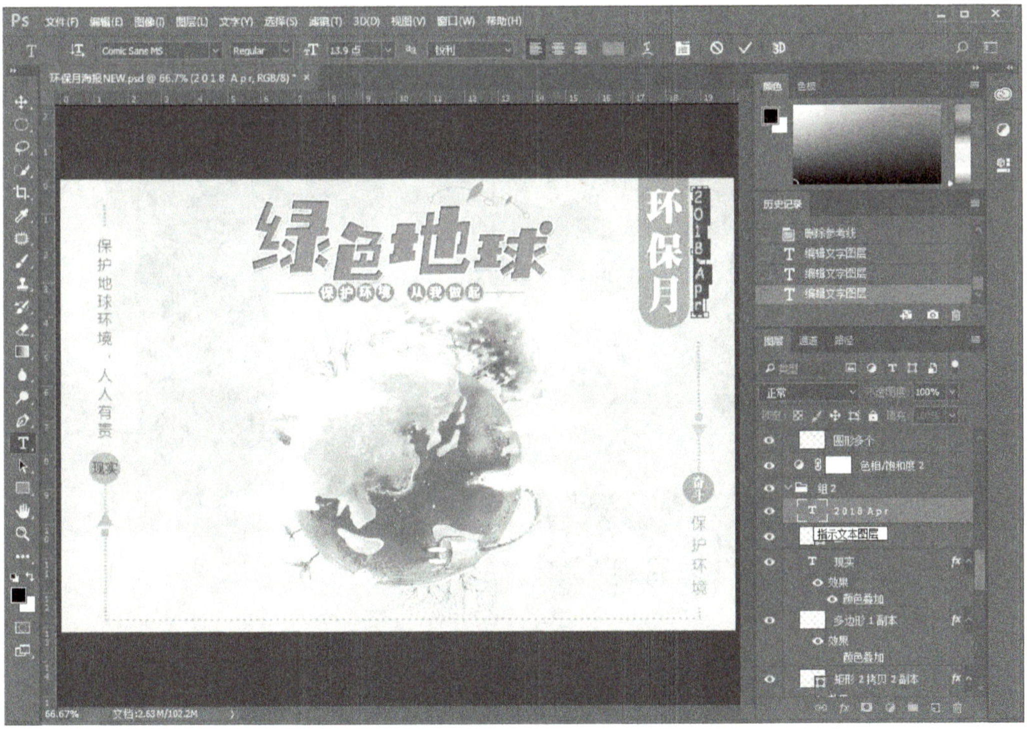

图 1-49

图 1-50

4. 最后调整

最后调整阶段，选择“图像”→“调整”→“曲线”命令，将主题文字的亮度利用“曲线”进行适当调整（快捷键为<Ctrl+U>），如图1-51所示；然后将学校和学生会LOGO放置在海报左下方，关于环保月的海报设计就全部完成了，如图1-52所示。最后将文件保存为PSD格式，以备打印或修改。

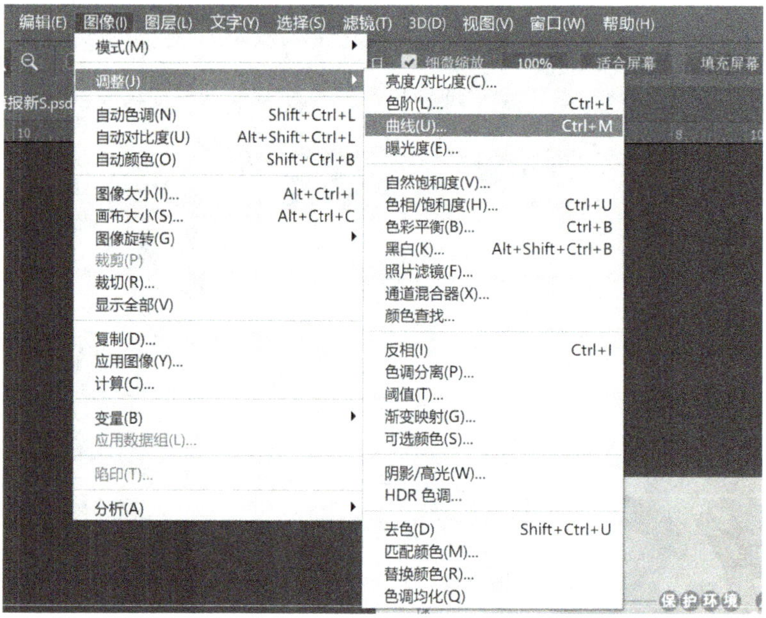

图 1-51

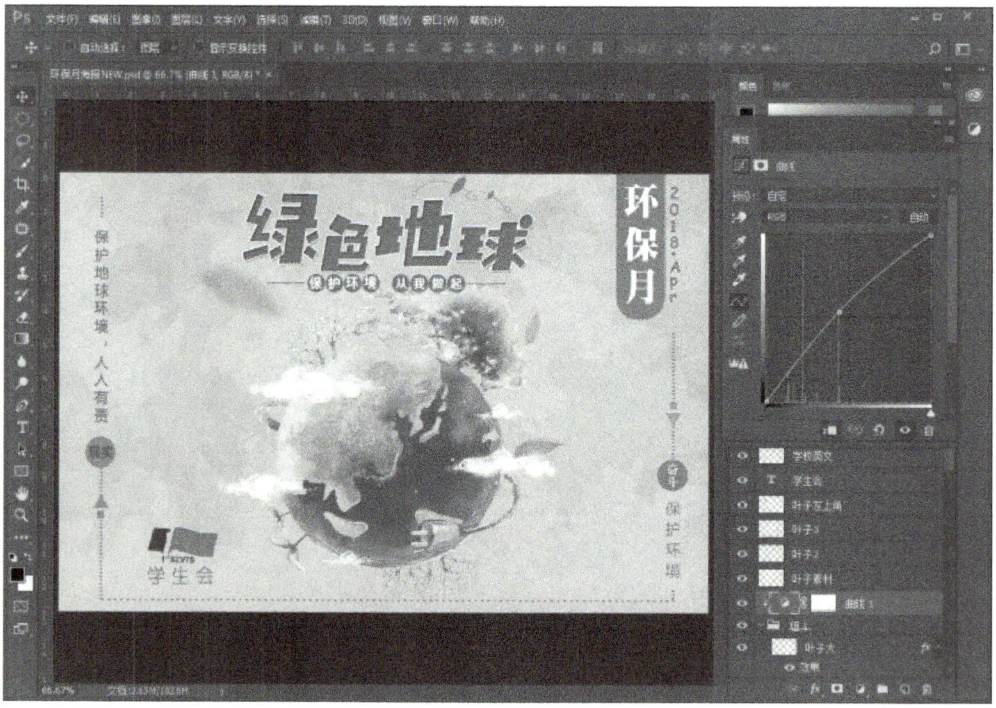

图 1-52

基本知识

保存文件：保存文件的方式有两种，可以选择“文件”→“存储”命令，也可以按<Ctrl+S>快捷键。

保存文件格式：文件格式决定了图像的压缩方法、支持何种Photoshop功能以及文件是否与一些文件相兼容等。可以在保存图像时在弹出的对话框里选择图像的保存格式。

PSD：PSD格式是Photoshop的默认存储格式，能够保存图层、蒙版、通道、路径、未栅格化的文字和图层样式等。在一般情况下，保存文件都采用这种格式，以便随时进行修改。PSD格式应用非常广泛，可以直接将这种格式的文件置入Illustrator、InDesign和Premiere等。

PSB：PSB格式是一种大型文档格式，可以支持最高达到300 000像素的超大图像文件。它支持Photoshop所有的功能，可以保存图像的通道、图层样式和滤镜效果不变，但是只能在Photoshop中打开。

BMP：BMP格式是微软开发的固有格式，这种格式被大多数软件所支持。BMP格式采用了一种叫RLE的无损压缩方式，对图像质量不会产生影响。BMP格式主要用于保存位图图像，支持RGB、位图、灰度和索引颜色模式，但是不支持Alpha通道。

项目评价

在本项目中，通过学习Photoshop CC 的基本概念，理解工作界面的应用范围。选取“设计‘校园歌手大赛’门票”和“设计学校环保月‘保护环境’海报”这两个任务来了解学校传媒部关于平面设计、宣传制作的流程，掌握Photoshop软件的基本知识点，并通过对本项目的学习，做出项目评价和自我评价。

项目1 校园活动类宣传设计	很满意	较满意	有待改进	不满意
项目设计的评价				
项目的完成情况				
知识点的掌握情况				
与本组成员协作情况				
客户对项目的评价				
自我小结				

第2单元

图像的绘制与修饰

项目2　标志设计

学习目标

知识目标：掌握Photoshop CC的图像绘制与修饰功能。
技能目标：能使用Photoshop制作出完整的标志设计和卡片设计作品。
情感目标：培养学生对校外项目的设计技能和沟通能力。

任务1　设计广东省大学生运动会会徽

任务情境

由广东省教育厅、广东省体育局、共青团广东省委员会联合主办，广东工业大学承办的广东省第八届大学生运动会将于8月举行。这是广东省大学生的一次体育盛会。为组织和承办好这一省级综合性体育赛事，广东省第八届大学生运动会筹委会决定向全省高校及社会各界公开征集本届运动会会徽、会歌、吉祥物作品。

其中会徽作品的要求：1）构思新颖、内涵丰富、创意鲜明、具有新意。平面图案简洁、明了、大方，设计稿应配以适当的文字说明。2）应征作品应具有本届大运会特色，应明显区别于历届大学生运动会会徽及其他全国性重要体育赛事的会徽。

提交作品的具体要求：1）会徽：提交形式为彩色A4高精度（300DPI格式）打印稿及CD光盘。2）请在CD光盘内刻录作品源文件并注明所用设计软件名称及版本，附带Word文件的作者简介、详细地址、邮编、联系电话及200字以内的创意说明。

任务分析

会徽设计属于标志设计范畴，标志设计英文俗称为LOGO，是表明事物特征的识别符号。会徽图形设计一般以单纯、显著、易识别的形象、图形或文字符号为直观语言，由于对其简练、概括、完美的要求很高，所以设计起来难度也大。设计师Joelly看到任务要求时，想到了围绕主题中“第八届”“大学生”“运动”这三个要点进行LOGO设计。

任务最终效果如图2-1所示。

必备知识

完成本任务之前，需要具备以下知识：扎实的绘画基础（素描、色彩）和设计基础（平面构成、色彩构成、立体构成）、掌握基本的设计原理、有一定的艺术修养和良好的审美以及平面设计软件绘制图形方面的操作能力。

设计说明：

1、标志的整体造型采用了文字第“八”届与大学英文“U”以及羊角的结合；

2、中文文字“八”和英文字母“U”共同组成一条运动的飘带，寓意轻松运动；

3、红色与蓝色连接成“人”字，寓意大学生人人参与手拉手、友谊第一比赛第二；

4、整体图形又似双腿行走、奔跑，寓意无限延伸的热情活力。

图 2-1

基本知识

准确的色调是图像最重要的因素。准确色调的范畴包括：色相、亮度、对比度、饱和度、色彩平衡等，如果能掌握Photoshop的调色手段，在绘制图形颜色和图像处理方面就会游刃有余。在前面的内容中已经提到了图像模式的几个种类，现在来了解如何设置颜色。

用拾色器设置颜色：在Photoshop拾色器中，可以使用四种颜色模型来选取颜色：HSB、RGB、Lab和CMYK，如图2-2所示。使用拾色器可以设置前景色、背景色和文本颜色。用户也可以为不同的工具、命令和选项设置目标颜色。

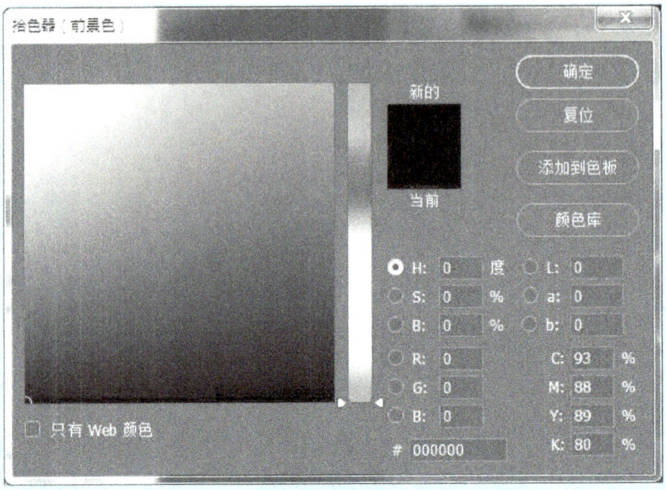

图 2-2

在“拾色器（前景色）”的右上方有一个颜色预览框，分为上下两部分，上面的颜色代表新设定的颜色，下面代表原来的颜色。如果在它旁边出现了惊叹号，则表示该颜色无法被准确打印出来，如图2-3所示。

用色板设置颜色：在Photoshop“色板”面板中，可以存储经常使用的颜色，也可以为不同的项目显示不同的颜色库。选择“窗口”→“色板”命令即可打开“色板”面板。直接单击选中色块，即可设置为前景色；如果双击则会弹出“色板名称”对话框，可为该色块重新命名，如图2-4所示。

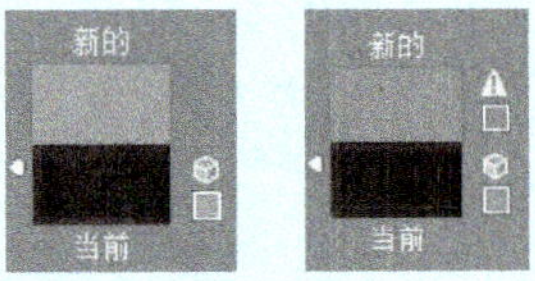

图 2-3

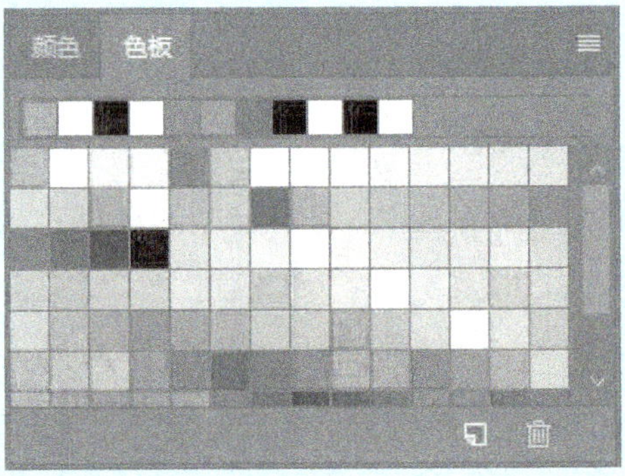

图 2-4

◆ 任务实施

1. 新建文档

根据任务书里组委会要求的电子稿尺寸新建文档。选择“文件”→“新建”命令后，在新建文档的设置框里，尺寸选择A4，“分辨率”输入300，“背景内容”选择白色，“标题栏”输入“大学生运动会LOGO”，然后单击“创建”按钮即可，如图2-5所示。

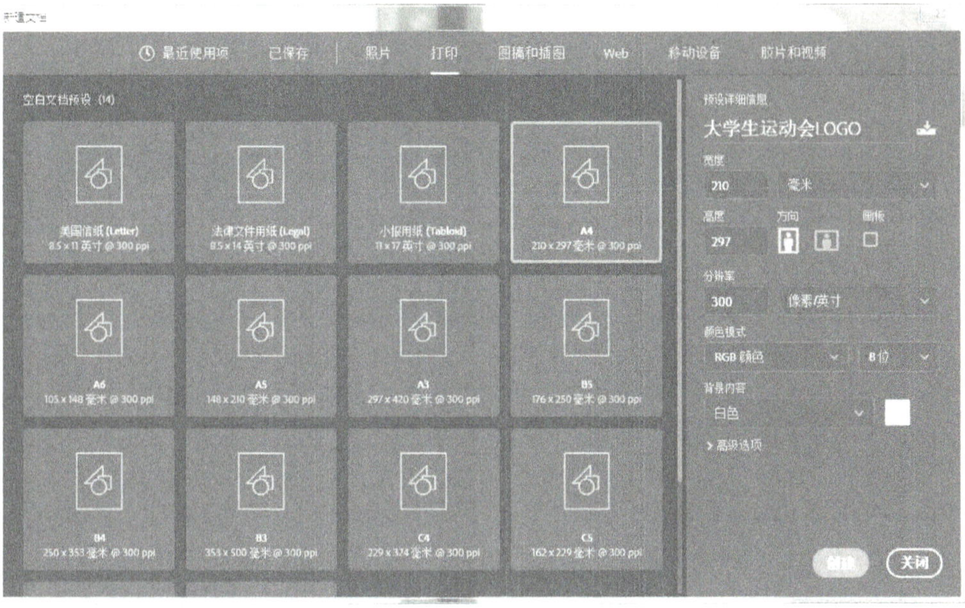

图 2-5

2. 设计LOGO

设计LOGO之前，可以先在草稿纸上设计多个运动会会徽，然后挑选最满意的LOGO作品进行电子稿绘制。由于标志图形对其简练、概括的要求十分高，所以对其进行拆分绘制会比较理想。单击Photoshop工具箱里的“钢笔工具”，如图2-6所示，开始绘制第一部分图形，如图2-7所示。

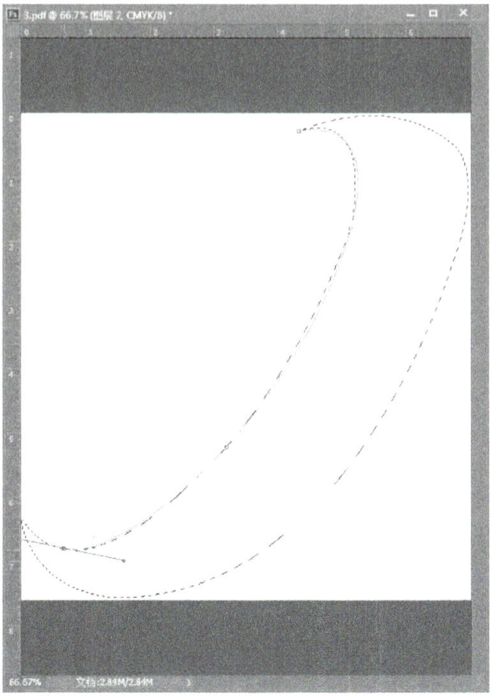

图 2-6

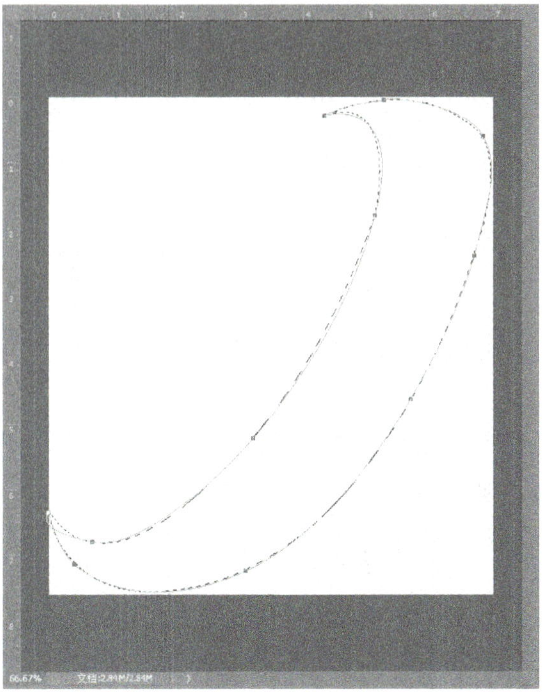

图 2-7

钢笔绘制完以后，右击选择“建立选区”，单击“确定”按钮，如图2-8所示，出现钢笔路径变为选区的显示，如图2-9所示。

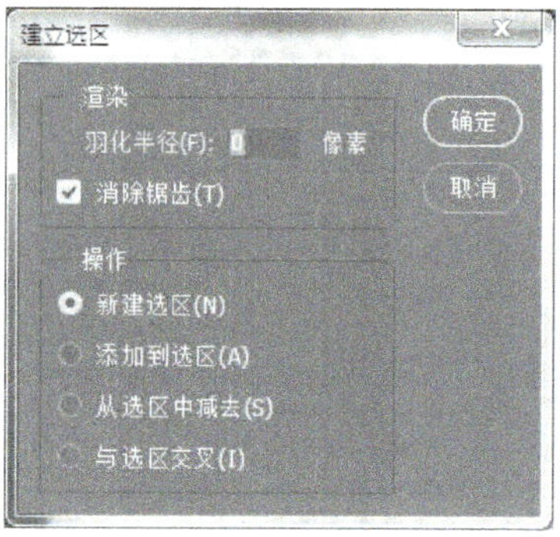

图 2-8

图 2-9

接着单击工具箱中的“渐变工具”，双击左上角出现的“渐变颜色条”，如图2-10和图2-11所示。

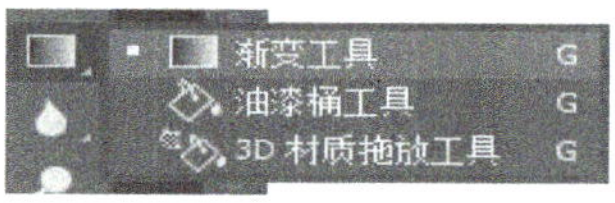

图 2-10

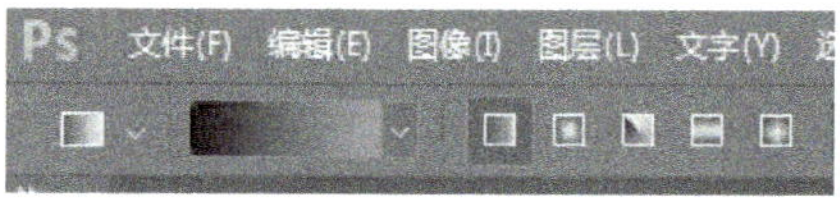

图 2-11

在“渐变编辑器”对话框（见图2-12）中双击颜色横条的色标，出现“拾色器（色标颜色）”对话框，选中想要渐变的首端颜色“f5e000”（见图2-13），单击“确定”按钮。

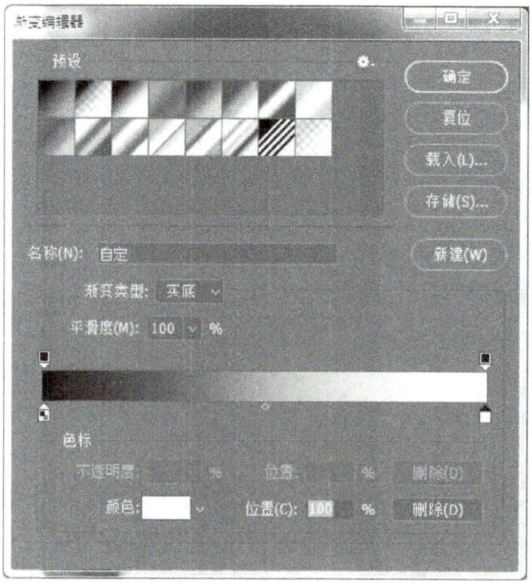

图 2-12

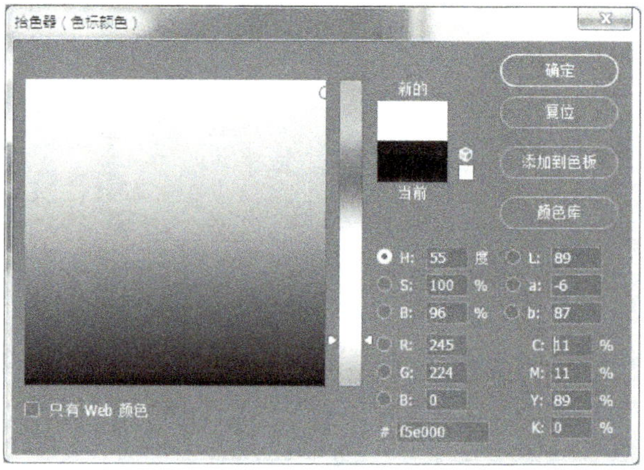

图 2-13

再选中末端色标颜色“e62510”（见图2-14），这样就会得到“渐变编辑器”中的颜色横条变成从黄色到红色的一个颜色渐变，如图2-15所示。

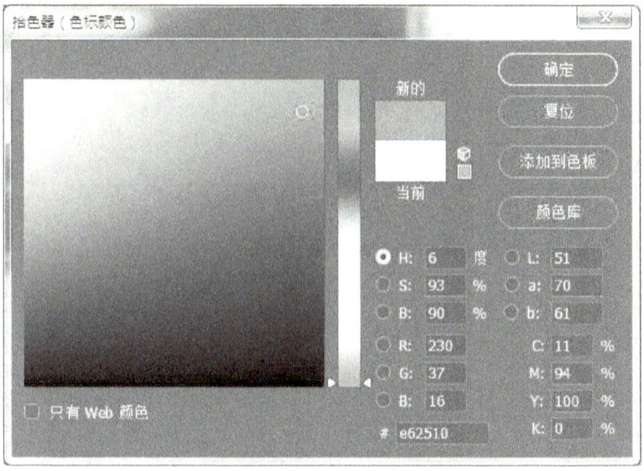

图 2-14

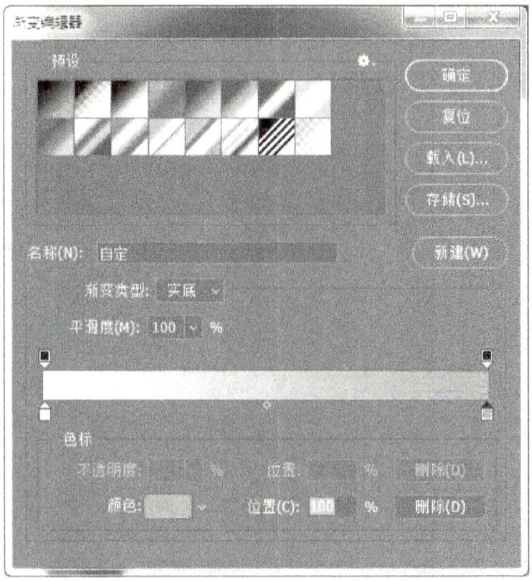

图 2-15

设置好“渐变编辑器”的颜色之后，在刚才利用“钢笔工具”绘制好的选区里，按住鼠标左键不放，从图形的最左端开始，往图形的最右端拖动，以达到渐变颜色的一个指引，如图2-16所示，这样整个图形就被黄色到红色的渐变颜色所填充，如图2-17所示。

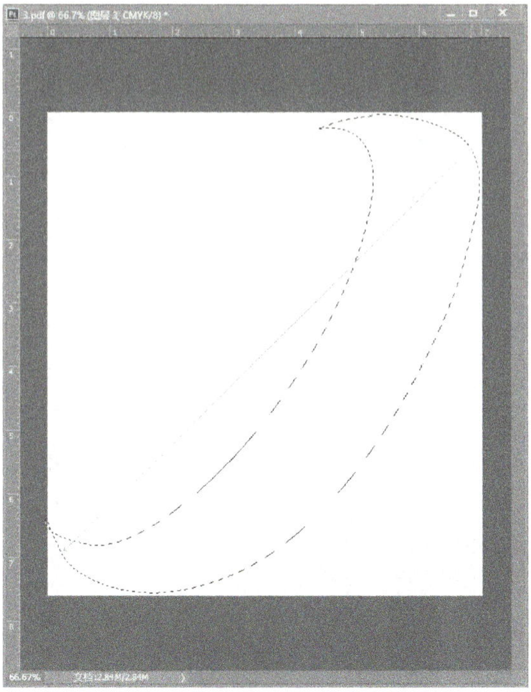

图 2-16

图 2-17

制作好第一个图形，现在按照同样的方法制作第二个图形。在“渐变编辑器”的颜色条中（见图2-18），选中首端颜色“fff000”和末端颜色“c8d800”，如图2-19和图2-20所示。

然后在绘制好的图形中拖动指引线，第二个图形被渐变颜色所填充得到的效果图如图2-21所示。

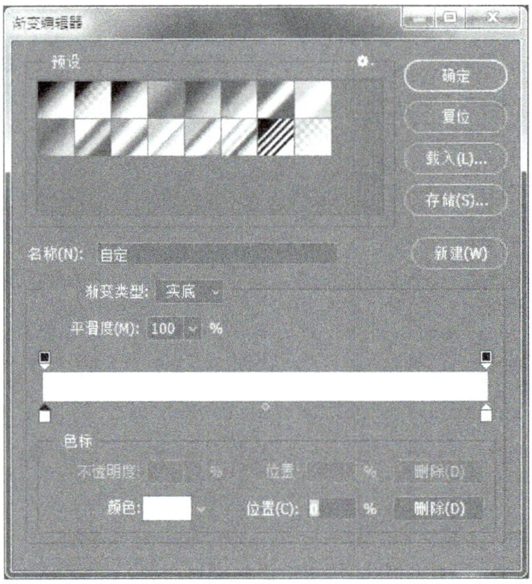

图 2-18

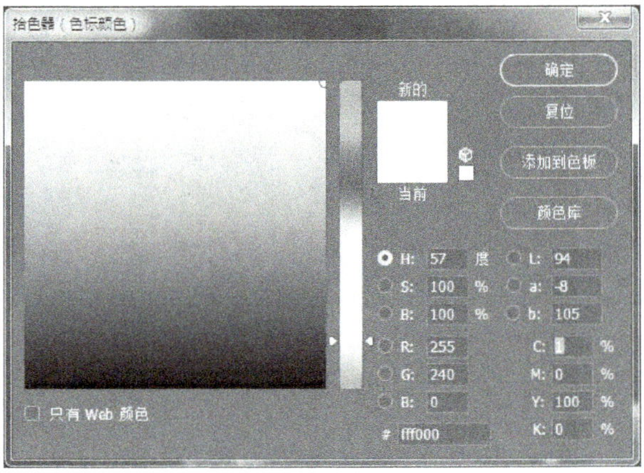

图 2-19

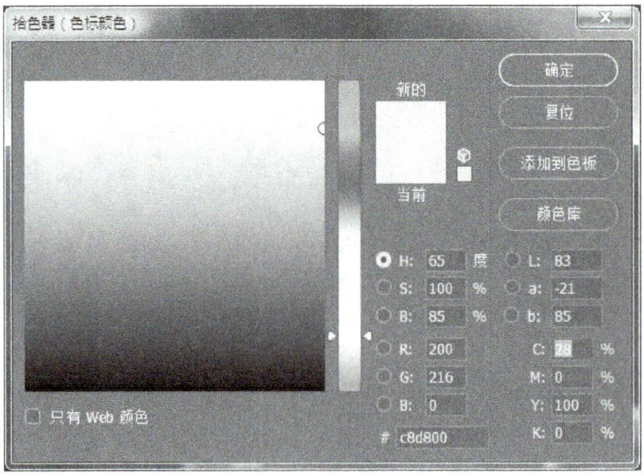

图 2-20

图 2-21

制作好第二个图形，开始制作第三个。同样，在“渐变编辑器”的颜色条中（见图2-22），选中首端颜色“099cf6”和末端颜色“e6f519”，如图2-23和图2-24所示。

然后在绘制好的图形中拖动指引线，第三个图形被渐变颜色所填充得到的效果图如图2-25所示。

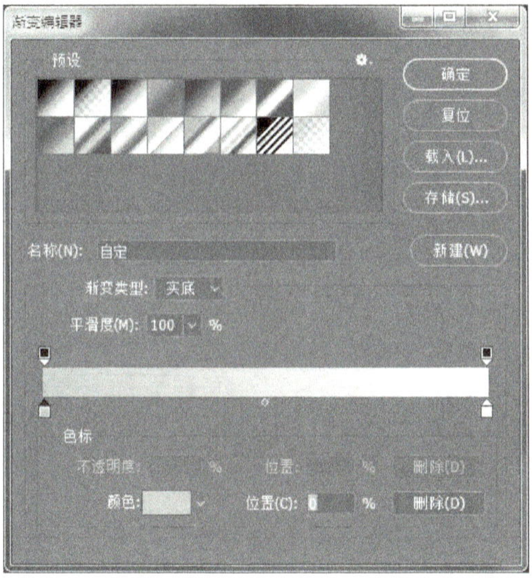

图　2-22

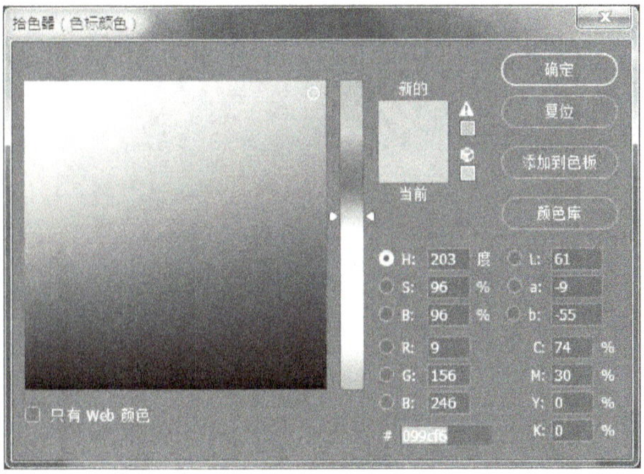

图　2-23

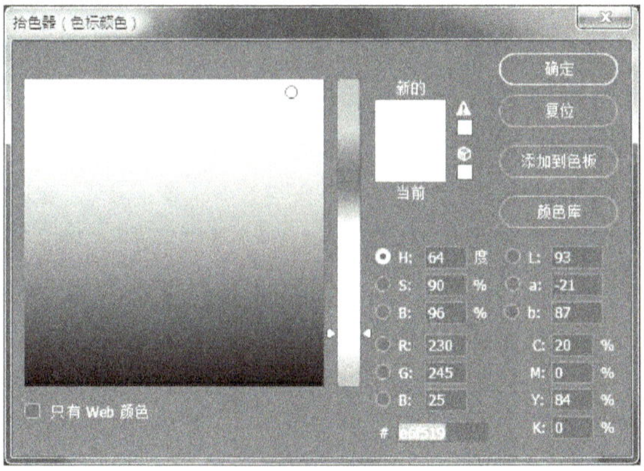

图　2-24

图　2-25

制作好第三个图形，开始制作最后一个。在“渐变编辑器”的颜色条中（见图2-26），选中首端颜色“099cf6”和末端颜色“e6f519”，如图2-27和图2-28所示。

然后在绘制好的图形中拖动指引线，第四个图形被渐变颜色所填充得到的效果图如图2-29所示。

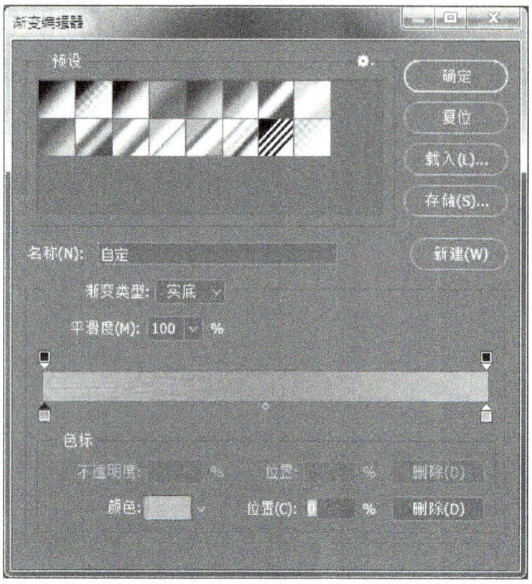

图 2-26

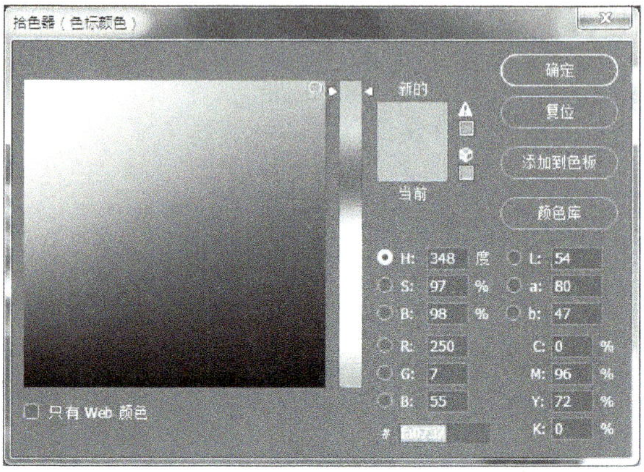

图 2-27

图 2-28

图 2-29

将制作好的4个图形，分别拖入“大学生运动会LOGO”文档中，进行组合，移动和旋转相关位置组合成完整的标志图形，如图2-30所示。

图 2-30

标志图形正下方要注明主题文字，利用工具箱“T”横排文字工具输入中英文文字后（见图2-31），中间要绘制一条横线。绘制横线的方法有几种，这里用到的方法是先“新建图层”，命名为“横线”（见图2-32）。

图 2-31

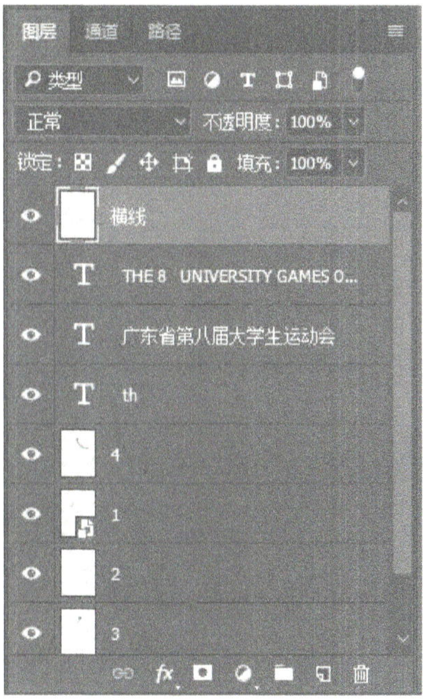

图 2-32

然后单击工具箱中的“铅笔工具”（见图2-33），设置铅笔大小为“6像素”（见图2-34），按住<Shift>键在文字中间绘制直线，然后移动到最佳位置（见图2-35）。

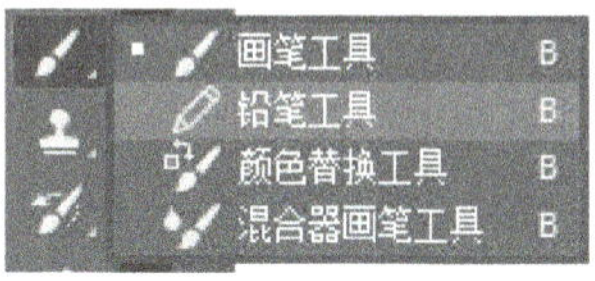

图 2-33

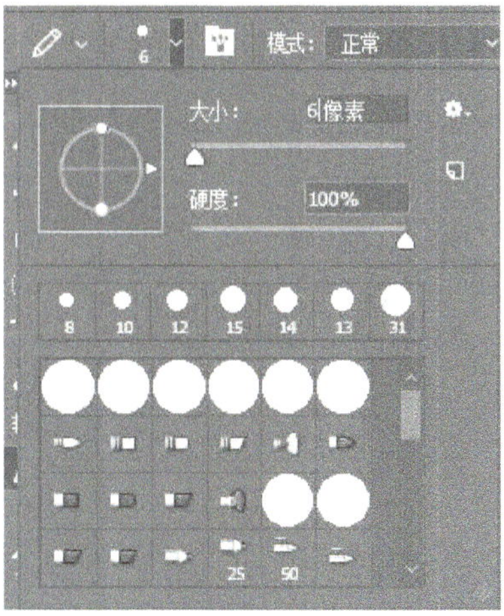

图 2-34

3. 导出文件

将任务书要求的设计说明写入文档，就完成了《第八届大学生运动会会徽设计》的

PSD源文件的制作，按照要求格式导出图片，选择“文件”→“导出”→“导出为”命令（见图2-36），对话框默认格式，即可导出JPG文件，如图2-37所示。

图 2-35

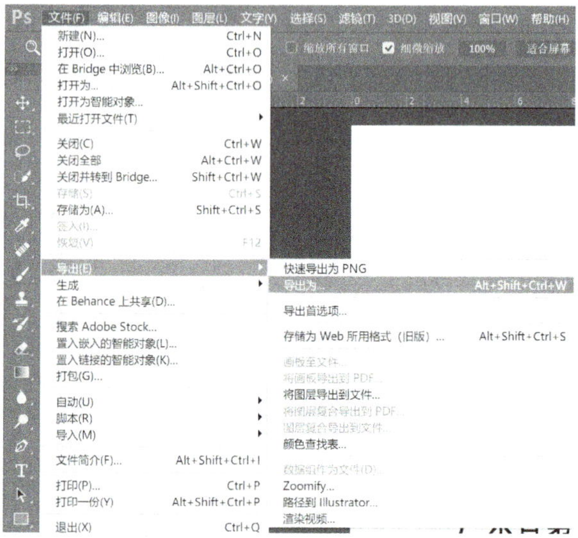

图 2-36

图 2-37

基本知识

绘制直线的其他方法：方法一，使用工具箱“单行选框工具”，画出1像素的横线或者竖线，先拉出所要线的长度，然后使用“油漆桶工具”，选好颜色进行填充，然后“取消选择”，就可以看到线条了。

方法二，使用工具箱“直线工具”，按住<Shift>键，直线可以按45°

进行变化，不按<Shift>键，可以画任意角度的直线，然后对形状图层进行“栅格化图层”处理，就转为普通图层了。

任务2 设计源点科技芯片公司标志

任务情境

源点科技芯片公司是一家正在筹备中的芯片公司，成立之前需要设计公司标志以便进行名片设计和一系列VI设计。于是找到了深圳一家广告公司的设计部，希望其设计师能依据公司名称和公司文化进行LOGO设计。

公司对其标志设计的要求有：

1）设计独特、主题突出；

2）体现一定的科技感，简洁大气；

3）配有公司中英文名称。

标志效果图尺寸要求：8cm×10cm。

任务分析

甲方是一家科技芯片公司，除了根据公司要求要体现一定的科技感之外，还应该将芯片的元素尽量体现出来。但是在标志设计上又不能违背简练、概括、易识别等单纯性特点，所以可以围绕公司的企业文化以及公司名称的关键词“源点”“科技”“芯片”在整体设计上下功夫，包括背景图的设计，力求整体效果达到公司要求。

任务最终效果如图2-38所示。

图 2-38

◆ 必备知识

完成本任务之前，需要具备以下知识：扎实的绘画基础（素描、色彩）和设计基础（平面构成、色彩构成、立体构成），掌握基本的设计原理，有一定的艺术修养和良好的审美以及在Photoshop中利用图层的混合模式制作特效的能力。

基本知识

图层的混合模式：混合模式是Photoshop中的一项常用功能，它决定了当前图像的像素与下面图像像素的混合方式。它可以用来创建各种特效，且不会损坏原始图像的任何内容。共有27种混合模式，可以将其概括为6组，如图2-39所示。

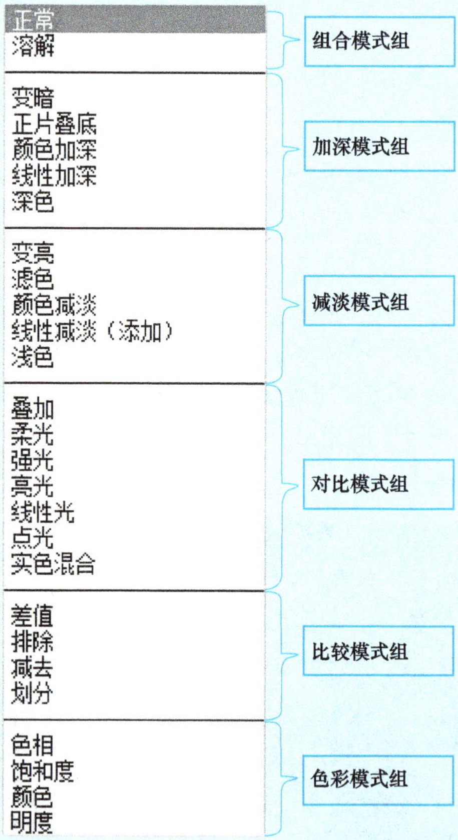

图　2-39

组合模式组：正常模式是默认模式，不和其他图层发生任何混合。溶解模式产生的像素颜色来源于上下混合颜色的一个随机置换值，与像素的不透明度有关。

加深模式组：该组中的混合模式可以使图像颜色加深，在混合过程中，当前图层的白色像素会被下层比较暗的像素代替。

减淡模式组：该组中的混合模式可以使图像颜色减淡、变亮，在混合过程中，比较暗的像素会被较亮的像素替换。

对比模式组：该组中的混合模式可以使图像颜色减淡、变亮，在混合过程中，比较暗的像素会被较亮的像素替换。

比较模式组：该组中的混合模式可以根据上下图层颜色分布，对上下像素的颜色值进行相减处理。

色彩模式组：该组中的混合模式会将色彩分为色相、饱和度、颜色和明度4种，再将其中一两种应用在混合后的图像中。

◆ 任务实施

1. 新建文件

根据公司要求的电子稿尺寸新建文件。选择“文件”→“新建”命令后，在新建文档的设置框里，尺寸输入“8厘米”和“10厘米”，“分辨率”输入300，“背景内容”选择黑色，“标题栏”输入“源点科技芯片公司”，然后单击“创建”按钮即可，如图2-40所示。

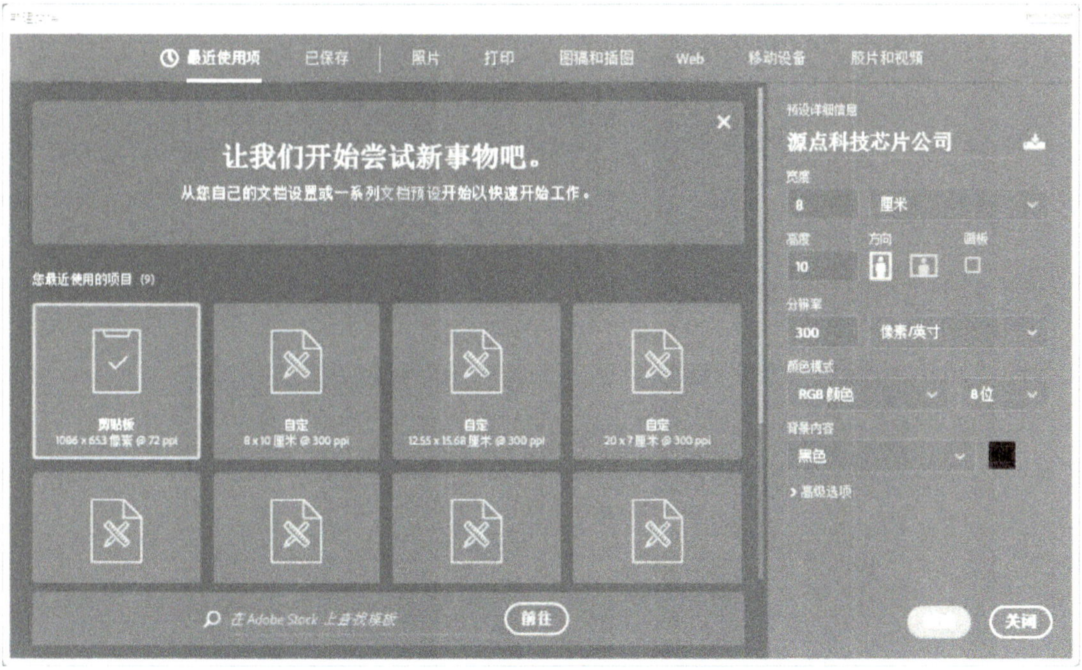

图 2-40

2. 打开素材

选择“文件”→“打开”命令，将素材打开后拖入新建文档中（见图2-41），然后选择“图像”→“调整”→“色相”命令，在对话框中将“色相”参数调至“-77”（见图2-42），得到的效果如图2-43所示。

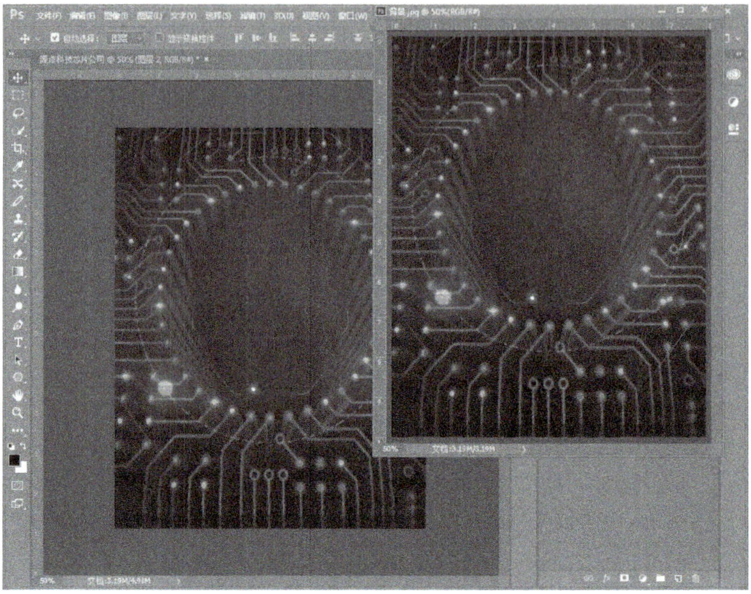

图 2-41

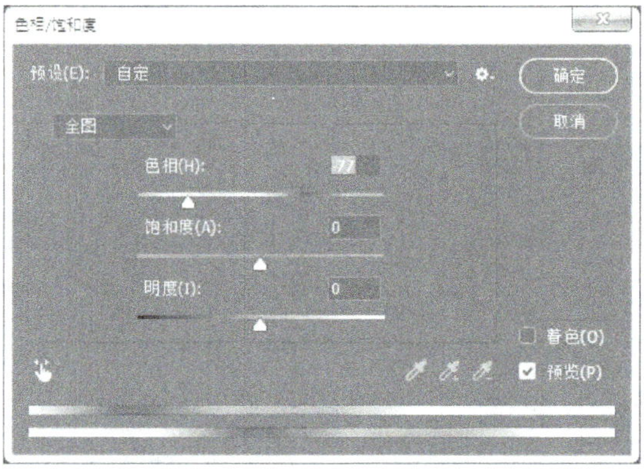

图 2-42

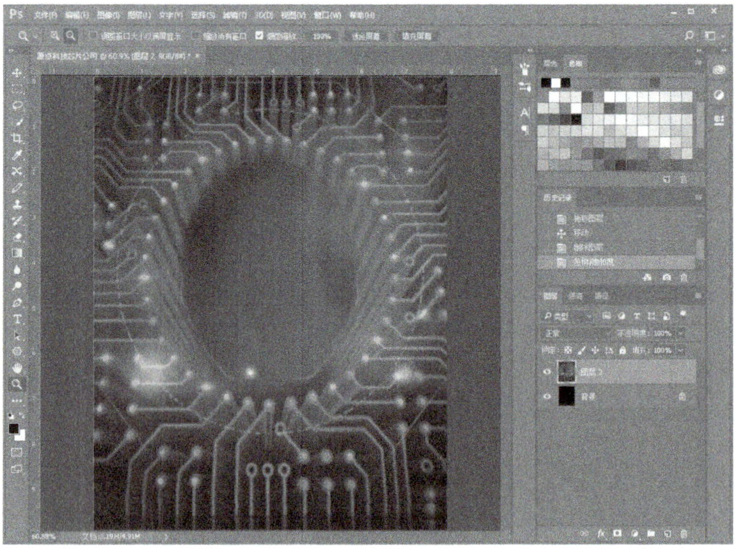

图 2-43

3. 前期设计

打开“渐变编辑器”，将渐变条的颜色设置为3个色标（见图2-44），颜色从左至右分别是绿色“5baf32”（见图2-45）、天蓝色“18d7e3”（见图2-46）、蓝紫色“441c96”（见图2-47）；然后“新建图层”，将指引线从上往下拖动，得到的效果如图2-48所示。

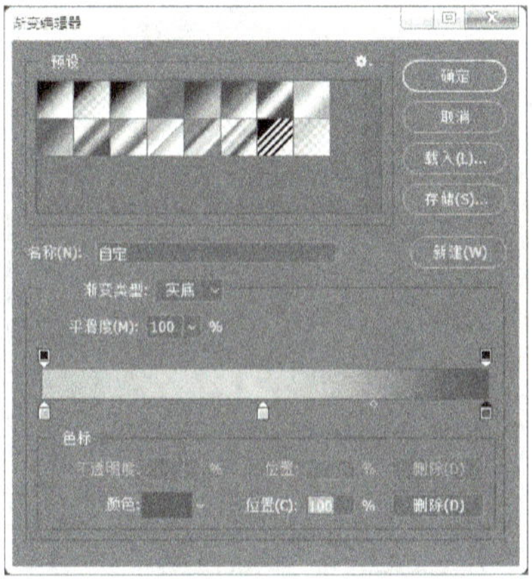

图 2-44

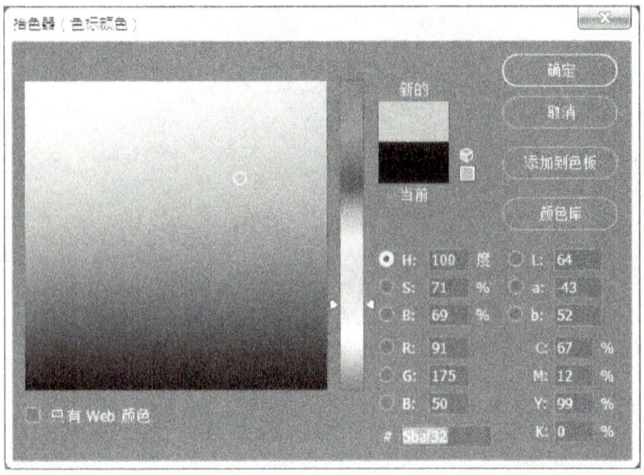

图 2-45

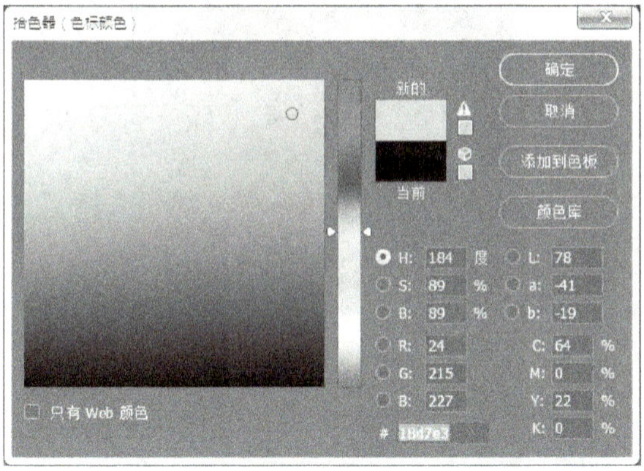

图 2-46

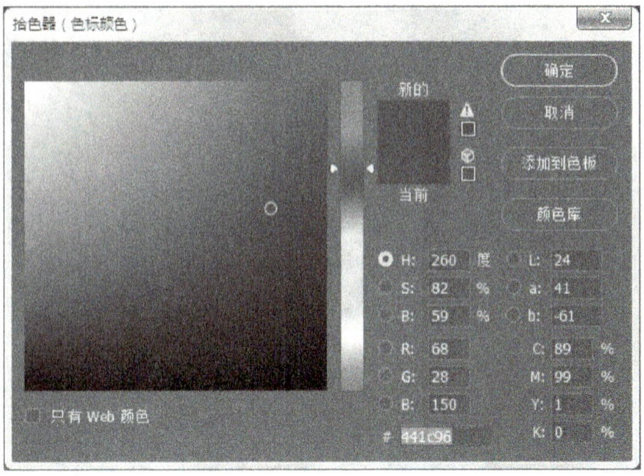

图 2-47

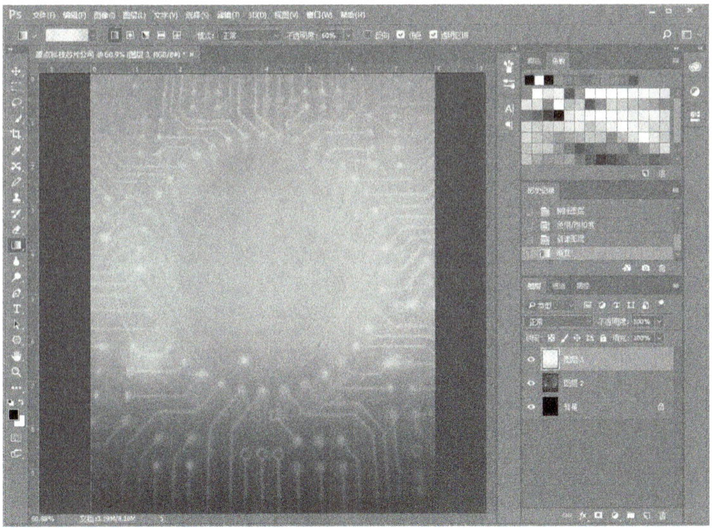

图 2-48

利用工具箱中的“横排文字工具”输入大写字母“O”，字体选择“Goya”（见图2-49），在面板中打开“图层样式”，在“混合选项”对话框中选择“不透明度100%”（见图2-50）。

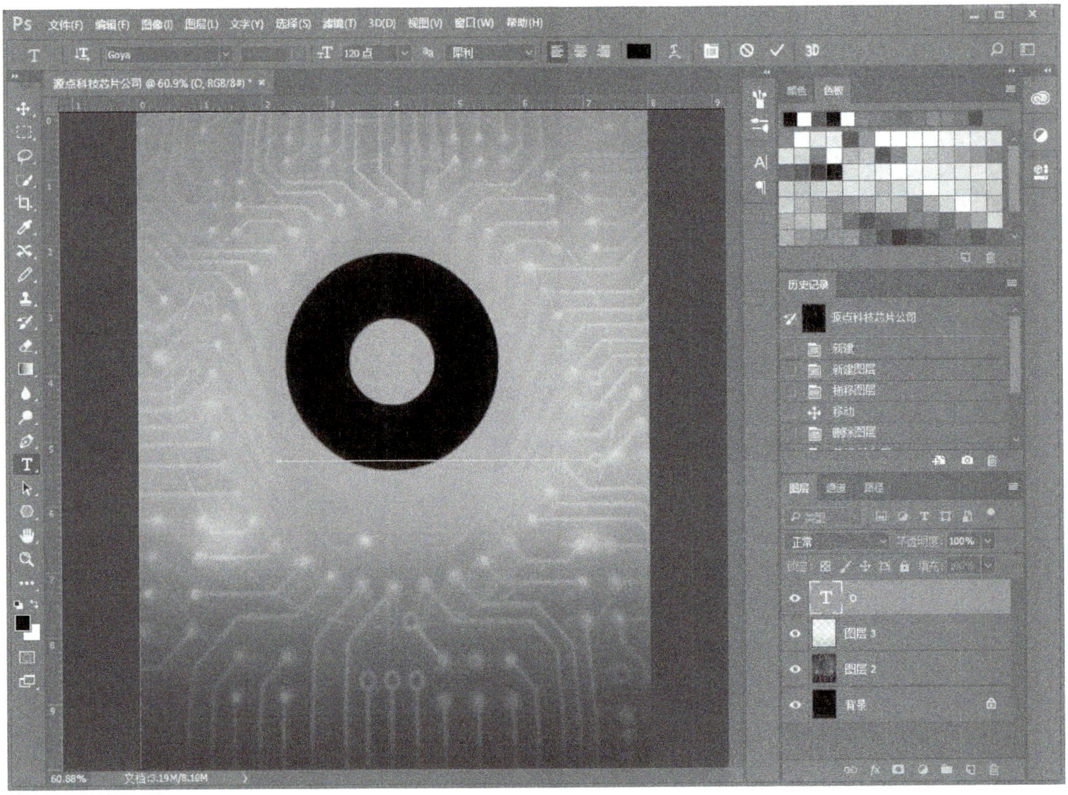

图 2-49

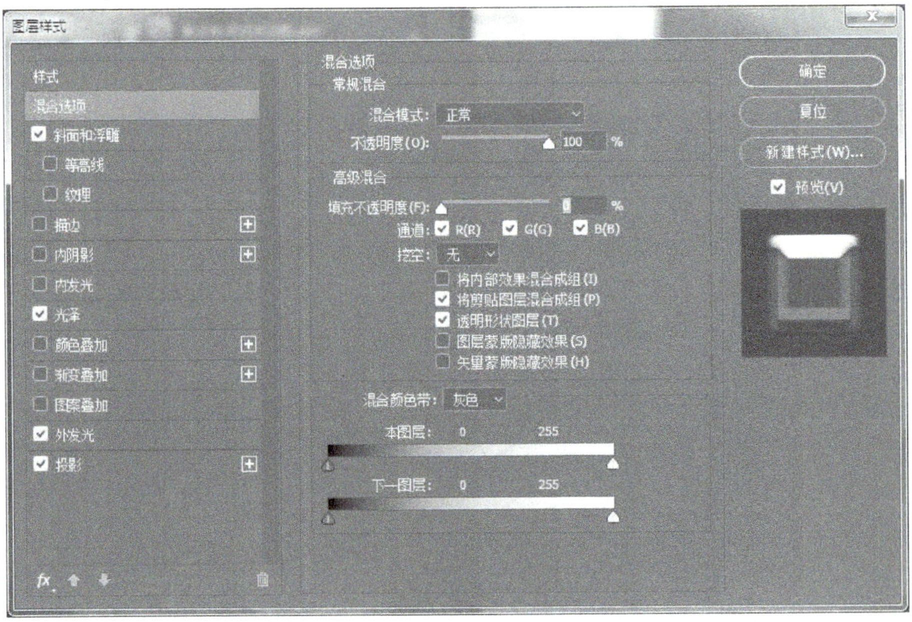

图 2-50

4. LOGO设计

在“斜面和浮雕”对话框中，深度为461%、大小为90像素、角度为90度（见图2-51）；在“光泽”对话框中，混合模式选择“柔光”、颜色为天蓝色、不透明度为34%、角度为19度，距离为1像素（见图2-52）。

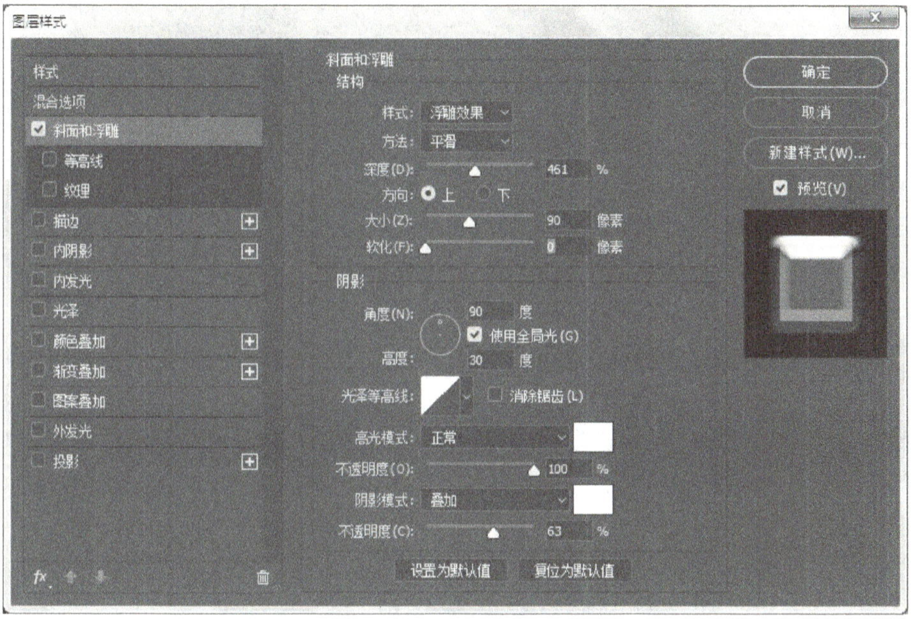

图 2-51

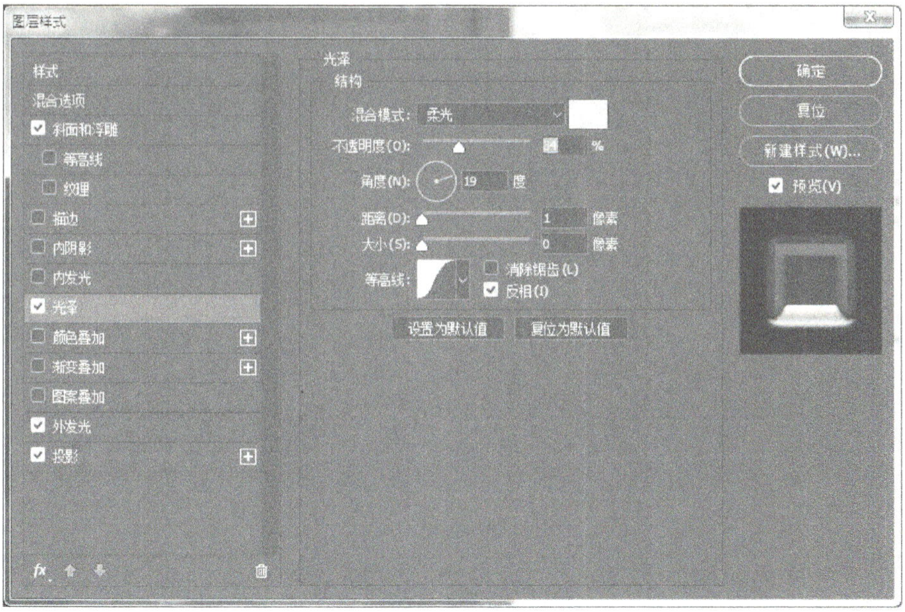

图 2-52

在“外发光”对话框中，混合模式选择“滤色”、不透明度为19%、大小为42像素（见图2-53）；在“投影”对话框中，混合模式选择“正片叠底”、不透明度为

52%、角度为-90度、距离为16像素、扩展为6%、大小为32像素（见图2-54）。

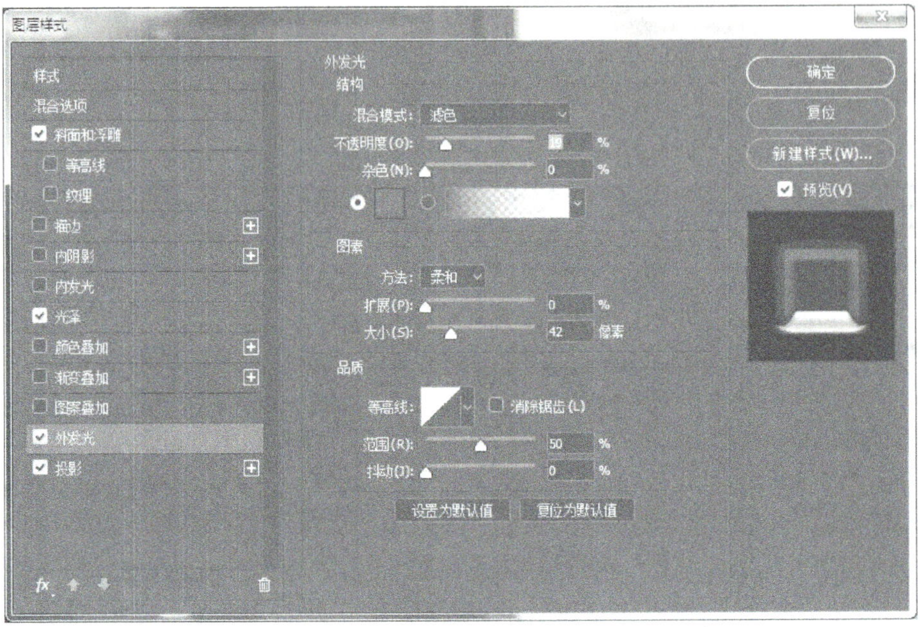

图　2-53

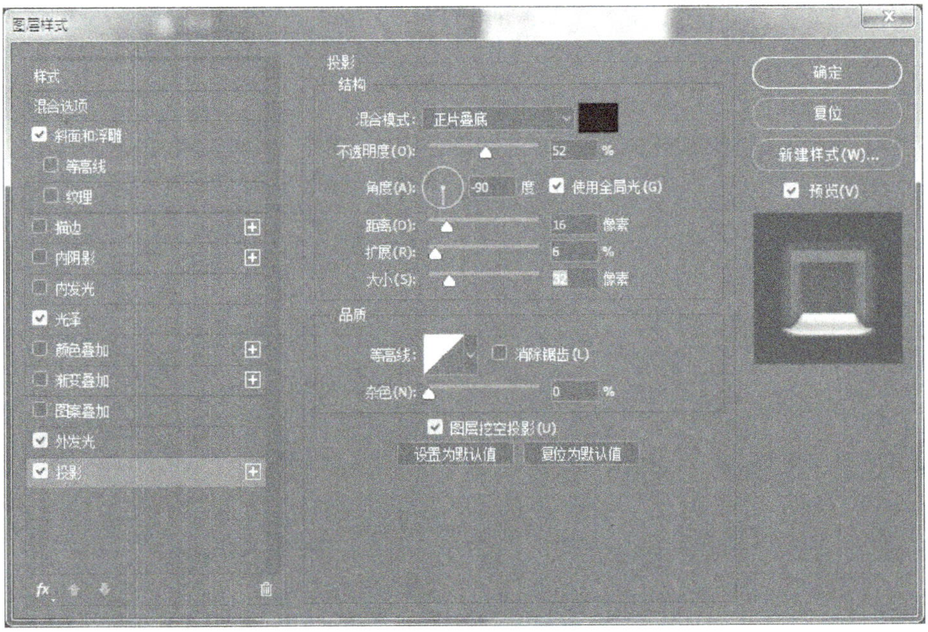

图　2-54

设置后的效果如图2-55所示，然后将“光圈”素材打开移动至“O”字母图层的下方（见图2-56），在PS面板中，将光圈图层的混合模式选择“排除”（见图2-57），然后利用选区工具框选住“O”后按<Delete>键，最后得到的效果如图2-58所示。

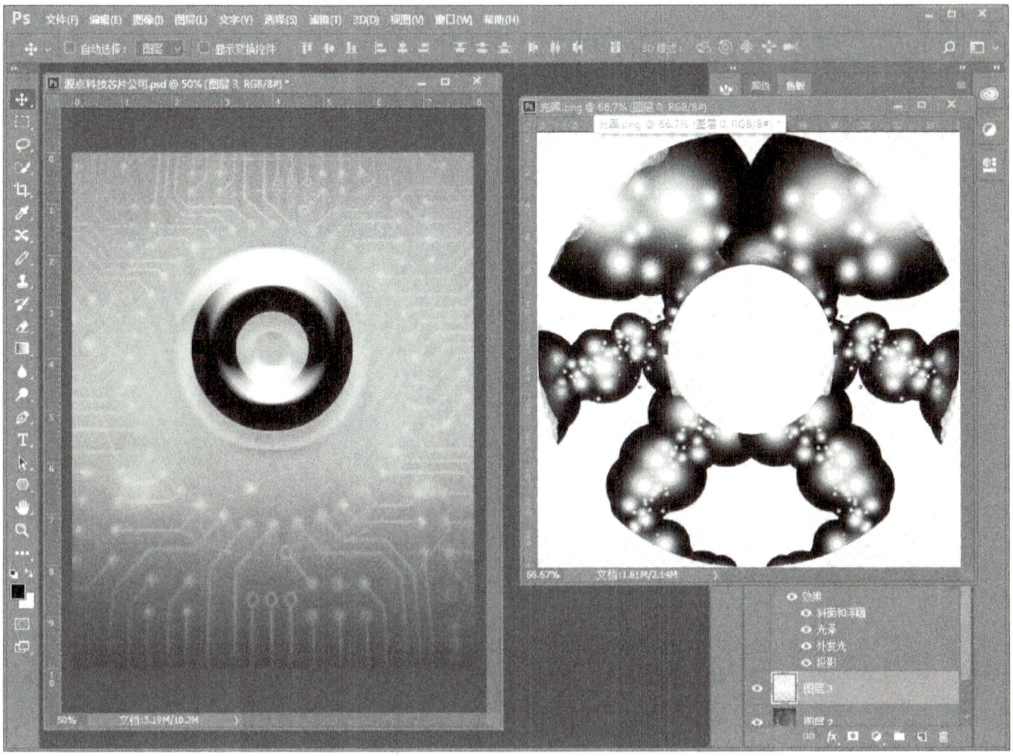

图 2-55

图 2-56

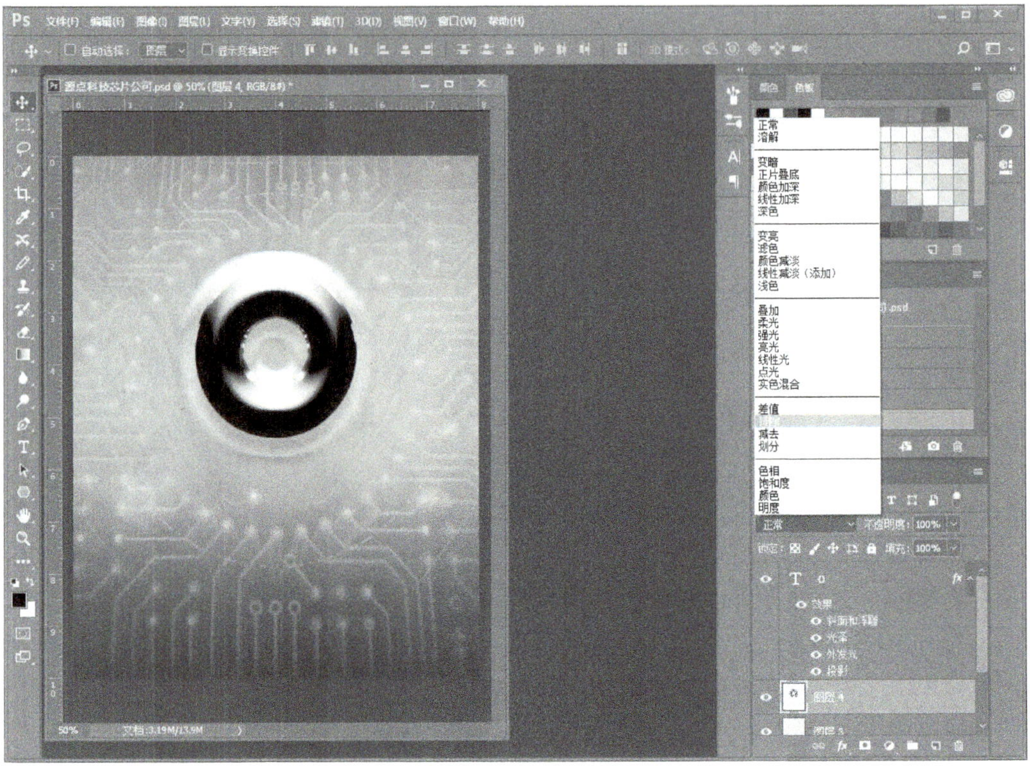
文件(F) 编辑(E) 图像(I) 图层(L) 文字(Y) 选择(S) 滤镜(T) 3D(D) 视图(V) 窗口(W) 帮助(H)
源点科技芯片公司.psd @ 50% (图层 4, RGB/8#) *
正常
溶解
变暗
正片叠底
颜色加深
线性加深
深色
变亮
滤色
颜色减淡
线性减淡（添加）
浅色
叠加
柔光
强光
亮光
线性光
点光
实色混合
差值
减去
划分
色相
饱和度
颜色
明度
50%
文档:3.19M/13.9M

图 2-57

源点科技芯片公司.psd @ 50% (图层 3, RGB/8#) *
50%
文档:3.19M/14.3M

图 2-58

然后设置渐变图层的“混合模式”为“颜色加深”（见图2-59），设置后的效果如图2-60所示。

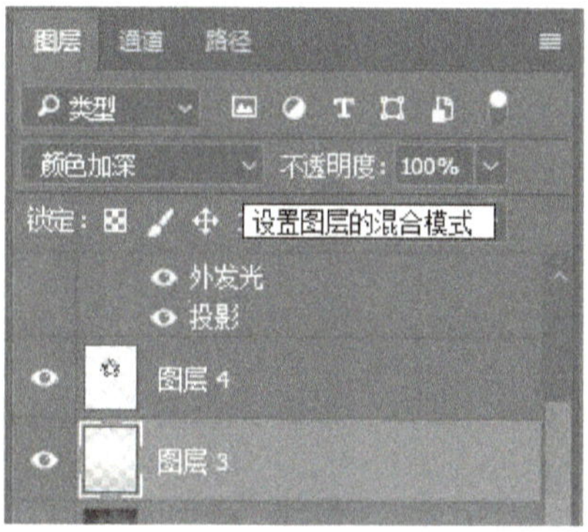

图 2-59

图 2-60

5. 文字特效

利用“横排文字工具”输入公司英文字母“ORIGIN”，字体选择“迷你简细珊瑚”（见图2-61），然后打开图层样式，在“斜面和浮雕”对话框中，样式选择“枕状浮雕”、深度为511%、大小为16像素、软化为5像素、角度为-90度（见图2-62）。

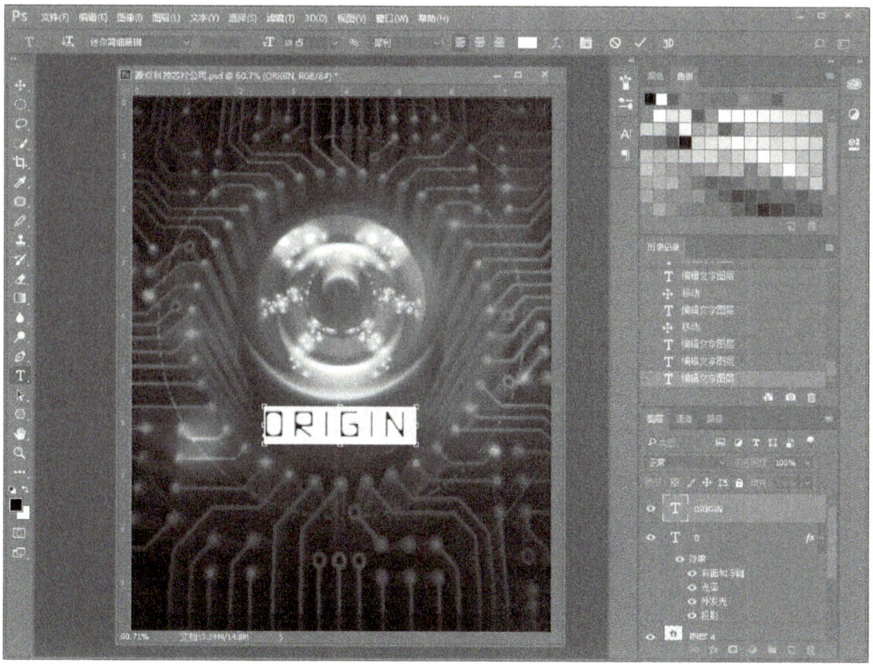

图 2-61

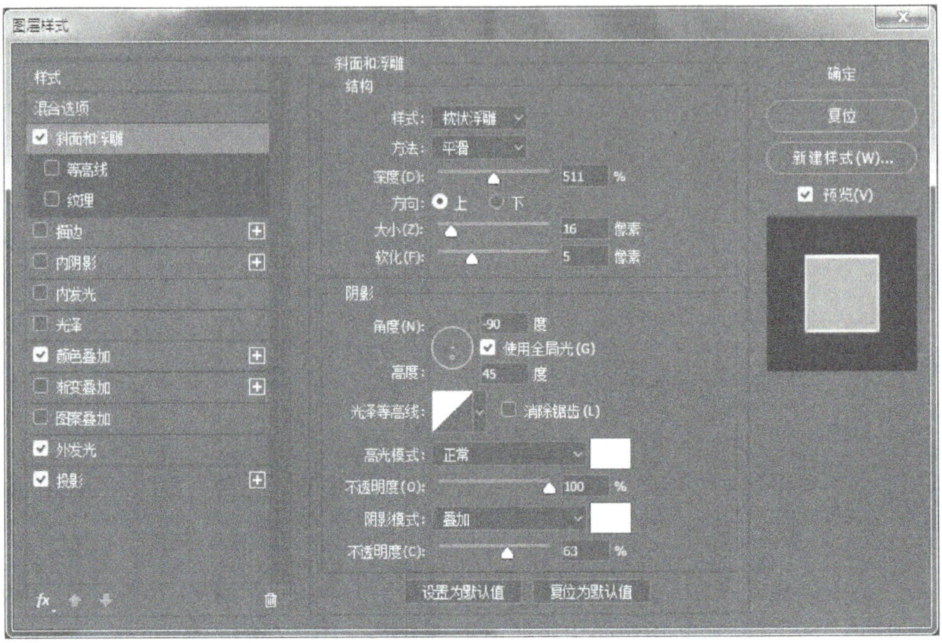

图 2-62

在“颜色叠加”对话框中，混合模式选择“正常”、不透明度为“100%”、颜色为“00829c”（见图2-63）；在“外发光”对话框中，混合模式选择“滤色”、不透明度为80%、颜色为黄色、扩展为1%、大小为62像素（见图2-64）。

在“投影”对话框中，混合模式选择“正片叠底”、不透明度为100%、角度为-90度、距离为10像素、扩展为6像素、大小为32像素（见图2-65）；设置后得到的效果如图2-66所示。

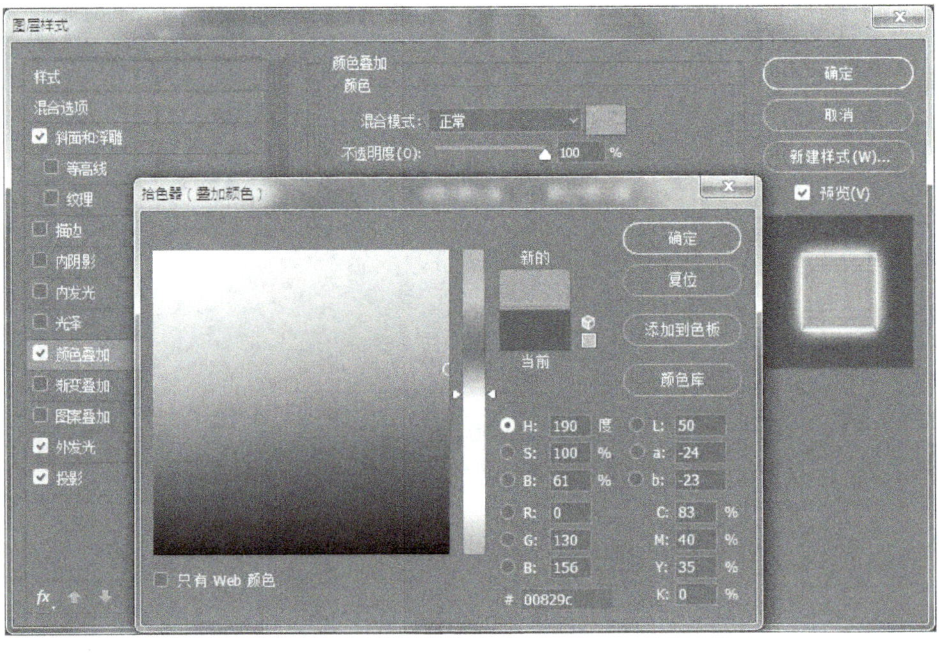

图 2-63

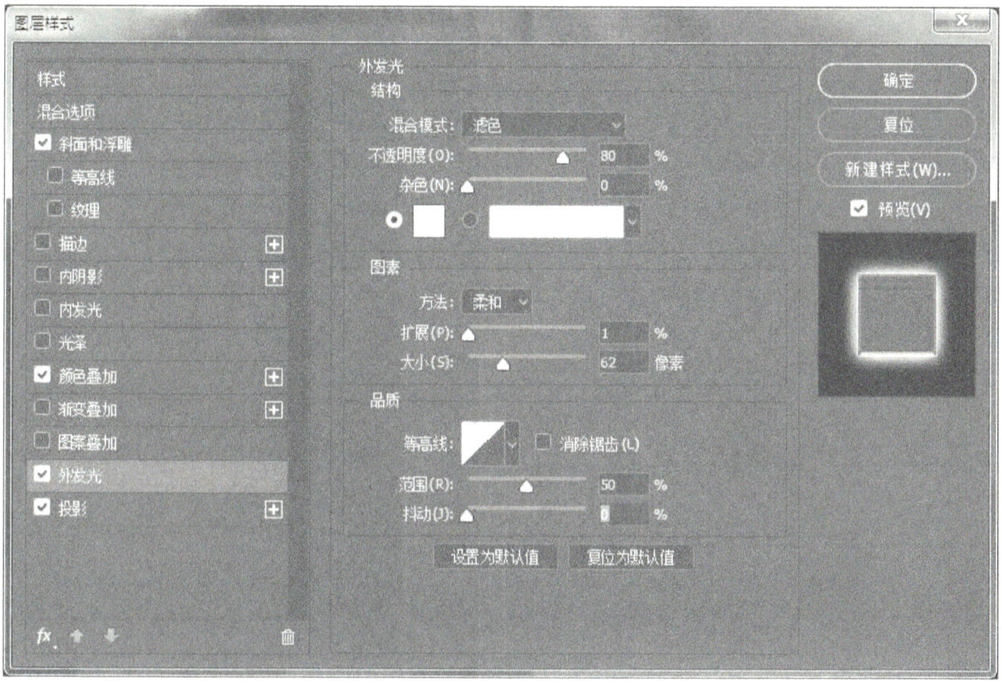
图层样式
样式
混合选项
斜面和浮雕
等高线
纹理
描边
内阴影
内发光
光泽
颜色叠加
渐变叠加
图案叠加
外发光
投影
外发光
结构
混合模式：滤色
不透明度(O)：80 %
杂色(N)：0 %
图素
方法：柔和
扩展(P)：1 %
大小(S)：62 像素
品质
等高线：
消除锯齿(L)
范围(R)：50 %
抖动(J)：0 %
设置为默认值
复位为默认值
确定
复位
新建样式(W)...
预览(V)

图 2-64

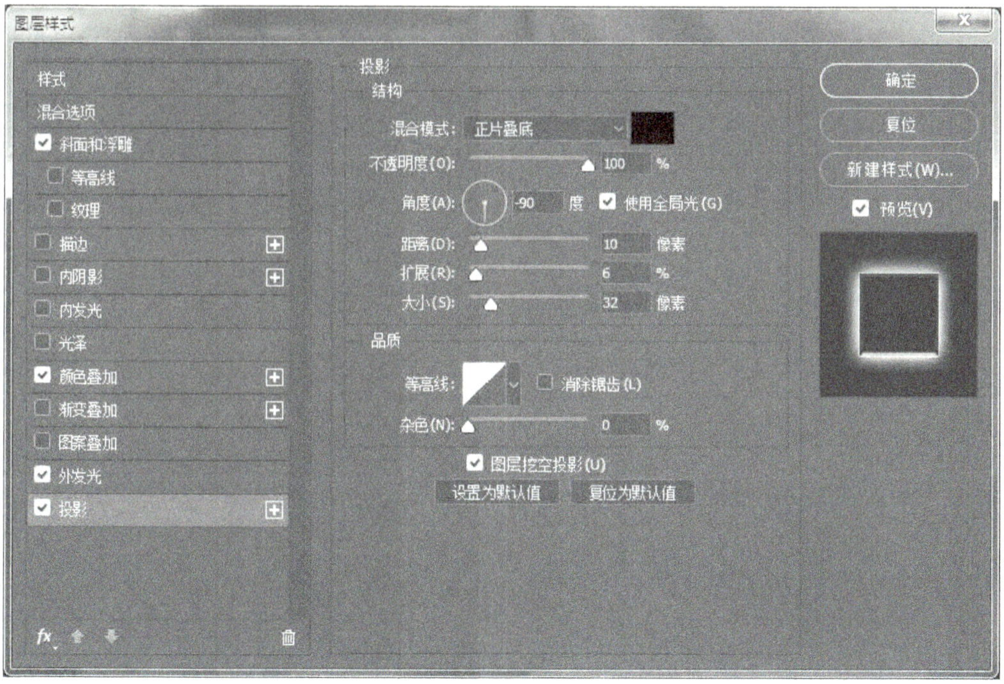
图层样式
样式
混合选项
斜面和浮雕
等高线
纹理
描边
内阴影
内发光
光泽
颜色叠加
渐变叠加
图案叠加
外发光
投影
投影
结构
混合模式：正片叠底
不透明度(O)：100 %
角度(A)：-90 度
使用全局光(G)
距离(D)：10 像素
扩展(R)：6 %
大小(S)：32 像素
品质
等高线：
消除锯齿(L)
杂色(N)：0 %
图层挖空投影(U)
设置为默认值
复位为默认值
确定
复位
新建样式(W)...
预览(V)

图 2-65

图 2-66

在文档下方，将公司中英文名称利用“横排文字工具”依次输入，如图2-67所示，再利用“铅笔工具”，设“画笔大小”为2像素，按住<Shift>键绘制一条直线并置于中英文中间处，如图2-68所示。

图 2-67

图 2-68

在面板中，将中文图层的图层样式对话框打开，勾选“斜面和浮雕”，样式选择“浮雕效果”、深度为147%、大小为10像素、软化为5像素、角度为-90度（见图2-69）；在“外发光”对话框中，混合模式选择“滤色”、不透明度为33%、颜色为“黄色”、扩展为3%、大小为62像素（见图2-70）。

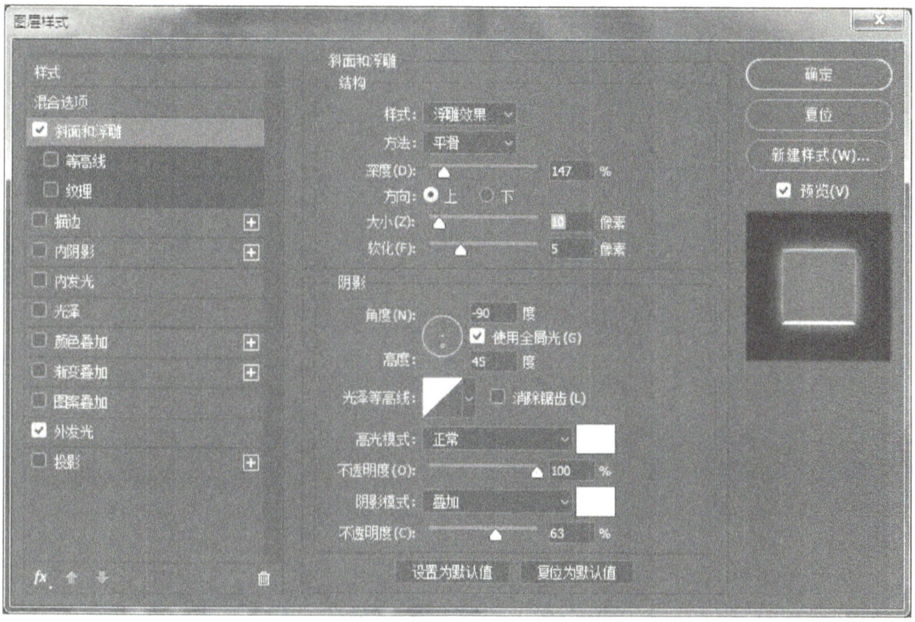

图 2-69

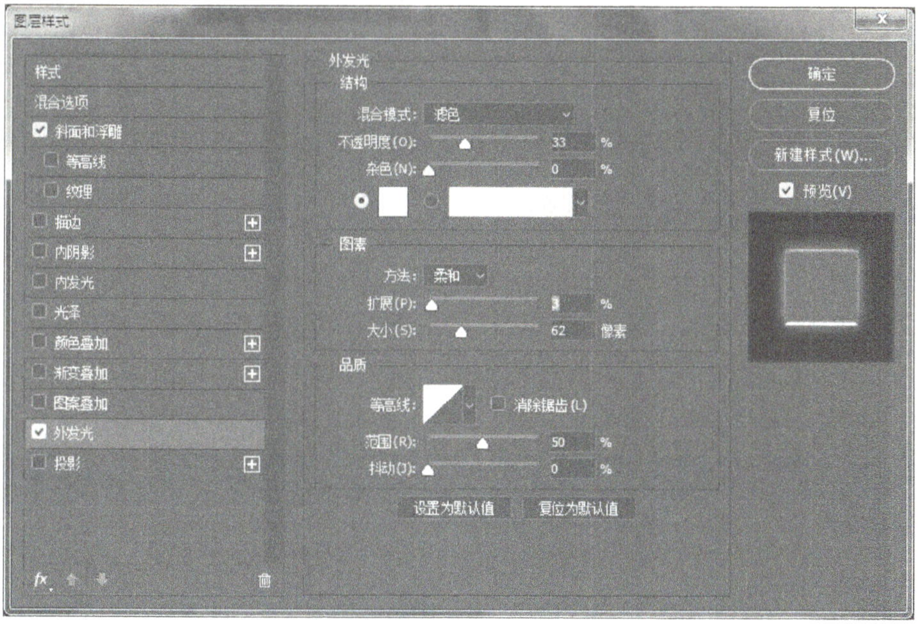

图 2-70

公司中文名称的文字特效制作完成后，利用同样的方法制作好英文名称的文字特效，然后移动字体至最佳位置，芯片公司的LOGO效果图就设计完成了。最后效果如图2-71所示。

图 2-71

项目评价

在本项目中，通过学习Photoshop CC的图形绘制和图层混合模式等相关知识，理解标志设计是如何实现的。选取了“设计广东省大学生运动会会徽”和“设计源点科技芯片公司标志”这两个任务来阐述标志图形从无到有的设计过程，并通过对本项目的学习，做出项目评价和自我评价。

项目2　标志设计	很满意	较满意	有待改进	不满意
项目设计的评价				
项目的完成情况				
知识点的掌握情况				
与本组成员协作情况				
客户对项目的评价				
自我小结				

项目3 卡片设计

任务1 设计研味学堂餐厅桌卡

任务情境

位于东莞市万达广场的研味学堂餐厅，位置设立于儿童城附近，6月1日儿童节即将来临，为了吸引到店食客，餐厅老板想针对儿童节推出“10元购小吃套餐”的促销活动，于是找到了广州艾地广告有限公司，要求设计部对其促销活动进行餐厅桌面的桌卡设计。

桌卡设计的要求：1）主题突出、创意鲜明。2）食品图像明亮干净，设计排版简洁大方。3）配有相关活动文字说明和餐厅标识以及二维码。

桌卡尺寸要求：40cm×50cm。

任务分析

桌卡设计属于卡片设计范畴，图文并茂是最基本的要素，这就要求设计师对图像处理和设计排版有一定的审美能力。桌卡在使用过程中是放在餐厅的桌面上，所以整体色彩要避免出现脏、花、暗，不然会影响到食客的食欲。应当在处理图像的过程中尽量做到光线明亮且使用暖色调。这样不仅能激发食欲还能吸引视觉注意，从而帮助餐厅达到促销目的。

任务最终效果图2-72所示。

图　2-72

◆ 必备知识

制作本任务之前，需要具备以下知识：理论方面要有一定的设计基础（三大构成），技能方面要能熟练运用设计软件对图像进行修饰和图文排版，会运用Photoshop图层蒙版。

基本知识

Photoshop修饰图像工具：

1）污点修复画笔工具：此工具一般用于去除照片中的杂色或者污点。它与修复画笔工具非常相似，不同之处在于该工具不需要设置取样点，因为它可以自动从所修饰区域的周围取样。只需要用此工具在图像中有需要的位置单击，即可去除该处污点。

2）修复画笔工具：此工具最佳操作对象是有斑点、皱纹、划痕等问题的图像，它可以校正图像的瑕疵，也可以用图像中的像素作样本进行绘制。还可以将样本像素的纹理、光照、透明度和阴影与所修复的像素进行匹配，从而使修复后的像素不留痕迹地融入图像的其他部分，因为该工具能够根据要修改点周围的像素及色彩将其完美复原，不留任何痕迹。按住<Alt>键取样，然后在污点上单击即可去除污点。

3）修补工具：此工具的操作原理是先选择图像中某一个区域，然后拖动选区至另一个区域，从而完成修补工作。使用该工具直接在图像上圈选出污点，然后将选区内的污点拖动至干净区域，即可修复其污点。

4）仿制图章工具：此工具对于复制对象或修复图像中的缺陷非常有用，它可以将图像的一部分绘制到同一图像的另一位置上，或绘制到具有相同颜色模式的任何打开文档的另一位置。按住<Alt>键取样，然后在需要修复的区域位置单击即可。

5）内容感知移动工具：此工具主要功能是负责图层、选区等的移动、复制操作。适用于快速移动面积较大的物体和人物，操作时需要利用选区工具框选，然后利用该工具执行“移动”。但是移动之后，原来空出来的位置会有小瑕疵，需要用修补工具进行修复。

◆ 任务实施

1. 新建文档

根据甲方要求的电子稿尺寸新建文档：选择“文件”→“新建”命令后，在新建文档的设置框里，“宽度”设置为40厘米，“高度”设置为50厘米，“分辨率”输入150，“背景内容”选择白色，“标题栏”输入“桌卡40×50”，然后单击“创建”按钮即可，如图2-73所示。

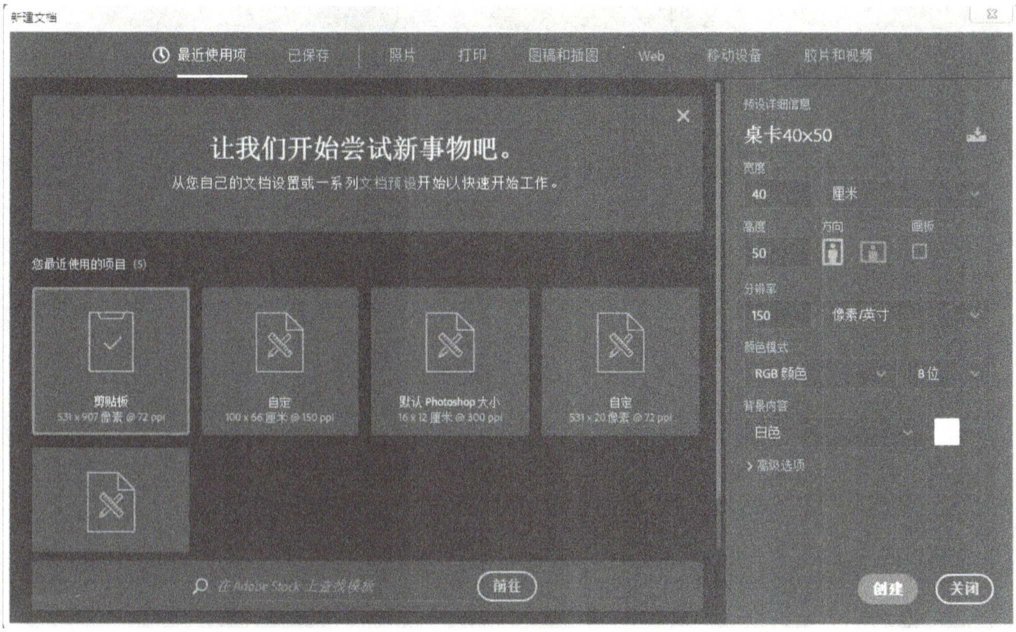

图 2-73

2. 打开素材

选择“文件”→“打开”命令，打开背景素材图，然后按住鼠标左键将背景素材直接拖入文档中，如图2-74和图2-75所示。

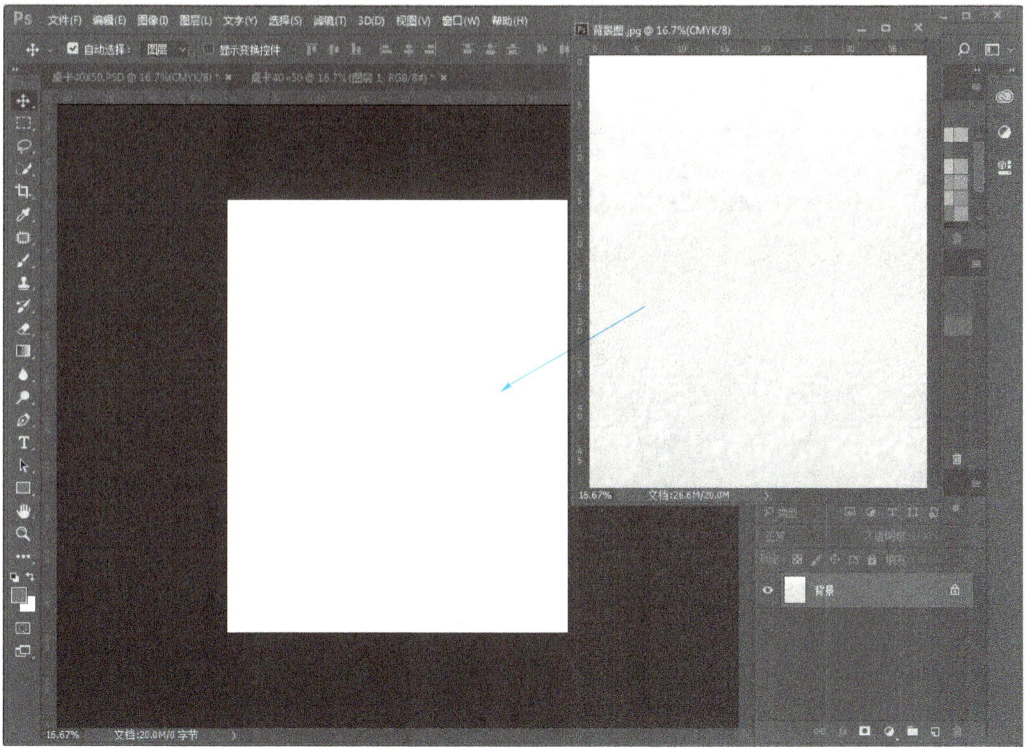

图 2-74

图 2-75

3. 前期设计

将“木材”素材打开拖入文档中，移动至画面下方，再用快捷键<Ctrl+T>对木材图片进行适当放大，以达到“桌面”的视觉效果，如图2-76所示，然后利用工具箱里的“画笔工具”，如图2-77所示。

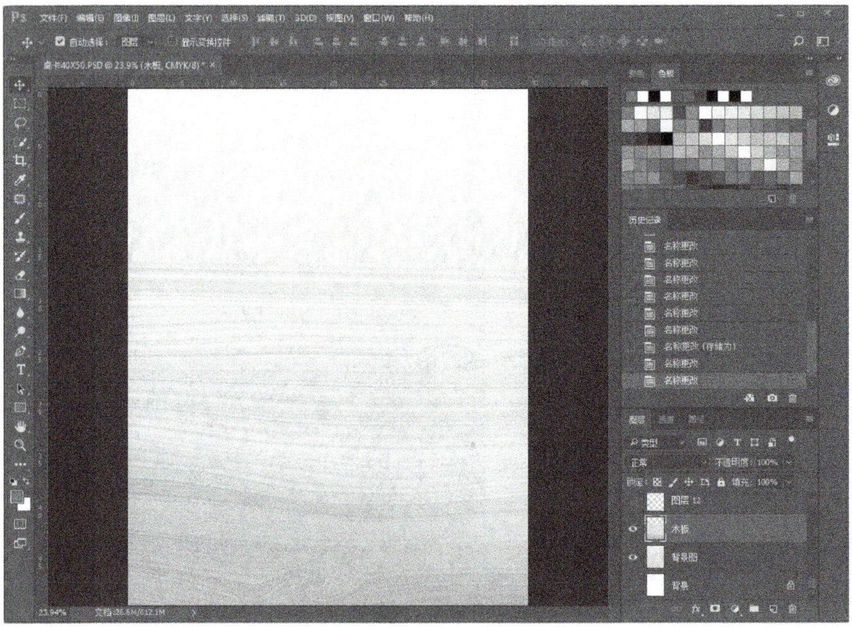

图 2-76

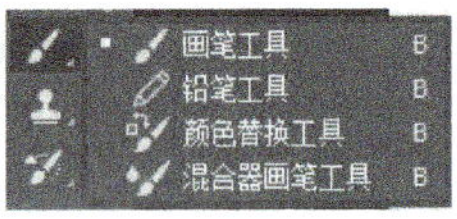

图 2-77

画笔大小调至133像素，模式为“柔光”，不透明度为47%（见图2-78），颜色设置为“ffeaa3”（见图2-79），然后新建图层，用画笔在木板和背景图交界处画出虚化的效果，如图2-80所示。

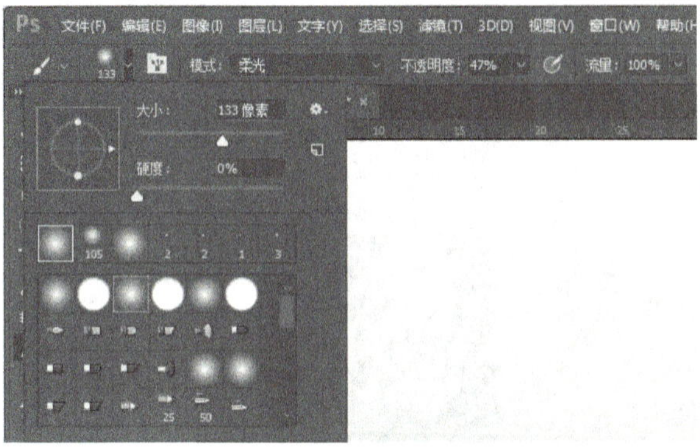

图 2-78

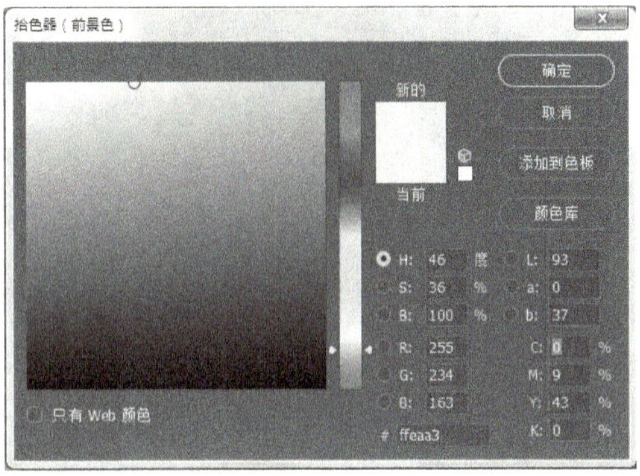

图 2-79

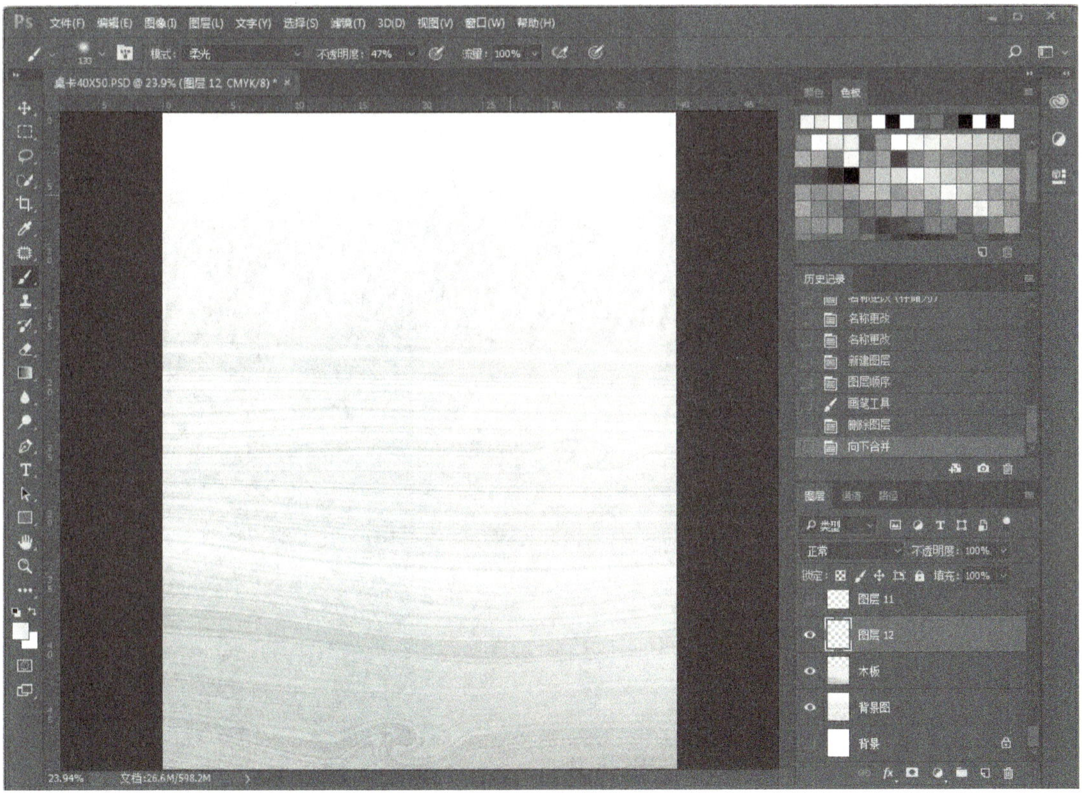

图 2-80

用工具箱中的“矩形选框工具”在画面底部绘制一个蓝色长方形，将研味学堂的LOGO置于蓝色图层上方，如图2-81所示。陆续将水果茶素材和盘子素材新建图层后，拖入置于桌面图层上，如图2-82和图2-83所示。

研味学堂
UNIVERSITY OF EATING
研味学堂LOGO素材
蓝色底框
图层 12
木板
背景图

图 2-81

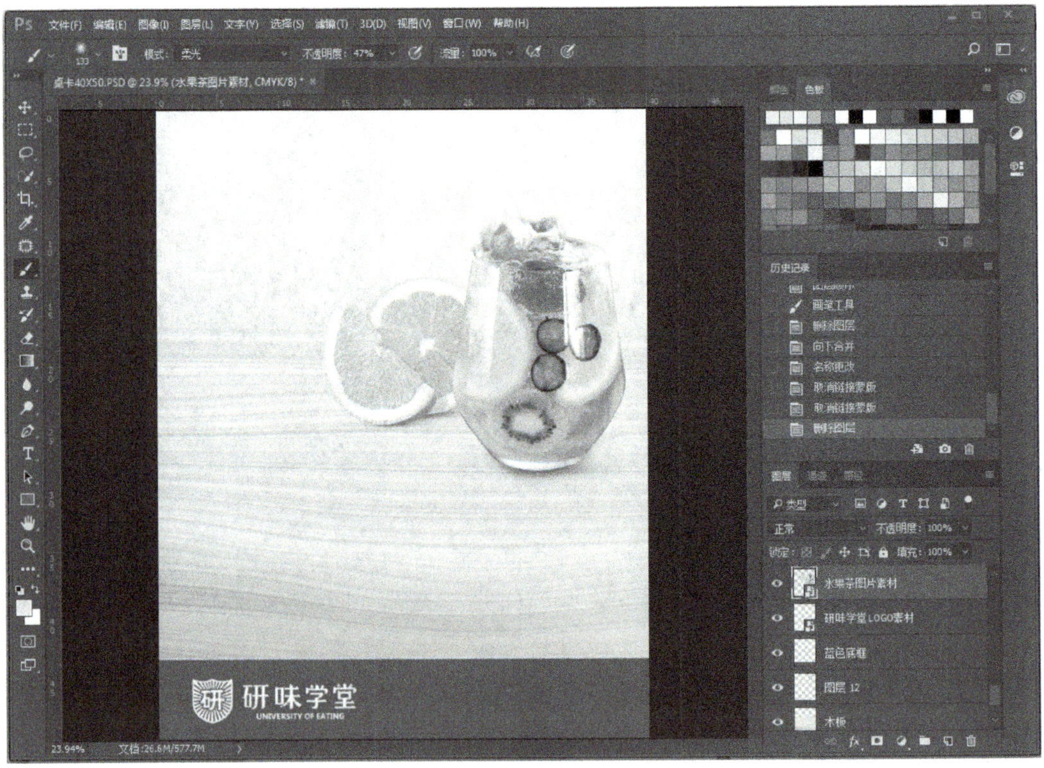
研味学堂
UNIVERSITY OF EATING
水果茶图片素材
研味学堂LOGO素材
蓝色底框
图层 12
木板

图 2-82

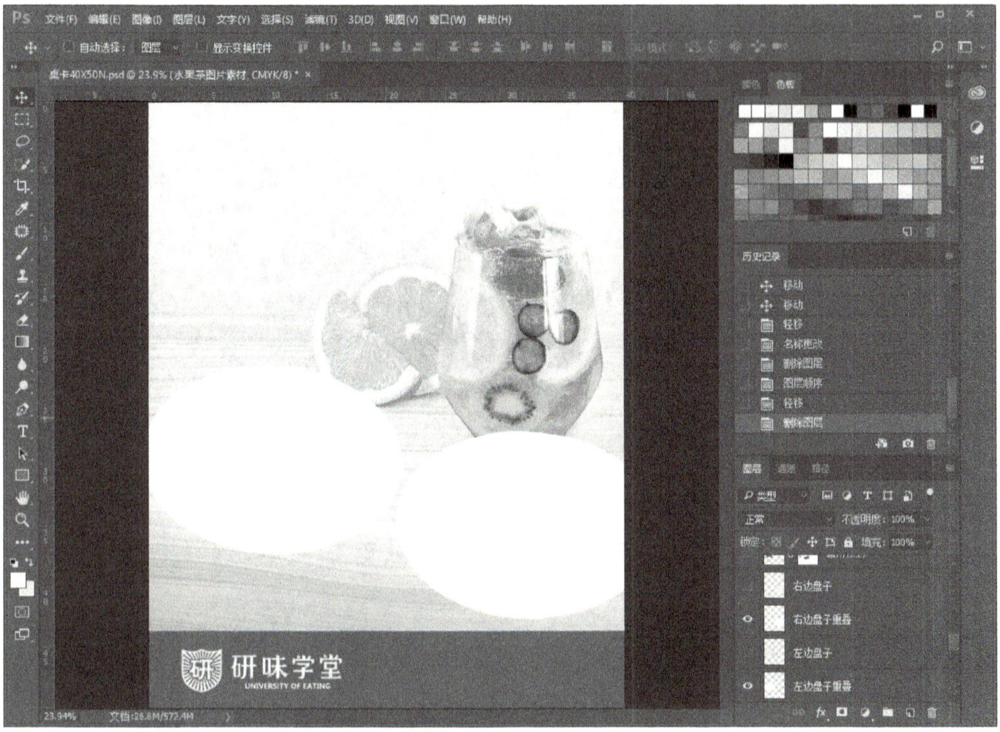

图 2-83

4. 细节设计

单击工具箱中的“椭圆选框工具”（见图2-84），新建图层在盘子图层下面绘制椭圆选区（见图2-85），右击选择“羽化”命令，羽化半径输入15像素（见图2-86），拾色器颜色选择深褐色作为投影颜色（见图2-87）。

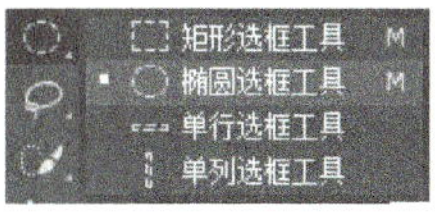

图 2-84

图 2-85

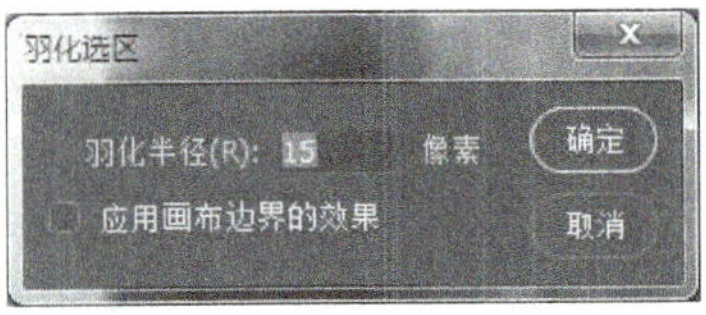

图 2-86

图 2-87

再选择“渐变工具”命令（见图2-88），在“渐变编辑器”中选择“前景色到透明渐变”（见图2-89），将深褐色颜色图标拖动至渐变条中间位置（见图2-90）。

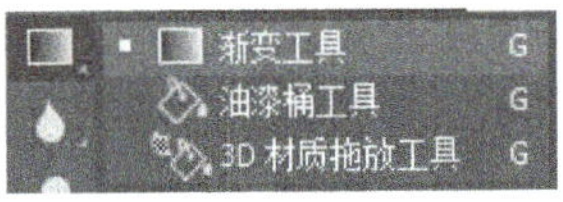

图 2-88

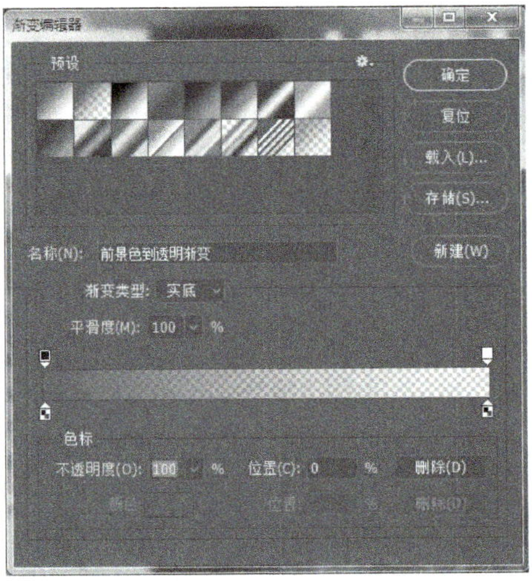

图 2-89

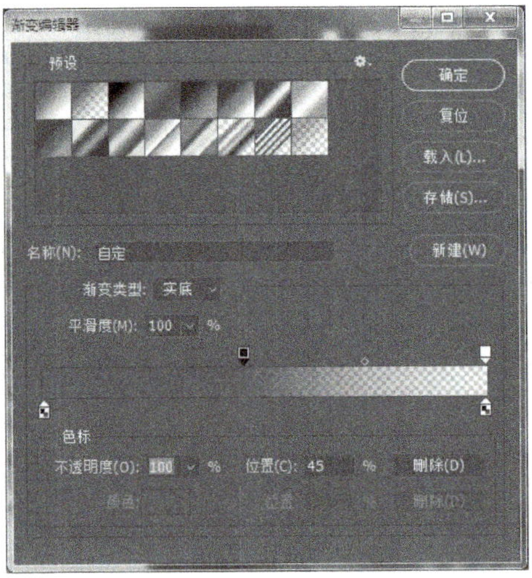

图 2-90

在刚才绘制好的“椭圆选区”里，将渐变指引线从右下方拖动至左上方（见图2-91），就得到了盘子投影的效果（见图2-92）。

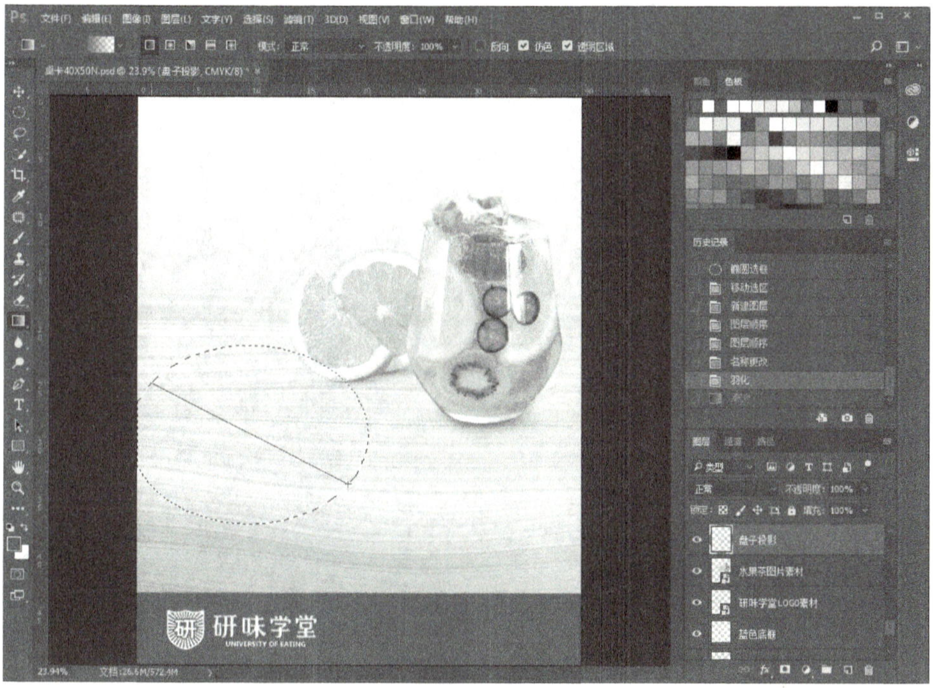

图 2-91

图 2-92

将两个盘子图层置于左边投影图层的上方（见图2-93），然后用同样的方法制作右边盘子的投影，再将右边盘子的图层移动至投影图层上面（见图2-94）。

图 2-93

图 2-94

5. 蒙版命令

将“薯角图片”素材移动至左边盘子上（见图2-95），然后用“图层蒙版”命令去掉薯角图片原素材的周围环境。在“薯角图层”上单击面板右下角的“蒙版”按钮，在薯角图片旁出现了一个白色页面（见图2-96）。

打开画笔工具（见图2-97），前景色选择黑色（见图2-98），然后单击“薯角图层的蒙版图”，用画笔在薯角的周围画黑色，这个时候会发现黑色画到的地方被蒙版蒙住没有显示（见图2-99），根据需要调整画笔大小，画完之后的效果如图2-100所示。

图 2-95

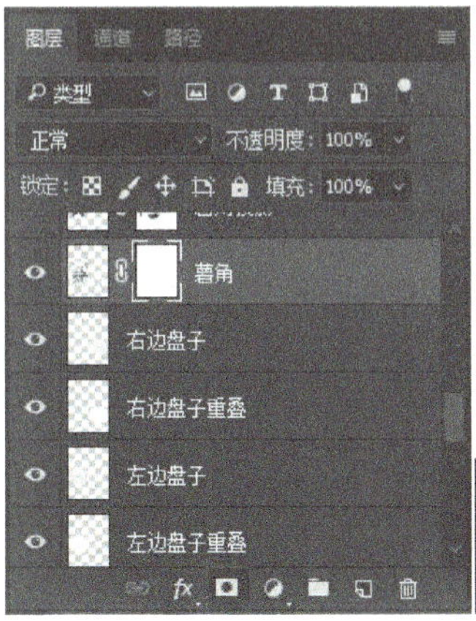

图 2-96

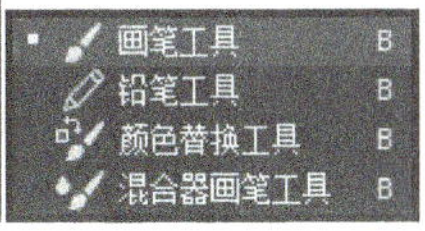

图 2-97

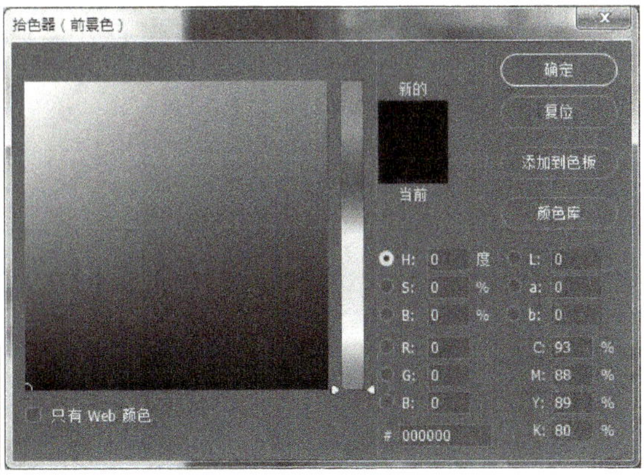

图 2-98

文件(F) 编辑(E) 图像(I) 图层(L) 文字(Y) 选择(S) 滤镜(T) 3D(D) 视图(V) 窗口(W) 帮助(H)
模式：正常
不透明度：100%
流量：100%
历史记录
添加图层蒙版
画笔工具
画笔工具
画笔工具
画笔工具
画笔工具
图层
正常
不透明度：100%
填充：100%
薯角
右边盘子
右边盘子重叠
左边盘子
左边盘子重叠
研味学堂
UNIVERSITY OF EATING
23.94%

图　2-99

文件(F) 编辑(E) 图像(I) 图层(L) 文字(Y) 选择(S) 滤镜(T) 3D(D) 视图(V) 窗口(W) 帮助(H)
模式：正常
不透明度：100%
流量：100%
历史记录
移动
移动
旋转
删除图层
删除图层
图层顺序
应用蒙版
图层
薯角
右边盘子
右边盘子重叠
左边盘子
左边盘子重叠
研味学堂
UNIVERSITY OF EATING
23.94%

图　2-100

基本知识

Photoshop图层蒙版：图层蒙版是所有蒙版中最为重要的一种，也是实际工作中使用频率非常高的工具之一，它可以用来隐藏、合成图像。

就好像是在图层上面覆盖了一层玻璃片，这种玻璃片有透明的、半透明的、完全不透明的。如果用绘图工具在蒙版上涂色，涂黑色的地方蒙版变为完全不透明的，会遮住当前图层的图像；而涂白色的部分变为透明的，可看到当前图层上的图像；涂灰色使蒙版变为半透明，灰色的深浅来决定半透明的程度。

另外，在创建调整图层、填充图层以及为智能对象添加智能滤镜时，Photoshop会自动为图层添加一个图层蒙版，可以在图层蒙版中对调色范围、填充范围和滤镜应用区域进行调整。

处理好薯角图片后制作薯角投影，用制作盘子投影的方法加上“图层蒙版”遮罩的方式，将投影绘制出来，效果如图2-101所示。然后将薯角和玉米片图层分别置于投影图层上方，如图2-102和图2-103所示。

接着绘制虚线对话框，利用“钢笔工具”先绘制出对话框轮廓（见图2-104），然后单击“画笔工具”（见图2-105），打开“画笔预设”，勾选“双重画笔”选择“正片叠底”模式，大小为14像素，间距为180%（见图2-106）。

图 2-101

图 2-102

图 2-103

图 2-104

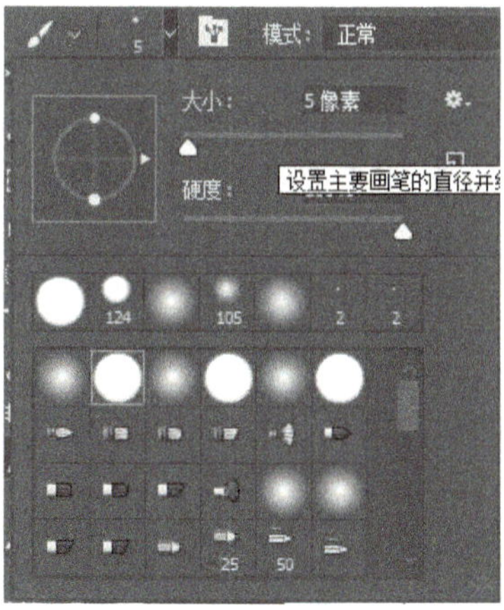

图 2-105

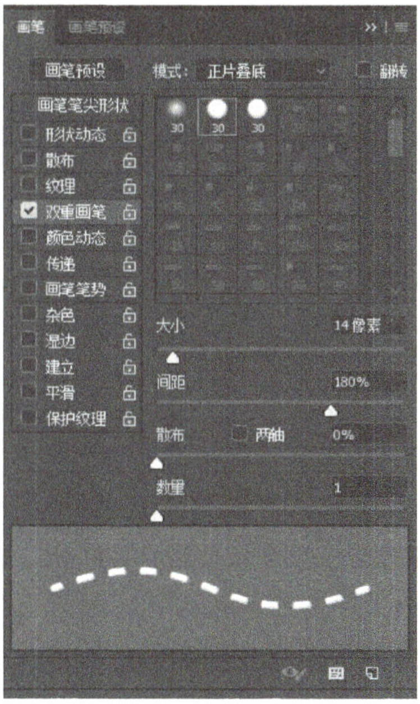

图 2-106

再单击“钢笔工具”（见图2-107），拾色器“前景色”选择深棕色（见图2-108），在画面中右击，在出现的对话框中选择“描边路径”（见图2-109），

“描边路径”对话框选择工具“画笔”（见图2-110）。

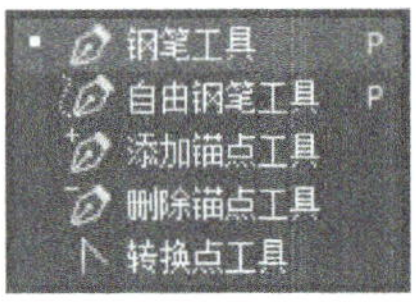

图 2-107

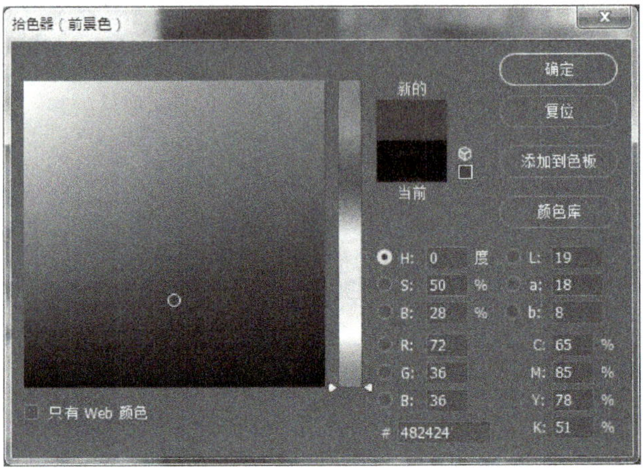

图 2-108

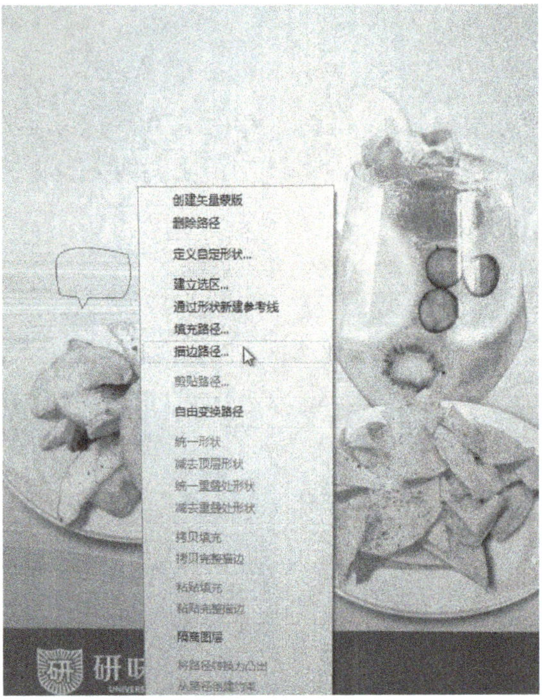

图 2-109

图 2-110

在面板中选择“路径”面板，选中“工作路径”并“删除”命令（见图2-111），就得到了想要的虚线对话框效果（见图2-112）。

运用同样的方法制作好玉米片的虚线对话框之后，将“薯角”“玉米片”文字置入图片相对应的对话框中（见图2-113），在文字图层单击面板中的“fx”按钮，出现“图层样式”对话框，勾选“描边”“颜色叠加”（见图2-114）。

再用“文字工具”设置文字为“造字工房童心”字体，输入主题文字“畅游同乐会”“10元购小吃套餐”“薯角/玉米片配鲜果起泡饮”（见图2-115），文字排版好之后，将餐厅二维码和文字排版至桌卡右下角，就完成了研味学堂餐厅桌卡的全部设计，如图2-116所示。

图　2-111

图　2-112

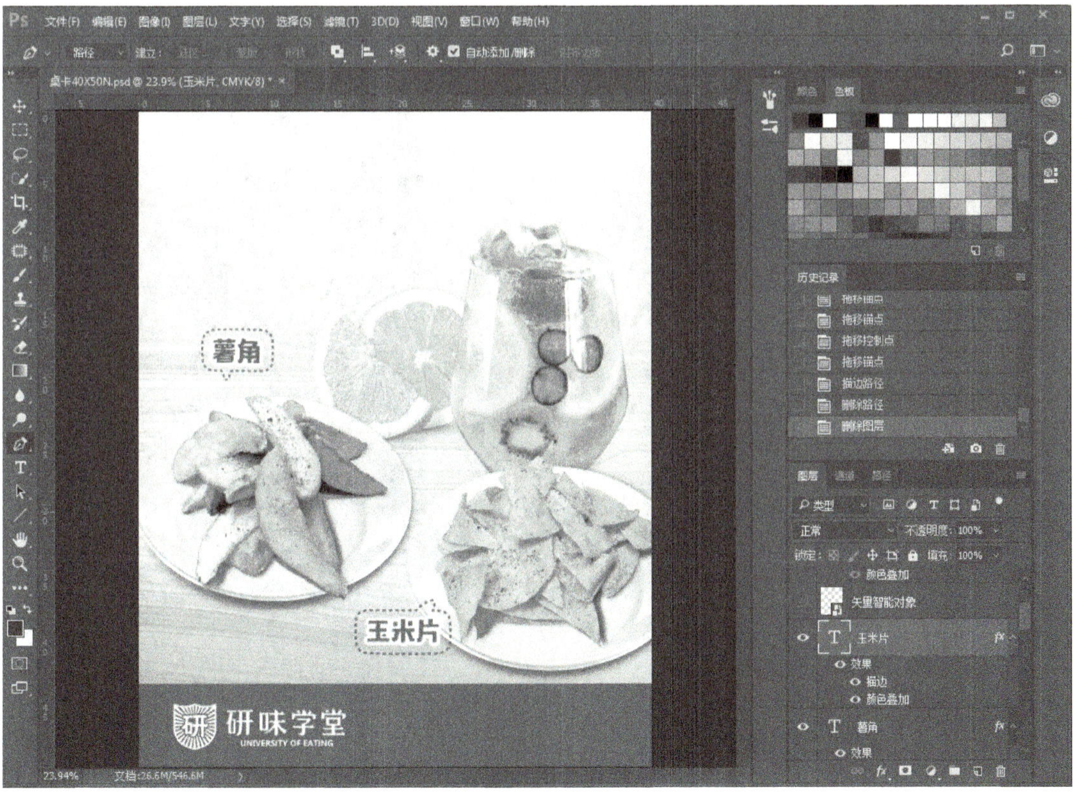

图　2-113

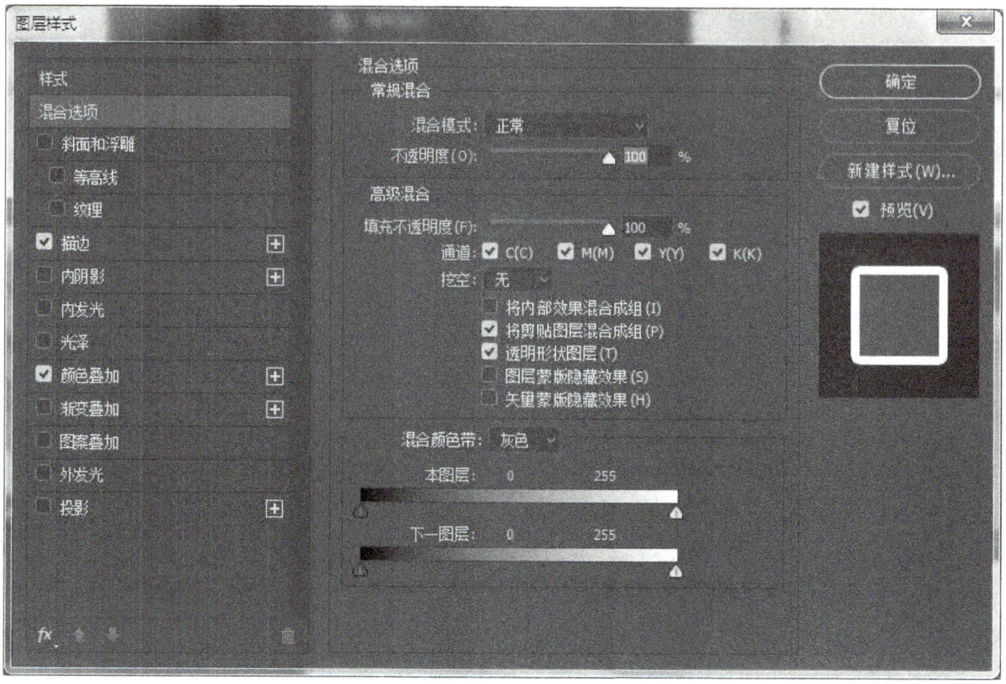
图层样式
样式
混合选项
斜面和浮雕
等高线
纹理
描边
内阴影
内发光
光泽
颜色叠加
渐变叠加
图案叠加
外发光
投影
混合选项
常规混合
混合模式：正常
不透明度(O)：100 %
高级混合
填充不透明度(F)：100 %
通道：C(C) M(M) Y(Y) K(K)
挖空：无
将内部效果混合成组(I)
将剪贴图层混合成组(P)
透明形状图层(T)
图层蒙版隐藏效果(S)
矢量蒙版隐藏效果(H)
混合颜色带：灰色
本图层：0 255
下一图层：0 255
确定
复位
新建样式(W)...
预览(V)

图 2-114

畅游童乐汇
10元购小吃套餐
薯角/玉米片配鲜果起泡饮
薯角
玉米片
研味学堂
UNIVERSITY OF EATING

图 2-115

图 2-116

任务2 设计研味学堂餐厅优惠券

任务情境

位于东莞市万达广场的研味学堂餐厅，位置设立于儿童城附近，6月1日儿童节即将来临，为了吸引到店食客，餐厅老板想针对儿童节推出“折后消费满35元送肉酱意粉”的促销活动，于是找到了广州艾地广告有限公司，要求设计部对其促销活动进行餐厅优惠券设计。

优惠券设计的要求：1）主题突出、创意鲜明。2）食品图像明亮干净，设计排版简洁大方。3）配有相关活动文字说明和餐厅标识以及二维码。

优惠券尺寸要求：20cm×7cm。

任务分析

优惠券的派发是在餐厅附近人流比较多的场合，比较喧哗。如何在短短几秒内吸引过客的视觉注意，就需要设计师对整体效果有一定的把控力，主次要分清。往往优惠券的主题就是如何“优惠”，所以除了背景颜色要亮丽，还要主题文字突出，“优惠”一目了然。这样才能使过客产生兴趣，从而帮助餐厅达到促销目的。

任务最终效果如图2-117所示。

图 2-117

◆ 必备知识

完成本任务之前，需要具备以下知识：理论方面要有一定的设计基础（三大构成），技能方面要能熟练运用设计软件对图像进行修饰和图文排版，特别是对Photoshop图层的混合样式运用。

基本知识

Photoshop图层的混合样式：图层混合样式位于图层面板下方，是Photoshop中常用的一项功能。它能为图层添加一系列的特殊效果，如图2-118所示，下面介绍几个常用命令。

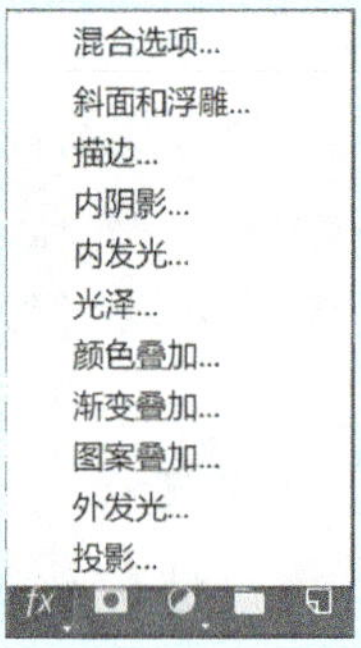

图 2-118

斜面和浮雕：该命令可以为图层添加高光和阴影，使图像产生立体的浮雕效果。

描边：该命令常用于文字描边等，还可以使用颜色、渐变以及图案来描绘图像的轮廓边缘。

内阴影：该命令用于为图像添加内阴影效果，使图像具有凹陷效果，例如，碎鸡蛋、人体裂痕的制作。

内发光、外发光：该命令可为图像增加发光效果，在对话框中设置可以得到两种不同的发光效果，即纯色光、渐变光。在适当参数下可以发出黑色光（需要将混合模式设置为正片叠底。）

光泽：该命令通常用来创建光泽质感的按钮和金属，可为图像添加光滑的具有光泽的内部阴影。

颜色叠加：该命令为颜色叠加效果，是给字体或者对象变色的另一个捷径。任务2的优惠券案例中就已经用到。

◆ 任务实施

1. 新建文档

选择“文件”→“新建”命令后，在新建文档的设置框里，“宽度”设置为20厘米，“高度”设置为7厘米，“分辨率”输入300，“背景内容”选择白色，“标题栏”输入优惠券，然后单击“创建”按钮即可，如图2-119所示。

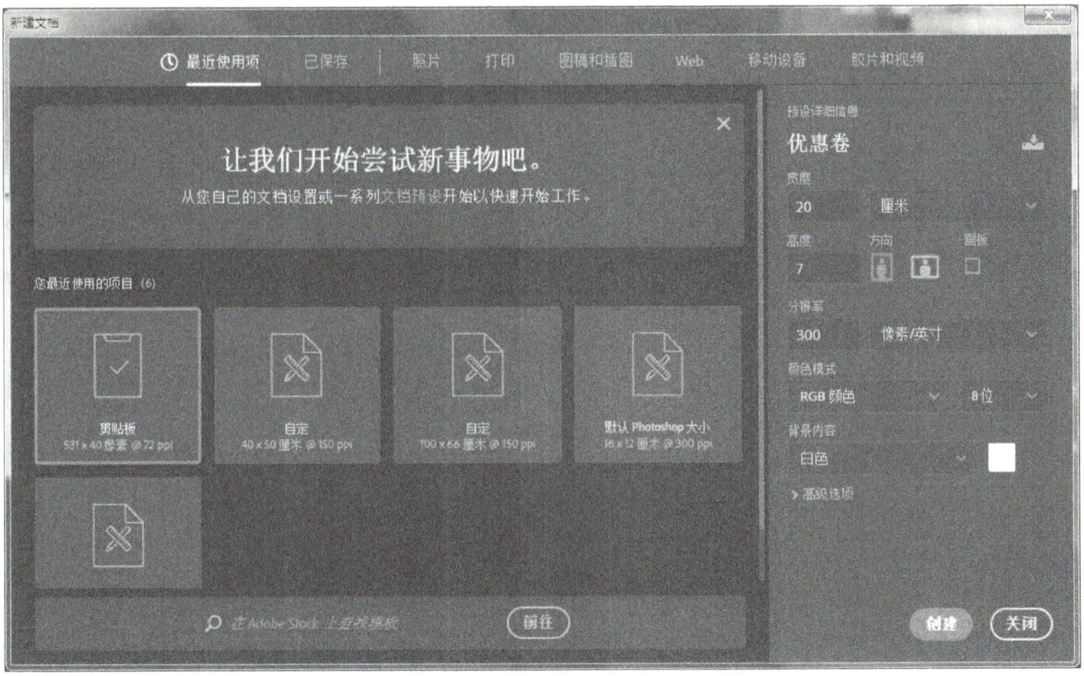

图 2-119

2. 打开素材

选择“文件”→“打开”命令，打开背景素材图，然后按住鼠标左键将背景素材直接拖入文档中，如图2-120所示。

图　2-120

3. 前期设计

利用PS“渐变工具”（见图2-121），在“渐变编辑器”中选择“从背景色到透明”，颜色横条为“白色到透明”（见图2-122），模式为“正常”，不透明度为60%（见图2-123），渐变参数设置好之后，在文档中拖动指引线从上到下，也就是从白色到透明，得到的效果如图2-124所示。

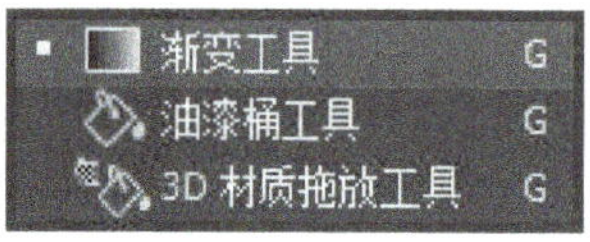

图　2-121

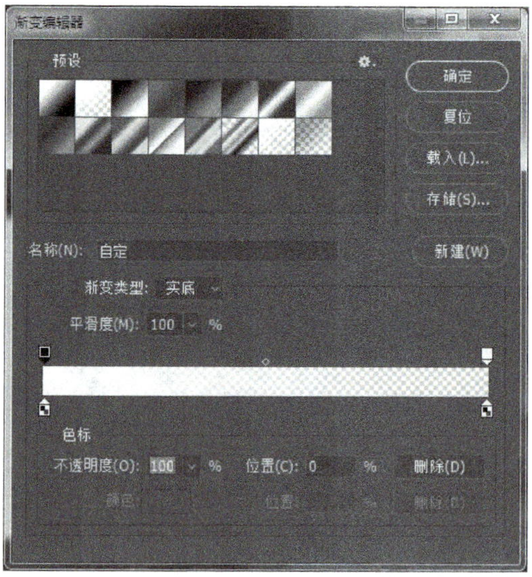

图　2-122

图 2-123　　图 2-124

背景图处理好后，打开“意粉”图的两张素材，拖入移动至画面右下方，如图2-125和图2-126所示。

图 2-125

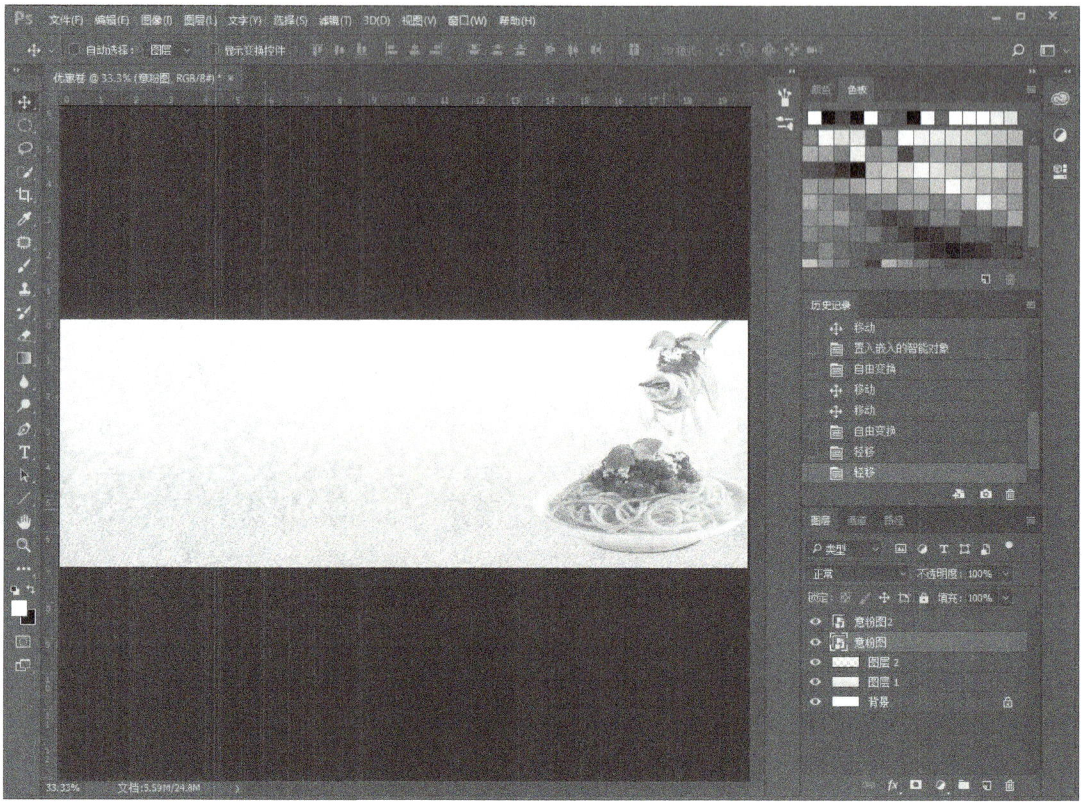

图　2-126

然后单击工具箱中的“画笔工具”（见图2-127），设置画笔大小为6像素，模式为“正片叠底”（见图2-128），在“画笔预设”中勾选“双重画笔”，大小为55像素间距为196%（见图2-129），拾色器（前景色）颜色选择蓝色“1759a0”（见图2-130）。

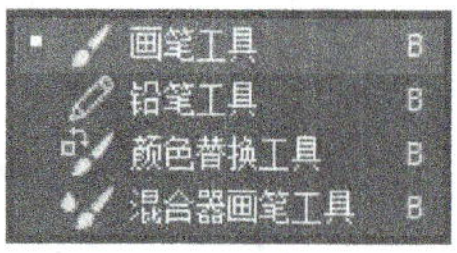

图　2-127

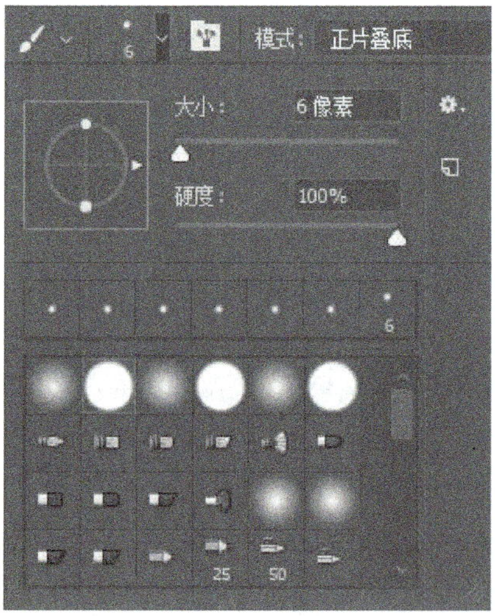

图　2-128

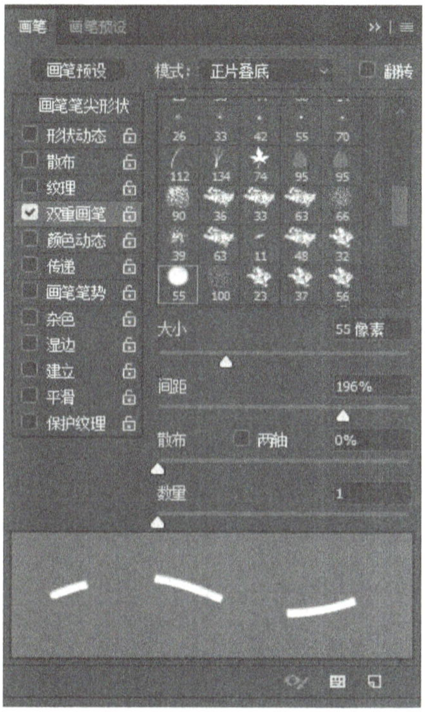

图 2-129

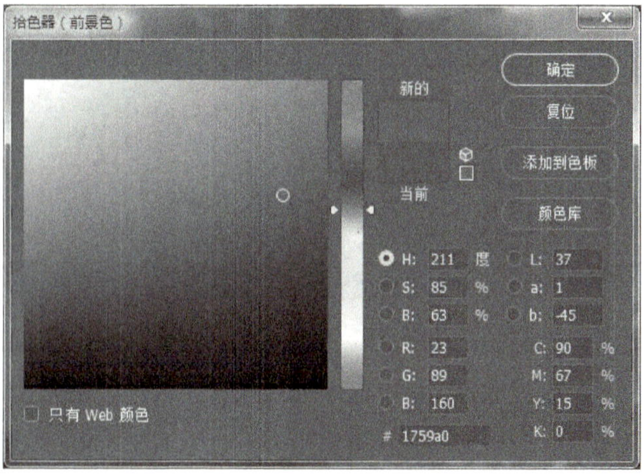

图 2-130

利用快捷键<Alt+R>拖动出辅助线（见图2-131），开始绘制虚线分界线，将虚线透明图在图层面板中调至79%后（见图2-132）得到的效果如图2-133所示。

图 2-131

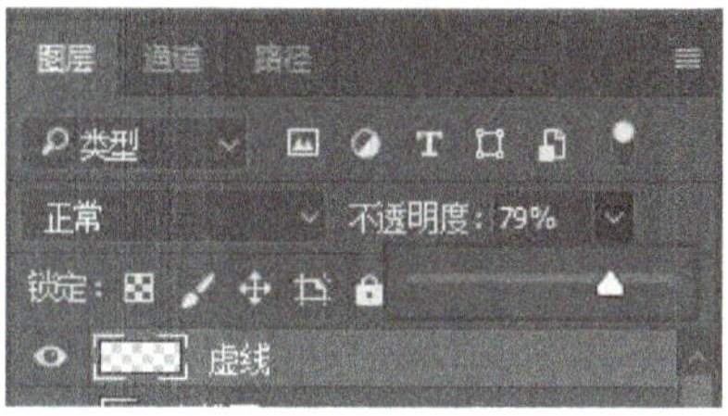

图 2-132

图 2-133

4. 文字设计

结合餐厅要求，设计言简意赅的主题文字。先用“文字工具”输入“折后消费”4个字（见图2-134），然后单击面板下方的“fx”图层样式命令，添加描边效果，描边颜色选择白色（见图2-135），文字颜色选择蓝色（见图2-136）；运用同样的方法将“满”字制作好（见图2-137）。

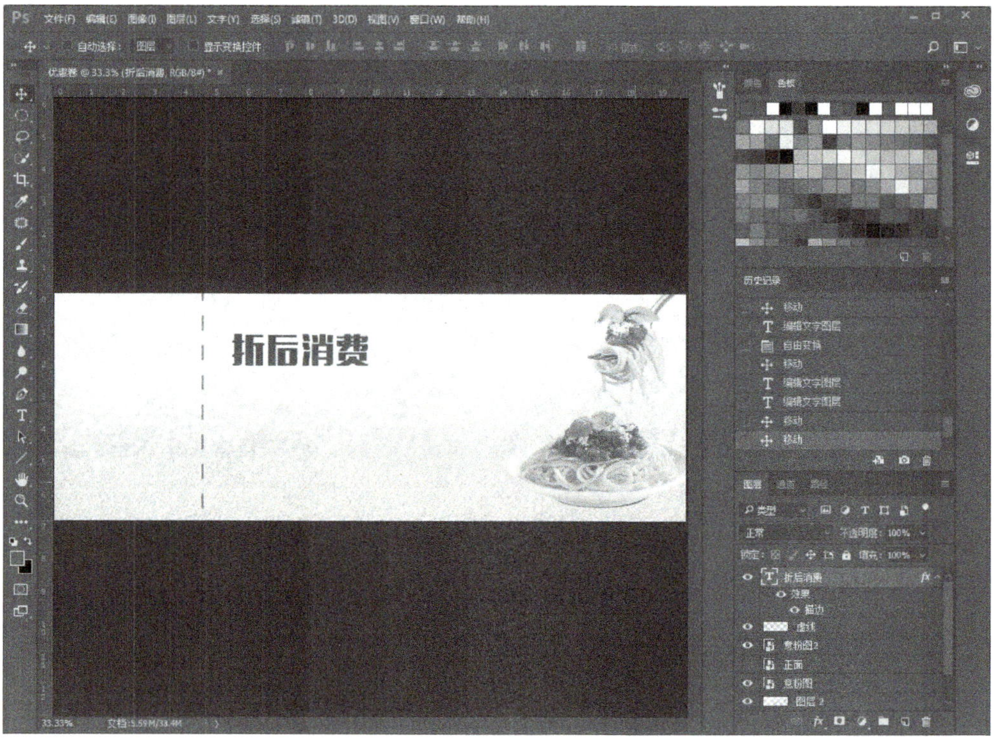

图 2-134

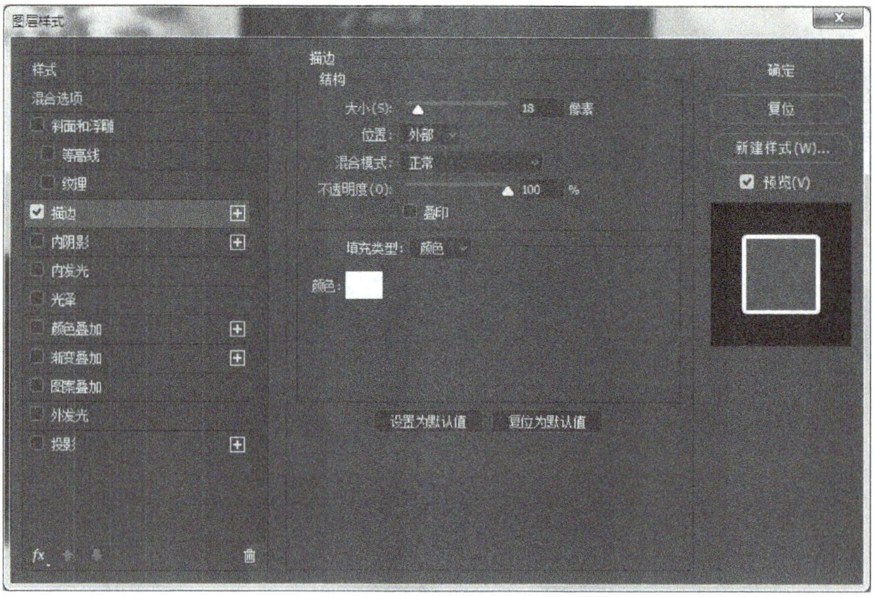

图 2-135

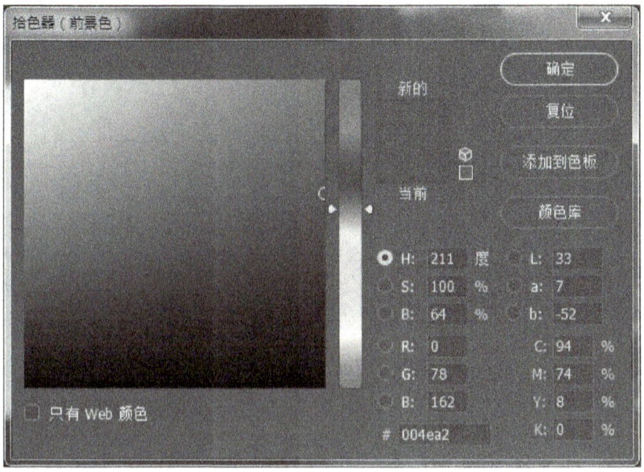

图 2-136

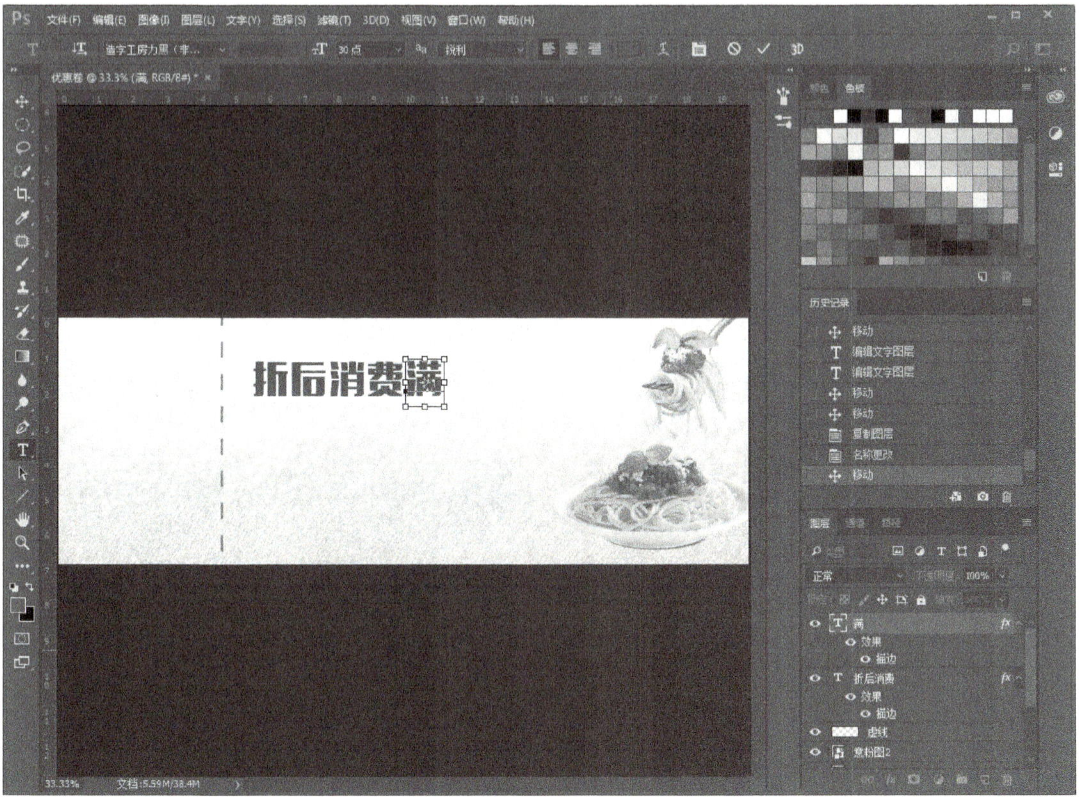

图 2-137

复制“满”字图层，改为输入数字“35”，字体和描边颜色都为白色（见图2-138），再复制“35”图层，字体颜色为蓝色，叠放在“35”白色文字的上面，如图2-139所示。

运用同样的方法制作“元”和“送”字，再利用快捷键<Ctrl+T>将文字大小调至最佳位置（见图2-140）。做好第一排主题文字之后，接下来要将“肉酱意粉”四个字利用“横排文字工具”（见图2-141）制作好。

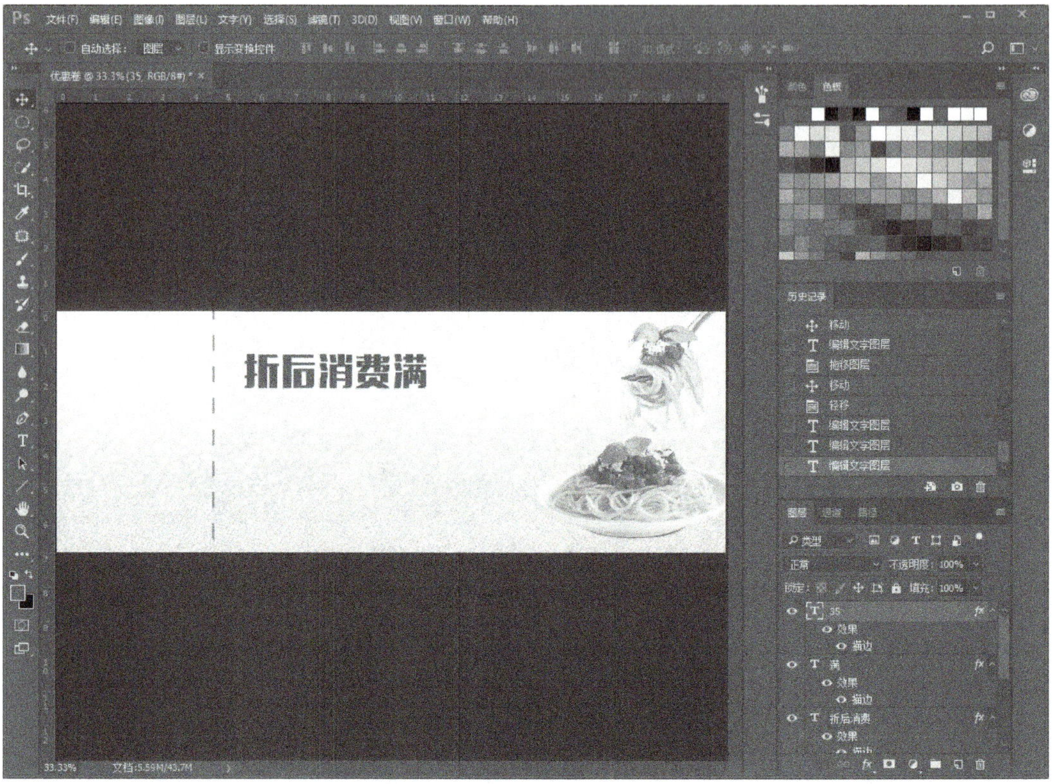

图 2-138

图 2-139

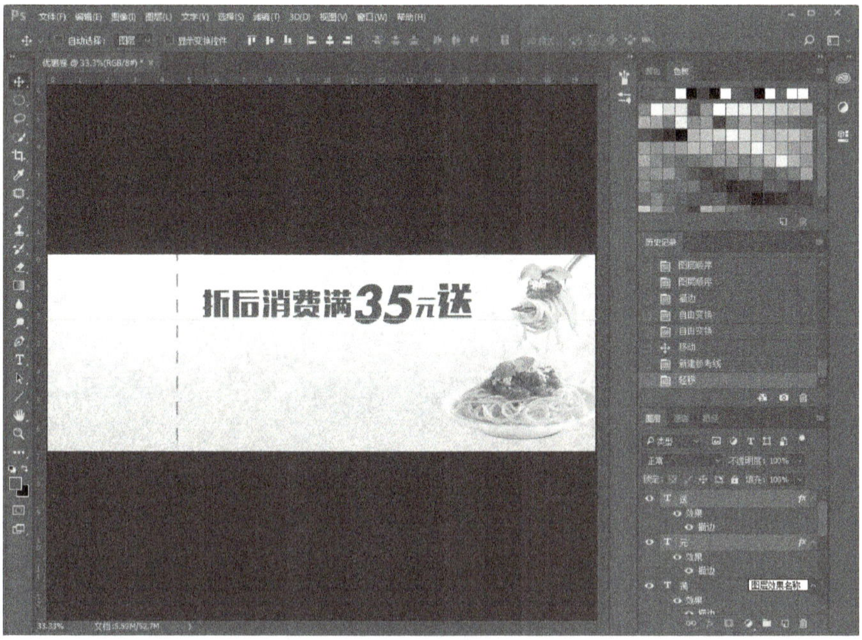

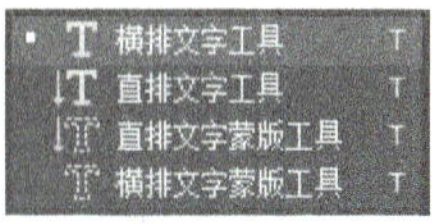

图 2-140　　图 2-141

首先，输入“肉”字，选择白色作为字体的前景色（见图2-142），复制“肉”图层（见图2-143），颜色选择红色（见图2-144），然后将红色文字稍微放大叠放至白色“肉”字的下面（见图2-145）。

图 2-142

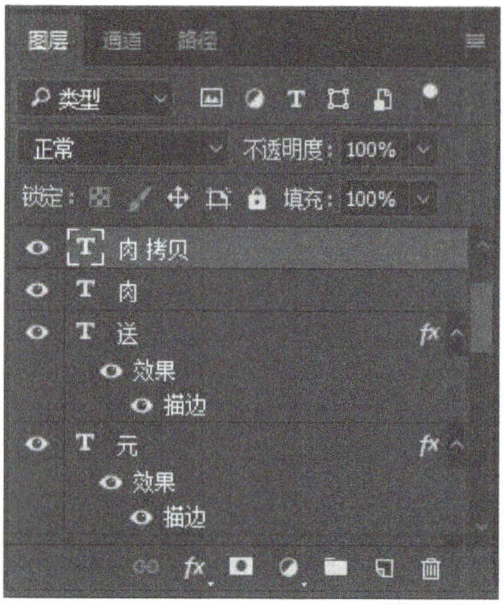

图 2-143

图 2-144

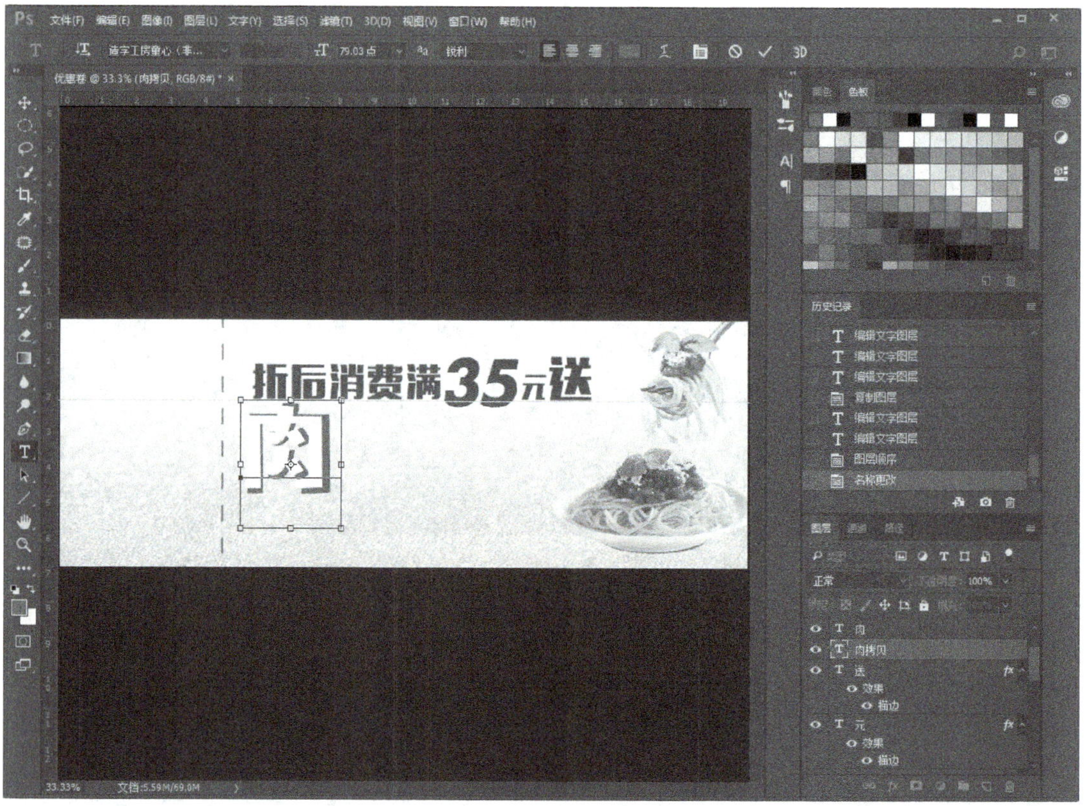

图 2-145

将两个“肉”字分别进行“描边”，颜色选择红色，大小为13像素（见图2-146），得到的“肉”字效果如图2-147所示。

运用同样的方法制作“酱”“意”和“粉”字，利用快捷键<Ctrl+T>将文字大小调至最佳位置（见图2-148）。

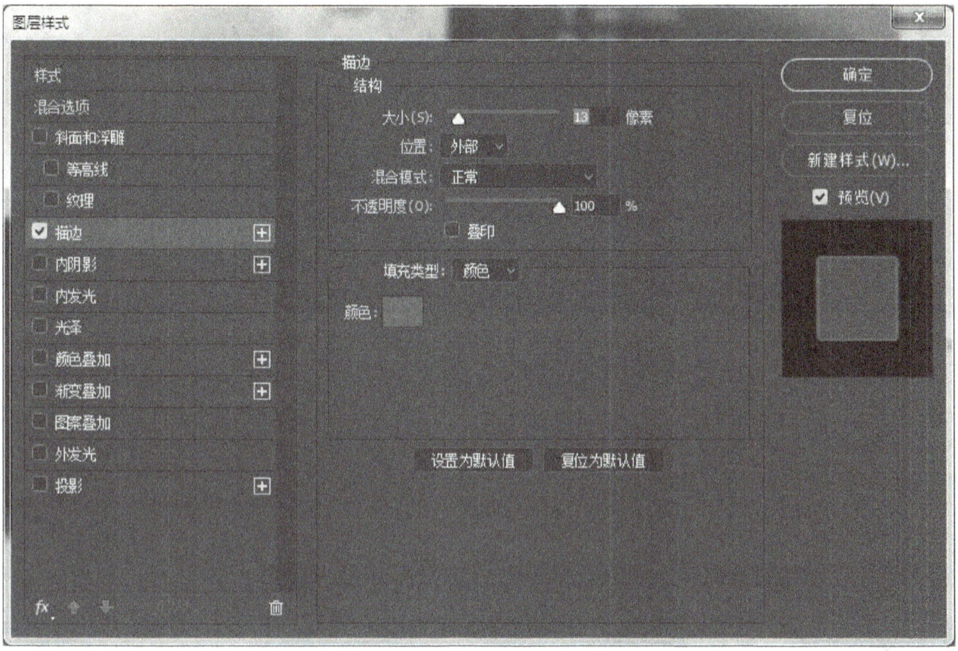
图层样式
样式
混合选项
斜面和浮雕
等高线
纹理
描边
内阴影
内发光
光泽
颜色叠加
渐变叠加
图案叠加
外发光
投影
描边
结构
大小(S):
13
像素
位置:
外部
混合模式:
正常
不透明度(O):
100
%
叠印
填充类型:
颜色
颜色:
设置为默认值
复位为默认值
确定
复位
新建样式(W)...
预览(V)

图 2-146

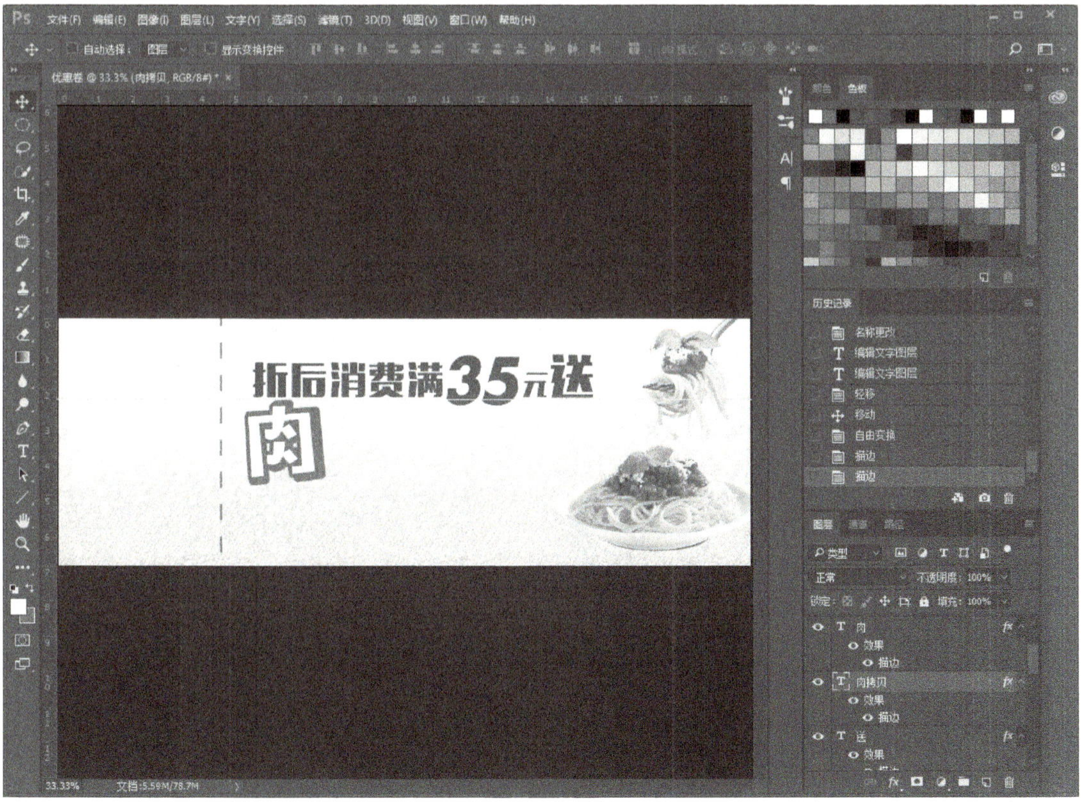
折后消费满35元送
肉
历史记录
名称更改
编辑文字图层
编辑文字图层
轻移
移动
自由变换
描边
描边

图 2-147

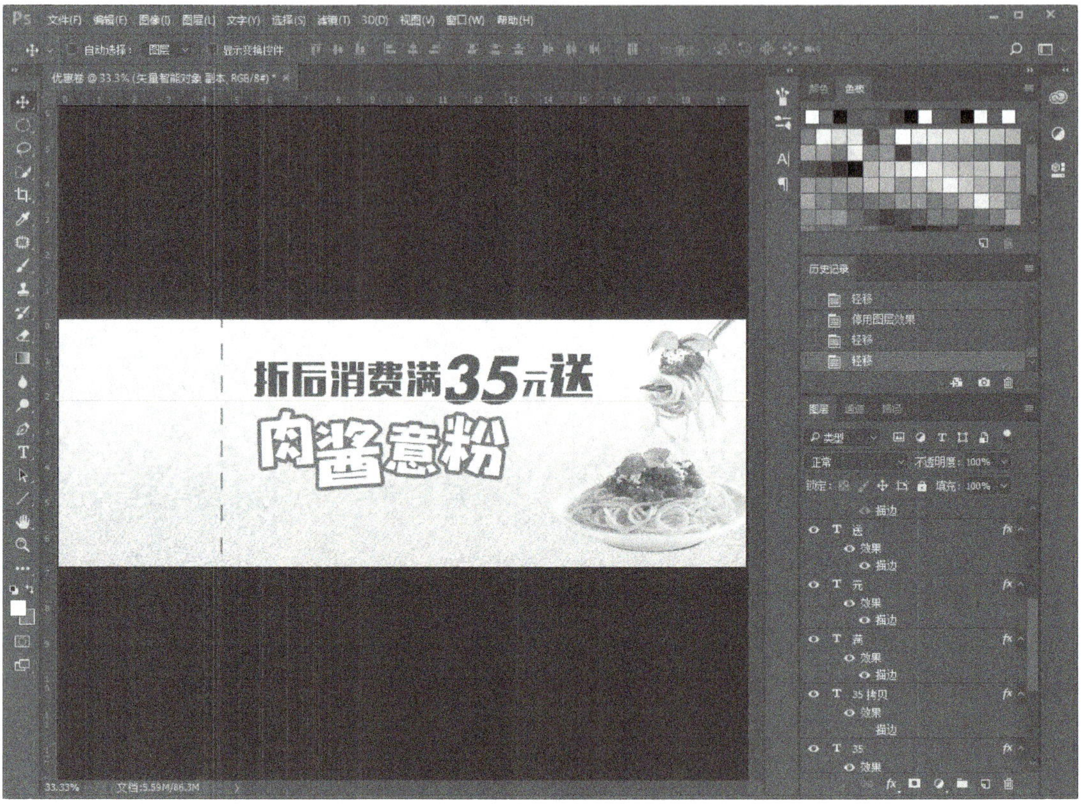

图　2-148

新建图层并利用“套索工具”（见图2-149）将4个字的背景空隙处框选好（见图2-150），颜色填充为红色（见图2-151），之后“复制图层”，得到的效果如图2-152所示。

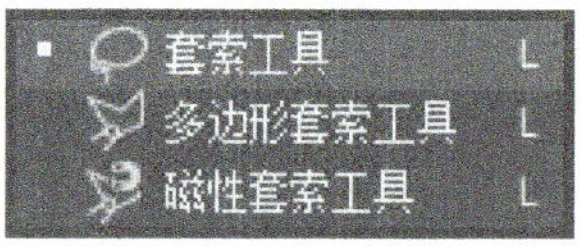

图　2-149

图　2-150

图　2-151

图　2-152

运用“椭圆选框工具”（见图2-153），绘制两个红色正圆拼接在一起（见

图2-154），在椭圆背景上输入文字“一份”（见图2-155）。

单击“铅笔工具”，设大小为3像素（见图2-156），按住<Shift>键，颜色选择蓝色后绘制两条横线（见图2-157）。

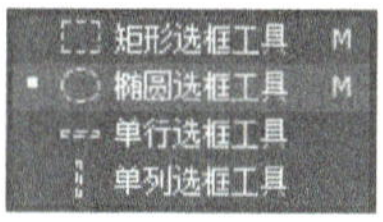

图 2-153

图 2-154

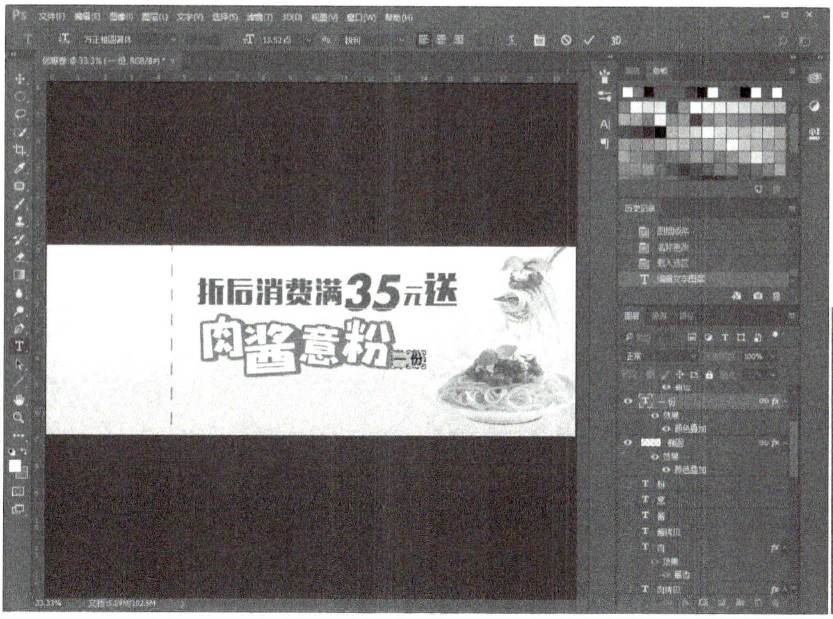

图 2-155

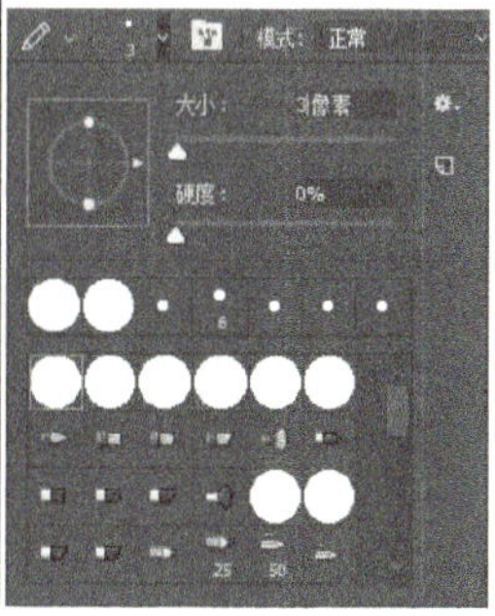

图 2-156

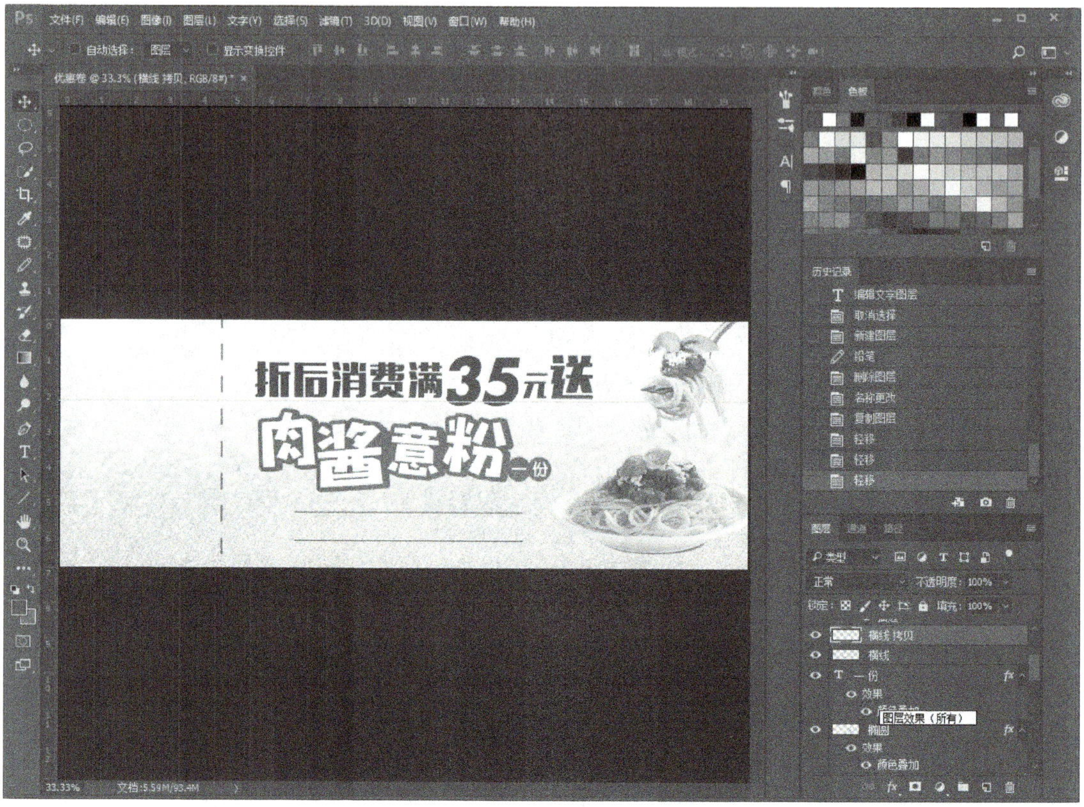

图 2-157

选择PS工具箱中的“多边形工具”（见图2-158），设置填充为蓝色，描边为无，大小为1像素（见图2-159），边数选择4（见图2-160），按住<Shift>键，即可绘制横线两端的菱形。

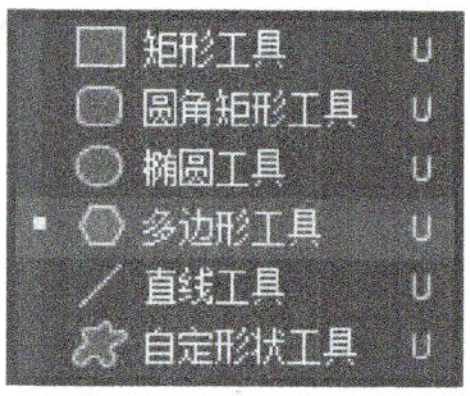

图 2-158

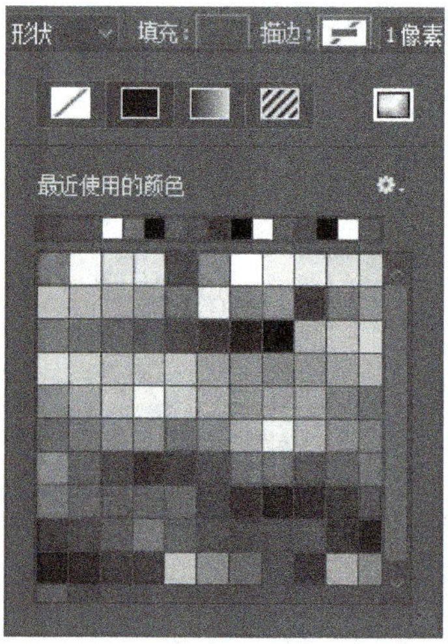

图 2-159

图 2-160

右击面板中的“多边形图层”，选择“栅格化图层”（见图2-161），得到菱形图形之后，将菱形“复制图层”三个，再分别移动至两条横线的两端，如图2-162所示。

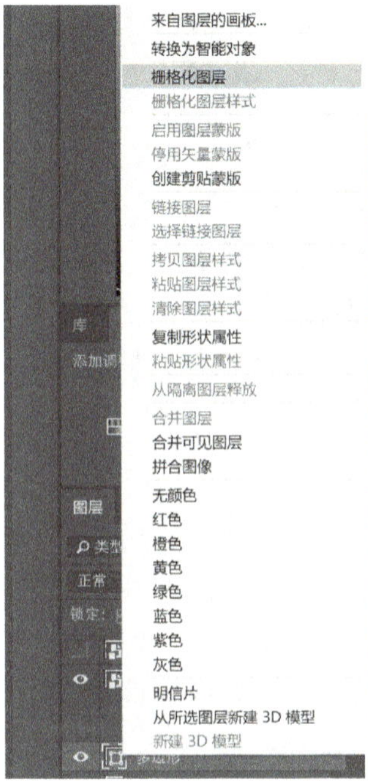

图 2-161

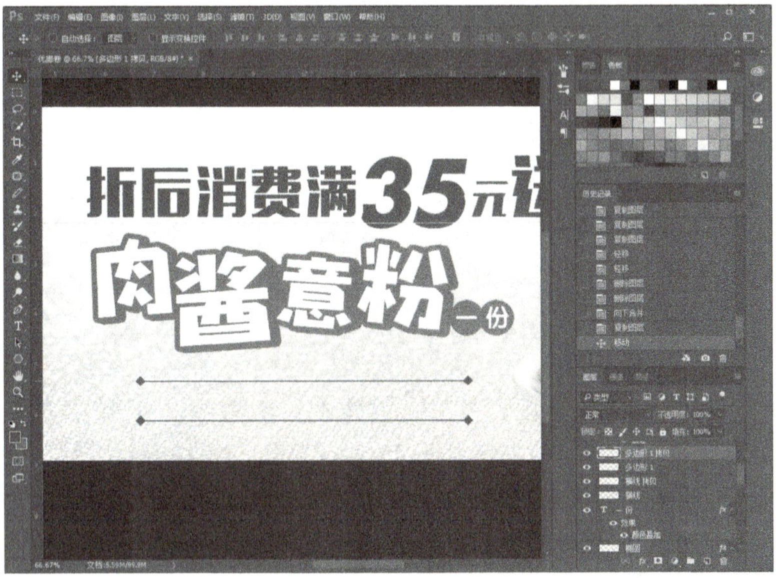

图 2-162

5. 完成正面

选择“方正兰亭粗黑简体”，将文字“研味学堂100%原切好牛排”输入并移动至两条横线的中间处，如图2-163所示；运用同样的方正字体，将虚线左边的“10元无门槛现金券”依次制作好，再将研味学堂的LOGO素材和“只限堂食”素材拖入画面中进行排版，最终得到的优惠券正面效果图如图2-164所示。

图 2-163

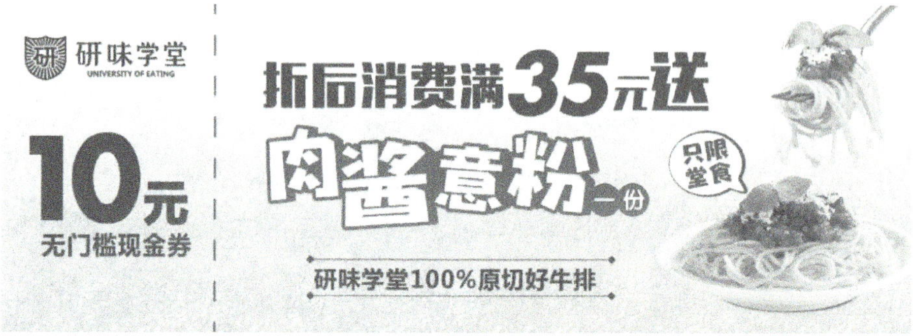

图 2-164

6. 制作反面

在新建文档的设置框里，“宽度”设置为20厘米，“高度”设置为7厘米，“分辨率”输入300，“背景内容”选择蓝色，“标题栏”输入“优惠券反面”，然后单击“创建”按钮后，将“研”字素材打开移动至画面右下角，单击图层的同时按住<Ctrl>键，在出现选区后新建图层，颜色填充为浅蓝色，如图2-165所示。

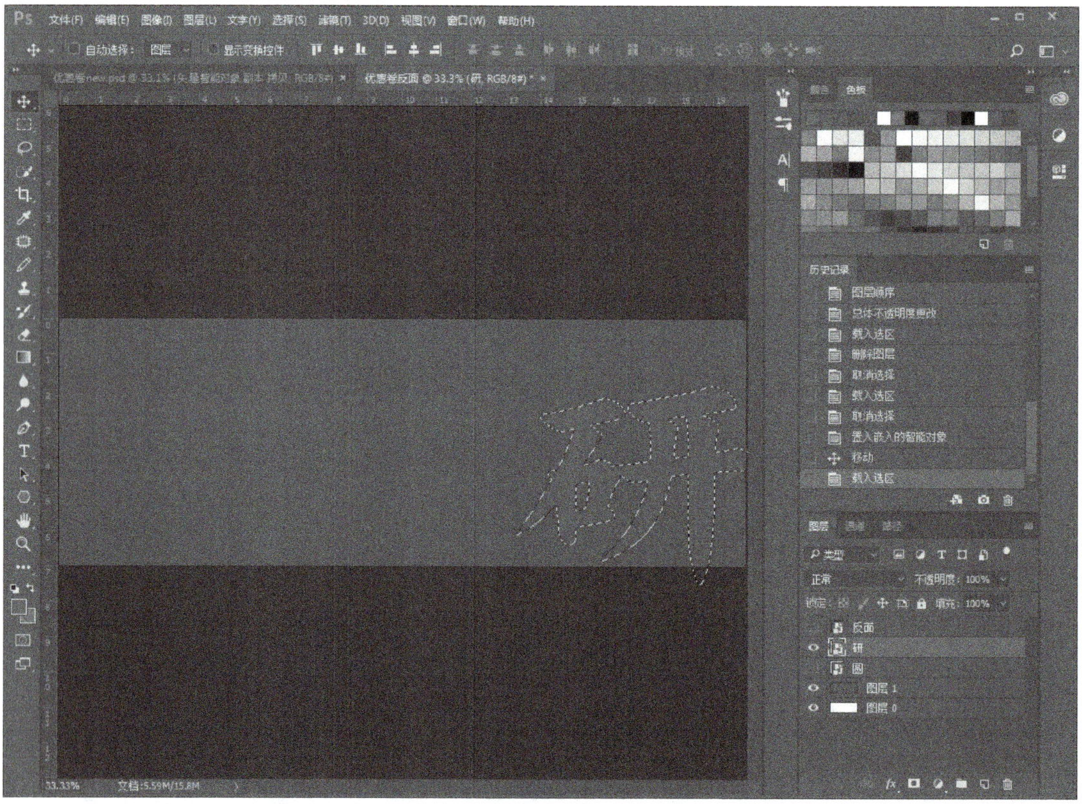

图 2-165

然后将“圆环素材”打开拖动至“研”字周围，单击图层的同时按住<Ctrl>键，出现选区后新建图层，颜色填充为浅蓝色，如图2-166所示，按快捷键<Ctrl+D>取消选区框后看到效果如图2-167所示。

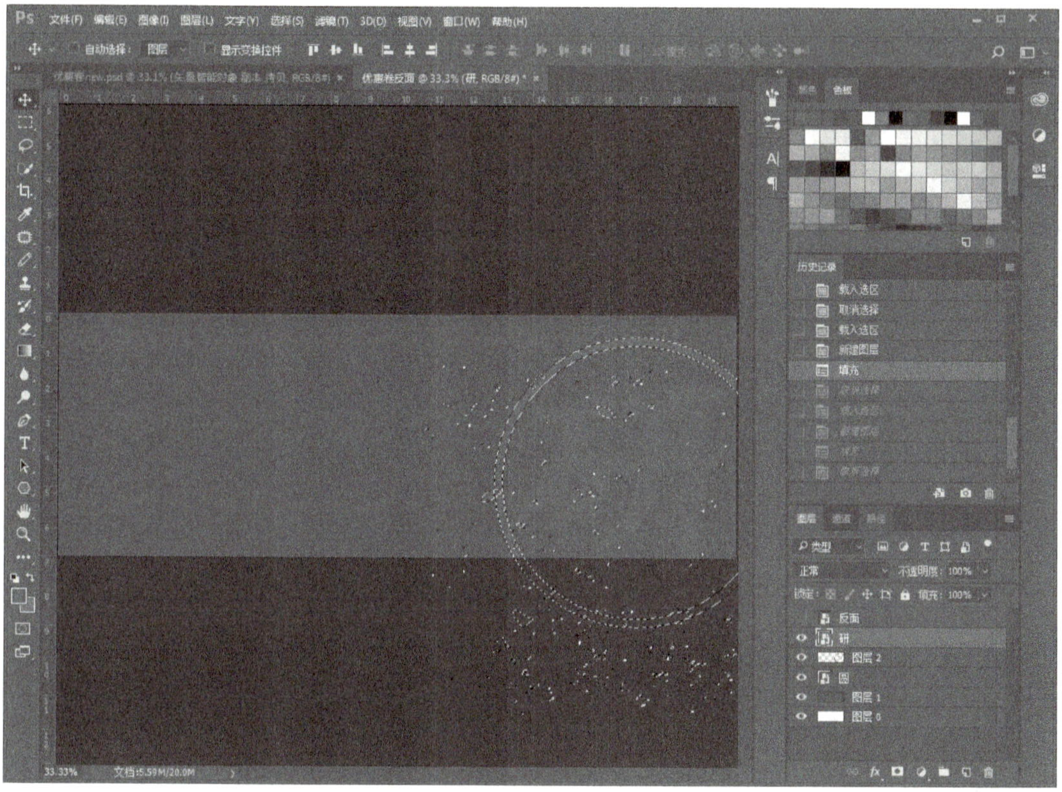
历史记录
载入选区
取消选择
载入选区
新建图层
填充
反面
研
图层 2
图
图层 1
图层 0

图　2-166

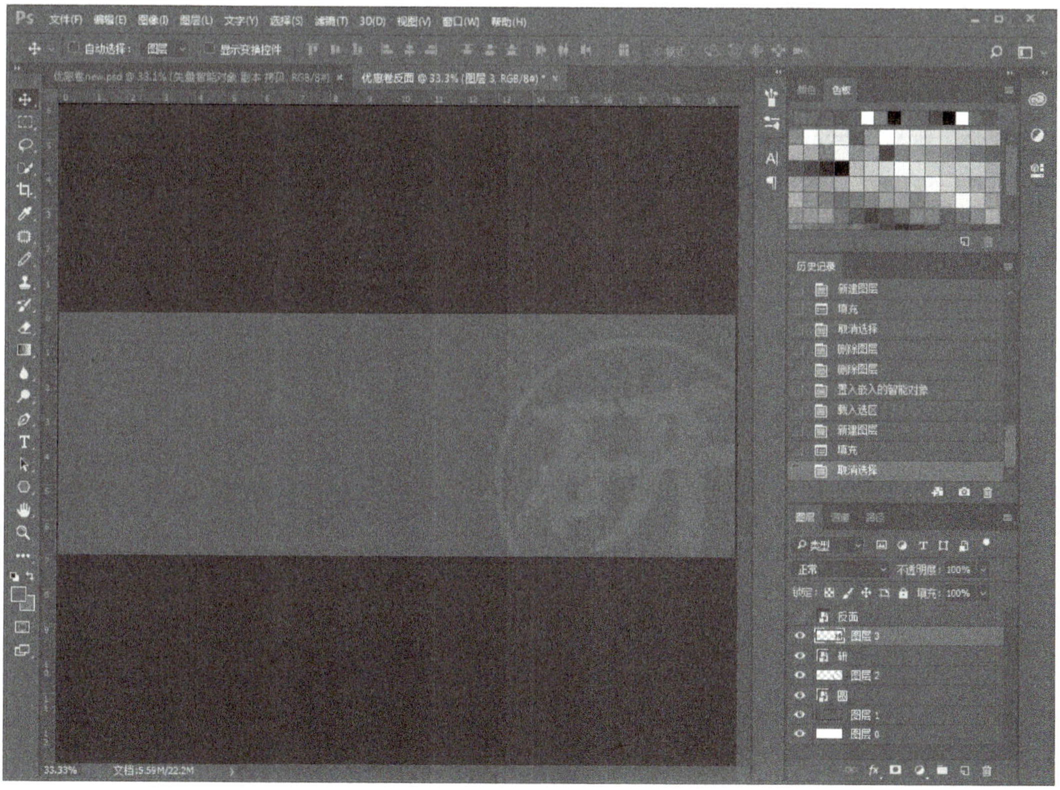
历史记录
新建图层
填充
取消选择
删除图层
删除图层
置入嵌入的智能对象
载入选区
新建图层
填充
取消选择
反面
图层 3
研
图层 2
图
图层 1
图层 0

图　2-167

7. 完成反面

将餐厅二维码素材打开拖动至画面右下角，使用“文字工具”依次输入使用细则的6排文字，就完成了研味学堂餐厅优惠券反面的制作，如图2-168所示。

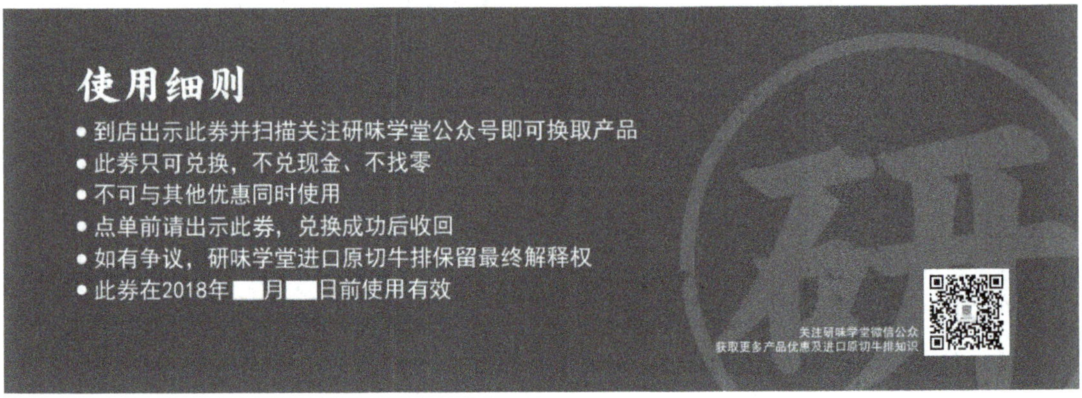

图 2-168

项目评价

在本项目中，通过学习Photoshop CC的图像修饰等相关知识点，理解卡片设计在Photoshop中是如何完成的。选取了“设计研味学堂餐厅桌卡”和“设计研味学堂餐厅优惠券”这两个任务来阐述卡片设计从无到有的设计过程，并通过对本项目的学习，做出项目评价和自我评价。

项目3　卡片设计	很满意	较满意	有待改进	不满意
项目设计的评价				
项目的完成情况				
知识点的掌握情况				
与本组成员协作情况				
客户对项目的评价				
自我小结				

第3单元

选区与图层

项目4　海报招贴设计

学习目标

知识目标：掌握选区工具的使用方法以及相关设置和属性。

技能目标：能够利用选区工具抠取及合成图像。

情感目标：通过学习选区工具来增加学生的操作能力和自信心。

任务1　设计禁止吸烟公益海报

◆ 任务情境

深圳市龙岗区第二职业技术学校（以下简称龙岗二职）为响应5月31日世界无烟日活动，特面向全校举行禁止吸烟公益海报设计大赛。大赛要求以班级为单位参赛，作品主题鲜明突出、积极向上、图文结合，有创新有想法地将禁烟主题淋漓尽致地表达出来。

17电商2班的班主任将班级学生分成小组来完成任务，每组分工协作。每组先集体确定一个创意方案，然后将大致思想和美工老师探讨修改，确定方案后开始搜集素材，着手制作。

◆ 任务分析

龙岗二职禁烟日公益海报设计大赛以“禁止吸烟”为主题，没有具体的素材要求，只要内容健康有创意，能突出主题即可。通过本任务，学生能够了解选区的基本知识以及基本操作，包括各种选区工具的使用方法和参数设置等，对Photoshop CC有进一步的认识和学习。

任务最终效果如图3-1所示。

图　3-1

◆ 必备知识

开始本任务之前，需要具备以下知识：文字工具的使用方法以及参数设置；圆角矩形的灵活使用方法；明白图层之间的位置关系带来的影响；自由变换的合理运用。

基本知识

在Photoshop中处理局部图像时，首先要对局部图像进行选择处理，快速准确地建立合适的选区意味着能够快速解决问题，在指定的图像区域内创建选区，对选区进行修改和编辑。本任务将对任务中用到的选区知识做详细解答。

选区是指为局部编辑对象建立的形状区域。选区的建立主要是用选区工具完成的，选区工具是Photoshop绘图的重要部分，也是绘图的基础，复杂的图像大都是由简单的基本元素构成的。

创建选区的方法有很多种，基本的选区工具包括创建规则选区的选框工具和创建不规则选区的套索工具。而选框工具中又可以细分为矩形选框工具和椭圆选框工具以及单行单列选框工具，套索工具可分为套索工具、多边形套索工具和磁性套索工具。除此之外，建立选区还可以使用快速选择工具和魔棒工具，也能够通过菜单命令、通道、蒙版等建立合适的选区。

◆ 任务实施

1. 新建文档

1）新建文档，大小为（6803×3402）像素，分辨率为72，RGB模式。

2）在工具栏双击“前景色”，在拾色器中选取所需颜色“ecebe7”后，按快捷键<Alt+Delete>填充背景，如图3-2所示。

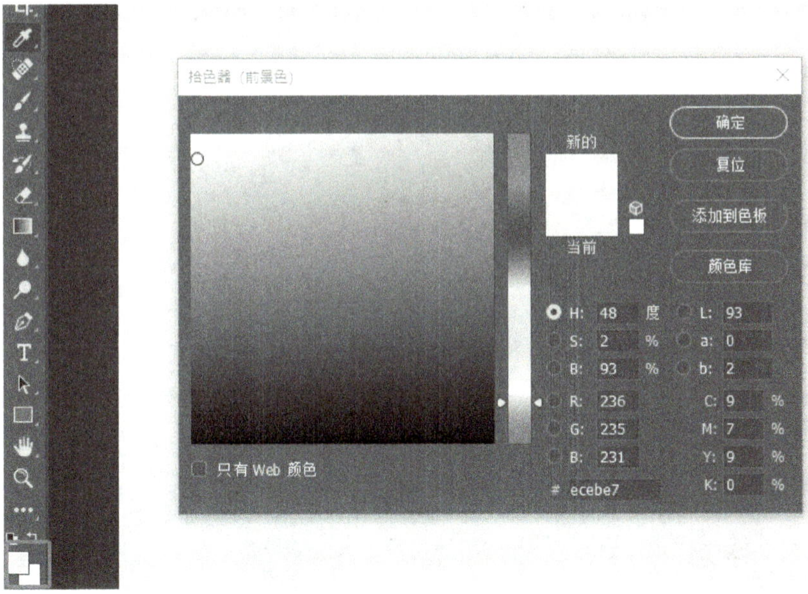

图 3-2

2. 制作边框

新建图层，命名为“边框”。用“矩形选框工具”制作大小合适的矩形选区，然后选择公共栏中选区运算的第3个标识 “从选区中减去”，同样用“矩形选区工具”制作出同比例缩小的矩形选区，如图3-3所示。然后选择“前景色”为“a82125”，填充即可，效果如图3-4所示。

图 3-3

图 3-4

小提示

在进行下一步动作之前最好能新建图层并命名，以方便后期修改处理，不要在背景图层上直接进行下一步操作。

基本知识

该步骤主要是讲选区建立的一种方法。选区建立的方法有很多种，用到的工具也各不相同，如图3-5～图3-7所示。

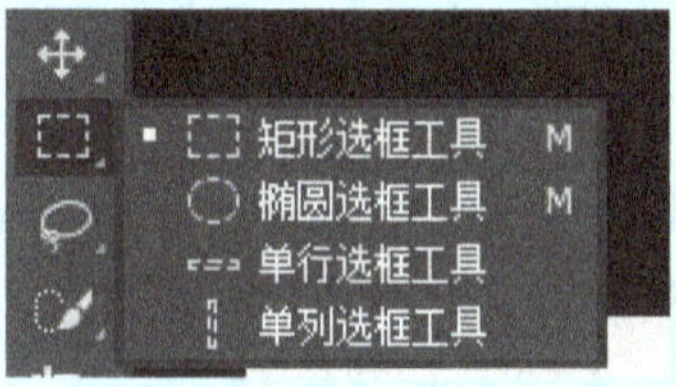

图 3-5

图 3-6

图 3-7

1）图3-5为最常用的选框工具组，用来创建比较规则的选区，包括矩形选框工具、椭圆选框工具、单行选框工具和单列选框工具，快捷键为<M>，将鼠标指针放置在工具栏的矩形选框工具上，长按左键或放其上方后右击，即可显示所有工具，按<Alt>键并单击工具图标即可切换不同的选框工具，在画布中拖动鼠标即可画出选区。

选择好工具后，在菜单栏下方会出现对应的工具选项栏。不同的选框工具对应的工具选项栏大同小异，如图3-8所示，为矩形选框工具的选项栏。

图 3-8

① 显示当前工具按钮。

② 选区编辑按钮：从左至右依次是“新建选区”“添加到选区”“从选区减去”与“选区交叉”按钮。“新建选区”按钮用于创建新的选区，鼠标指针显示状态为+；“添加到选区”按钮用于在原有选区基础上增加选区，鼠标指针为++，效果如图3-9所示；“从选区减去”按钮用于在原有选区基础上减去部分选区，鼠标指针为+-，效果如图3-10所示；“与选区交叉”按钮用于在原有选区基础上叠加新选区后得到二者的公共选区，鼠标指针为+X，效果如图3-11所示。

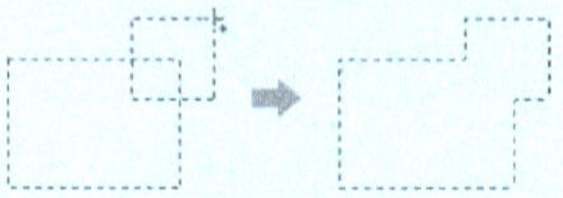

图 3-9

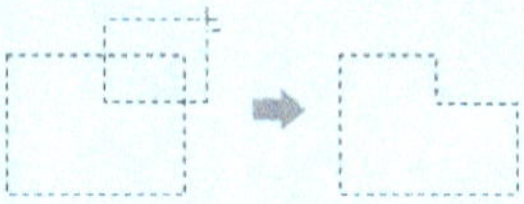

图 3-10

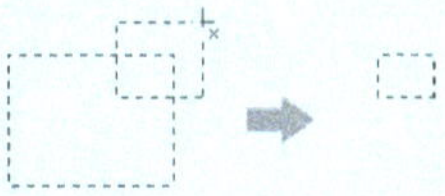

图 3-11

③ 羽化数值框：羽化使选定范围内的图像边缘模糊，图像融合效果更自然。取值范围为0～255像素，数值越大，模糊朦胧范围越大，但是工具选项栏中的羽化值须在创建选区前设置好，否则将无效，其快捷键为<Shift+F6>。

④ 样式：在样式下拉框中有正常、固定比例和固定大小三个选项。选择正常时，可以拖动鼠标建立任意大小的选区；选择固定比列或固定大小时会激活后面的宽度和高度数值框，填入数值后拖动鼠标即可画出想要的选区。

⑤ 选择并遮住：选择并遮住也就是Photoshop旧版本中提到的调整边缘，单击该

按钮，可以打开“选择并遮住”对话框，可以对选区进行羽化、平滑等边缘调整，快捷键为<Ctrl+Alt+R>，如果在未进行羽化值设置前已建立了选区，可以选择“选择并遮住”对边缘进行调整。

椭圆选框工具选项栏与矩形选框工具选项栏相比，增加了一个“消除锯齿”选框，勾选后，可消除选区边缘的锯齿，使选区边缘更光滑。

在使用“矩形选框工具”和“椭圆选框工具”绘制选区时，按住鼠标不放，然后按<Shift>键拖动鼠标即可创建正方形或圆形；按住鼠标不放，按<Alt>键拖动鼠标可得到从中心点向外画的选区；按住鼠标不放，按<Shift+Alt>键拖动鼠标可得到从中心点向外画的正方形或圆形选区。

单行单列选区工具主要是用于选择图像的细节部分，默认创建高度或宽度为1像素的选区。

2）图3-6为创建不规则选区的套索工具组，包括套索工具、多边形套索工具和磁性套索工具，快捷键为<L>。

套索工具可通过移动鼠标的位置来手动创建任意图形的选区，一般用于选择一些形状比较复杂的选区。在选区起始点按住鼠标左键不放，拖动鼠标画出想要的形状后松开鼠标即可。

多边形套索工具用来创建边缘形状为直线的多边形选区。先在起始点单击，然后沿着需建立选区的边缘单击，确定下一个点直至移动到起点，单击即可闭合路线形成选区，也可双击鼠标自动闭合形成多边形选区。

磁性套索工具用于创建边缘不规则并且边缘与背景对比较强烈的图形选区，它可以自动识别并吸附在图像边缘，快速精确做出选区。先在起始点单击鼠标，然后沿着图形边缘移动鼠标即可，如果选区没有与所需边缘对齐，单击即可手动添加定位点，最后位置与起始点重合时单击即可闭合路线形成选区，也可双击鼠标自动闭合形成多边形选区。

选择磁性套索工具后，工具选项栏如图3-12所示。

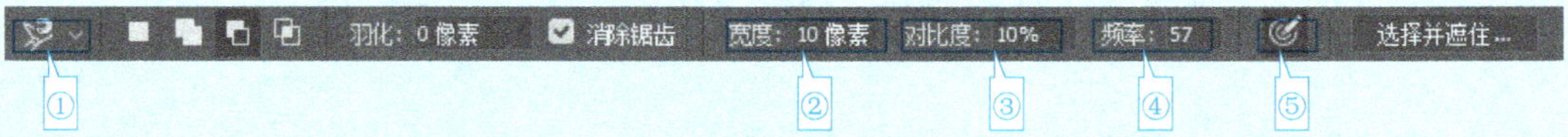

图 3-12

① 显示当前工具按钮。

② 宽度：用于检测以鼠标指针中心为基准，其周围有多少个像素能够被工具检测到，也就是检测指针到边缘的距离。取值范围为1~256像素，取值越大，检测范围越大。

③ 对比度：用于设置感应图像边缘的灵敏度，取值范围为1%~100%。取值越大，对比度越大，边界定位就越精准。

④ 频率：用于设置创建选区时生成的锚点数，取值范围为1~100。取值越大，定位锚点就越多，捕捉到的边界越精确，但锚点过多就会造成选区边缘不平滑。取

消锚点只需按<Delete>键或者<Backspace>键即可。

⑤ 钢笔压力：若计算机配有数位板或压感笔，可单击该按钮激活使用。

3）图3-7为智能创建选区的工具组，包括魔棒工具和快速选择工具，快捷键为<W>。

魔棒工具在创建选区时，可以快速选择颜色相同或相近的部分。只需要单击要选择的颜色，与单击位置颜色相同或者相近的区域均会被选中来创建选区。

选择魔棒工具时，工具选项栏如图3-13所示。

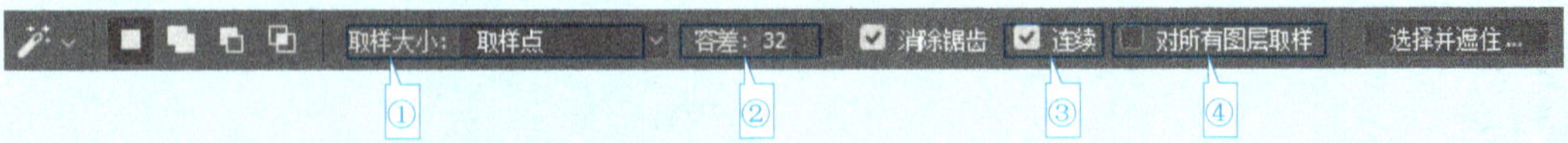

图 3-13

① 取样大小：用于设置魔棒工具的取样范围，下拉框中有不用数值的选项。选择“取样点”时，会对鼠标所在位置像素颜色进行取样；若选择“3*3平均”，可对鼠标指针所在位置3个像素区域的平均颜色进行取样，其他选项同理。

② 容差：设置颜色范围，取值范围在0~255间，值越大，颜色相差越大，选取范围就越大。

③ 连续：勾选连续时，只选取与单击处相连接的颜色相同或相近区域；如果不勾选连续，则选取整个图像中颜色相同或相近的区域。

④ 对所有图层取样：勾选时，魔棒工具将会作用于文件中的所有图层，反之，只作用于当前图层。

快速选择工具可以对不规则形状的对象进行快速精确的选择，其选择范围比魔棒工具更直观准确。该工具与画笔的使用方法类似，鼠标拖动时，选区自动向外扩展查找图像边缘。

选择快速选择工具时，工具选项栏如图3-14所示。

图 3-14

① 选区运算：该部分的选区运算与矩形选框工具的选区编辑按钮的前三个对应，分别为“新建选区”“添加到选区”和“从选区中减去”。

② 笔尖选项：打开下来面板选择笔尖，设置大小、硬度和间距。

③ 自动增强：勾选后可减少选区边界的粗糙程度。

小提示

选区建立的方法除了上面介绍的之外，还可以用菜单栏中的全选、色彩范围、路径和建立快速蒙版来实现。

3. 制作文字效果

1）用“文字工具”做出“禁止”两字，在“字符面板”调整参数到合适的效果；然后在图层面板选中文字图层，右击并选择“栅格化文字”，为后期处理做准备，如图3-15所示。

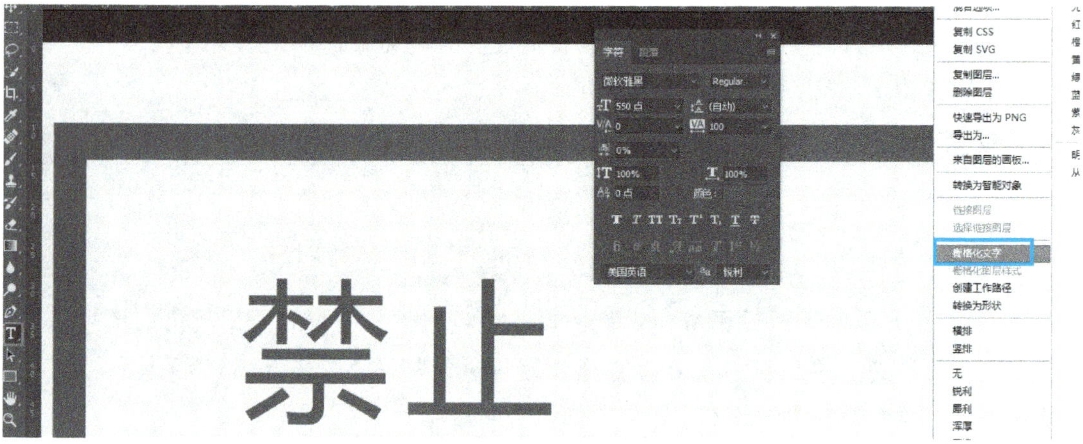

图 3-15

小提示

建立的文字图层或者形状图层在用变形等图层工具处理前要先进行栅格化处理，栅格化图层可以让文字文本形式的矢量图变成像素图，否则将无法使用图层工具。

2）选择公共栏中的“矩形选框工具”，使用选区选择文字中需要删除的部分，按<Delete>键即可删除，如图3-16所示，按<Ctrl+D>组合键取消选区。

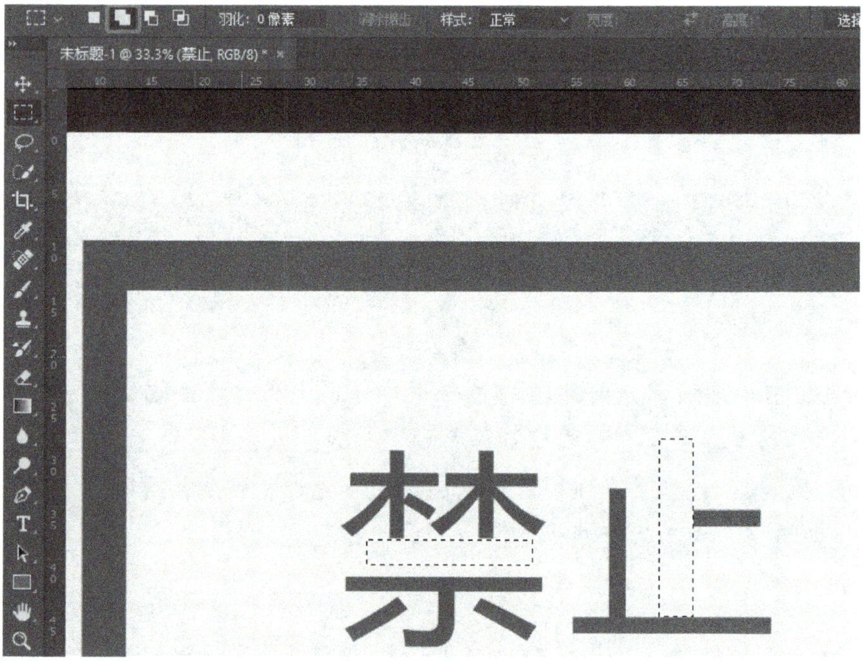

图 3-16

3）拖入香烟素材，按<Ctrl+T>键调出“自由变化”，用鼠标拖动点调整为合适的大小并选择合适的位置摆放；按<Ctrl+J>键复制刚建立的“香烟1”图层，并命名为“香烟2”图层，同样变换大小调整位置；然后选择“文字工具”做出“吸烟”两字，效果如图3-17所示。

图　3-17

小提示

自由变换除快捷键外也可在菜单栏的“编辑”→“自由变换”中调出使用。

4）选择工具栏中的“圆角矩形工具”，设置半径为30像素，调整参数拖动鼠标画出合适大小的圆角矩形；选择“文字工具”，颜色为白色，在圆角矩形框内写出文字，调整文字参数达到理想效果，如图3-18所示。

图　3-18

5）用“文字工具”选择合适字体调整参数完成文字图层，在图层面板中选择文字图层，右击并“栅格化图层”；在工具栏中选择“直线工具”，在公共栏上面设置粗细为10像素，拖动鼠标画出合适角度的直线，按<Ctrl+J>复制出两个同样的直线，拖动到相应的位置，同理选择“椭圆工具”后按<Shift键>拖动鼠标制作出三个圆形，拖拽至合适位置；最后按<Ctrl>键，单击图层面板中的文字图层缩略图，载入文字选区，选择工具栏中的“橡皮擦工具”，不透明度为100%，擦除文字中不需要的部分即可，如图3-19所示。

图 3-19

基本知识

在处理图像的过程中，有时需要反复用到选区来编辑图像，所以将选区先存储起来，到使用时可以直接载入。

(1) 存储选区

在抠取一些比较复杂的图像时需要花费大量时间，建立选区后存储起来方便下次使用。存储选区可在菜单栏中选择“选择”→“存储选区”命令完成，如图3-20所示。

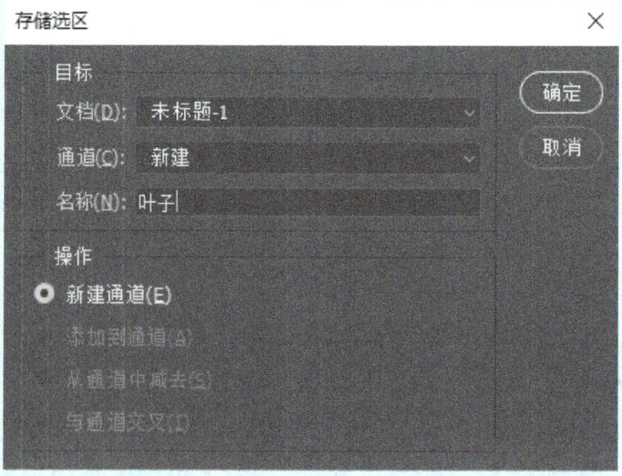

图 3-20

(2) 载入选区

选区被存储后，就可以用载入选区命令调出已存储的选区来使用。选择“选择”→“载入选区”命令完成，如图3-21所示。

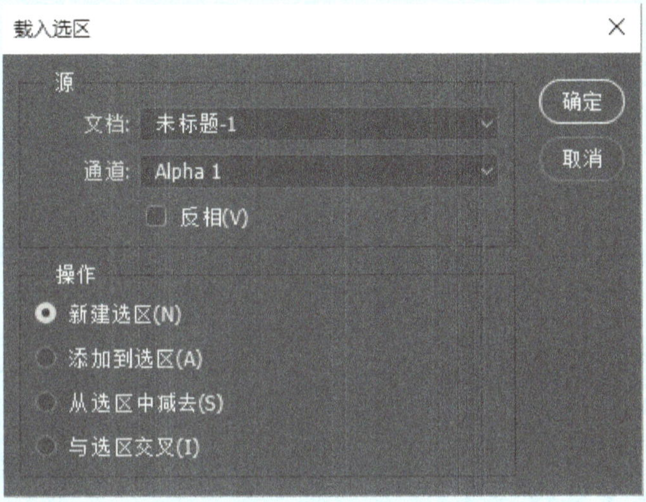

图 3-21

小提示

按住<Ctrl>键并单击图层缩略图也可以载入选区，但是载入的是整个图层选区，而且整个图层选区不需要特意去完成存储动作，案例中便是载入的整个文字选区，但若是图层中需要建立部分选区，就要完成存储选区后才能载入选区再次使用。

6）选择“文字工具”调整参数，查看效果，完成文字输入；然后选择“椭圆工具”，半径设置为60像素，拖动鼠标画出椭圆，拖动至合适位置调整文字图层位置，让其置于椭圆图层上方，如图3-22所示。

图 3-22

4. 导入素材

1）导入飘动的烟灰和剪刀素材，复制香烟图层，命名为“香烟3”，按<Ctrl+T>键自由变换到合适的大小，调整三者的位置，如图3-23所示。

图 3-23

2）按住<Ctrl>键，单击图层面板中的“剪刀”图层缩略图，做出“剪刀”选区，选择工具栏中的“橡皮擦工具”，不透明度为100%，选择图层面板中的“香烟3”，擦出选区中不需要的部分即可，如图3-24所示；最后按<Ctrl+D>组合键取消选区完成海报制作，最终效果如图3-25所示。

图 3-24

图　3-25

任务2　设计海尔计算机促销海报

任务情境

“京东618年中大促”即将来临，为了在这一次活动中冲击一下销量，许多电商公司都会在此之前准备好各种各样的活动。小何所在的电商公司主要经营计算机等3C类产品，该公司也不例外，想凭借京东秒杀活动来提前预热618大促。运营主管想让美工部的小何制作一份关于京东秒杀的促销海报，商品为海尔计算机M4，内容简洁，突出重点活动即可。小何将所需素材及主管的意思领会后便开始制作。

任务分析

此次海报的目的是为了告知广大消费者秒杀的活动，产品是计算机，背景简洁有科技感最好，主要是要阐明活动时间和产品信息，突出要点，不可喧宾夺主。通过此次练习，学生会进一步学习选区的其他知识点，对选区有更深刻的理解和认识。

任务最终效果如图3-26所示。

图　3-26

◆ 必备知识

制作本任务之前，需要具备以下知识：文字工具的使用及排版；巧妙运用高斯模糊和自由变化的方法；图层透明度的调整变化和选区的创建。

基本知识

在Photoshop中处理局部图像时，建立选区后，若对建立的选区不满意，则需要进行修改编辑调整才能满足要求。

选区的修改操作有很多种，包括选区的移动、反向、缩放、平滑、边界等。

选区的编辑操作包括选区的填充和描边。

◆ 任务实施

1. 新建文档

1）新建文档，大小为“1920×650”像素，分辨率为72，RGB模式。

2）填充背景色为“9ebec5”，新建图层，用“多边形套索工具”画出不规则四边形，填充颜色“c0dadd”，在图层面板中透明度改为20%，同理制作两个三角形，分别填充白色和“c0dadd”，在图层面板中将三角形颜色为“c0dadd”的图层透明度改为15%，如图3-27所示。

图 3-27

3）新建图层，用“多边形套索工具”画出不规则多边形，填充白色，然后在菜单栏中选择“滤镜”→“高斯模糊”命令，半径设为85，确定后按<Ctrl+T>组合键并右击选择变形，将该图形变换至理想效果，如图3-28所示。

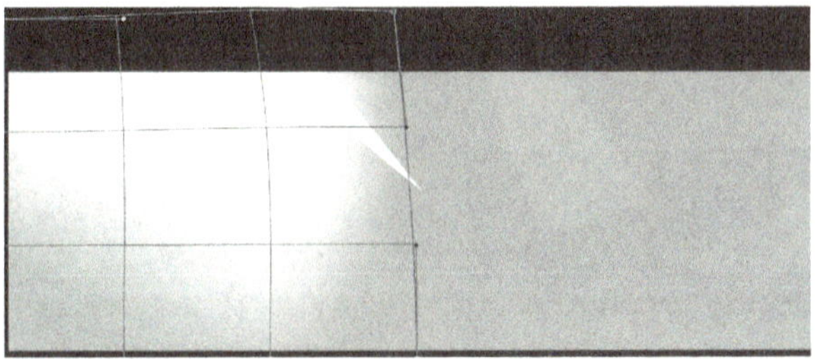

图 3-28

小提示

高斯模糊以及变形的程度可根据自己所画的不规则多边形自由调整，达到效果即可。

基本知识

选区的修改：

创建完选区后除了会移动选区外，在菜单栏中选择“选择”→“修改”命令便可查看选区修改的另外几个常见选项，包括边界、平滑、扩展、收缩和羽化命令。

① 移动选区：创建选区后有时需将选区位置进行移动调整，此时使用键盘上的方向键便可以移动选区，默认每按一下移动一个像素，但按<Shift>键的同时使用方向键可一次性移动10个像素。

② 边界：将选区的边界向外和向内同时扩展，形成新的同心选区环。如图3-29所示，宽度根据自己的需求设置。

③平滑：用于消除边缘的锯齿，使选区边缘变得更柔和。如图3-30所示，可根据自己的需要设置取样半径，数值越大，选区边缘越光滑。

图 3-29

图 3-30

④ 扩展与收缩：使选区的边缘向外扩大或者向内收缩，如图3-31和图3-32所示，用户可根据自己的需求输入扩展或者收缩值。

⑤ 羽化：通过建立选区与选区周围像素之间的转换边界来模糊边缘，但这种模糊方式会丢失边缘的一些图像细节。前面提到在工具选项栏设置羽化值，可以影响到创建选区的边缘，使其更平滑自然，但对已经创建好的选区不起作用。对已建立好的选区要进行羽化，就需要通过“羽化”命令来完成，如图3-33所示，根据自己的需求设置羽化半径。

⑥ 变换选区：变换选区命令可选择“选择”→“变换选区”命令调出，或者在选区中右击，选择“变换选区”命令即可。调出“变换选区”命令后，右击可以看到很多种子命令，如图3-34所示，用户可根据自己的需求选择不同的子命令来完成

选区的修改。

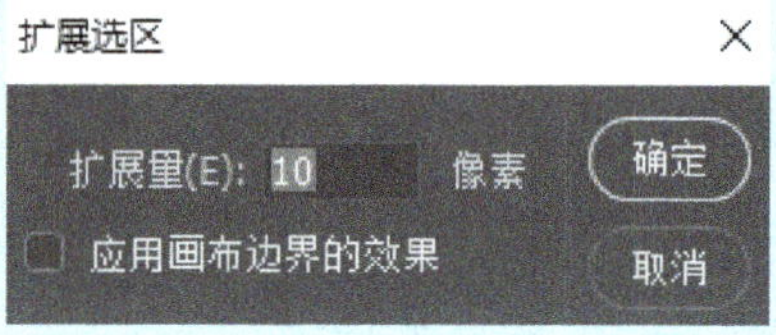

图 3-31

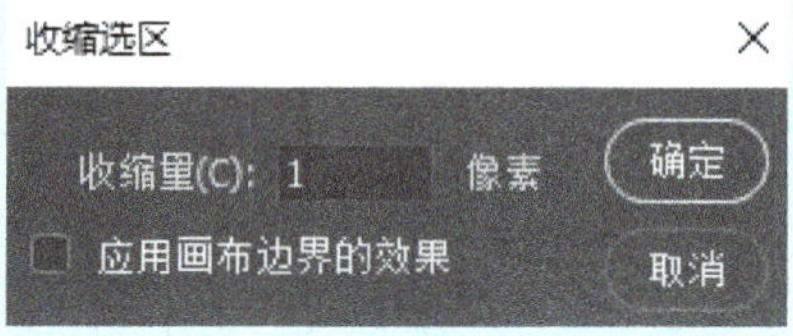

图 3-32

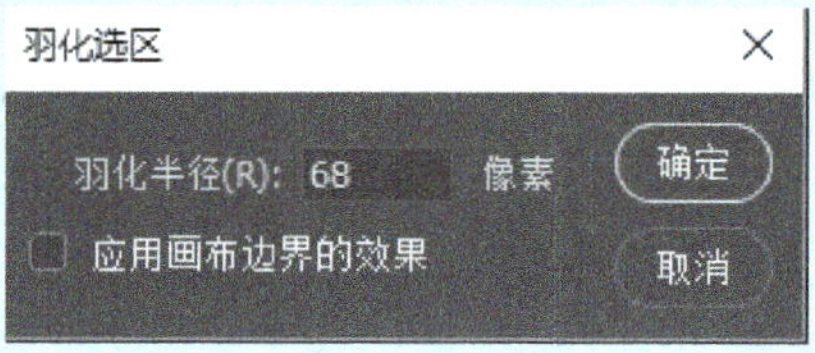

图 3-33

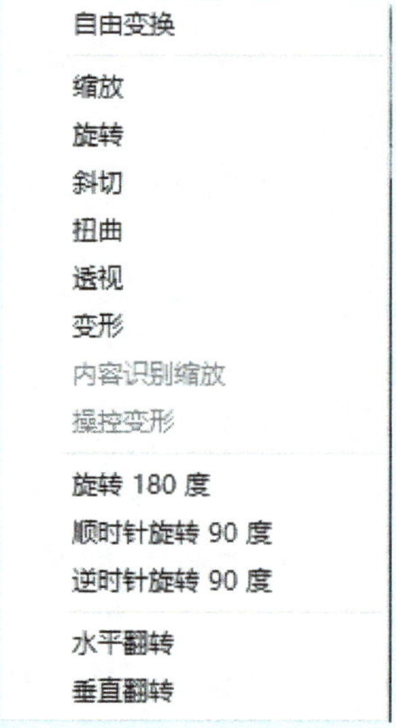

图 3-34

2. 制作阴影

1）拖入“笔记本计算机”素材，摆放至合适位置，用“多边形套索工具”在“笔记本计算机的”右下角周围画一个钝角三角形，新建图层命名为“阴影”，选择“渐变工具”填充渐变由黑色到背景色，取消选区，处理后用来做阴影部分，如图3-35所示。

图 3-35

2）选中阴影图层，创建“蒙版”，前景色调整为黑色，选中画笔，在公共栏调整透明度为50%，擦除最长边边缘线，然后调整透明度为20%擦剩余部分到理想效果；在图层面板选中阴影图层，选择“滤镜”→“高斯模糊”命令，半径设为3像素，将阴影图层放置在笔记本计算机图层下方，效果如图3-36所示。

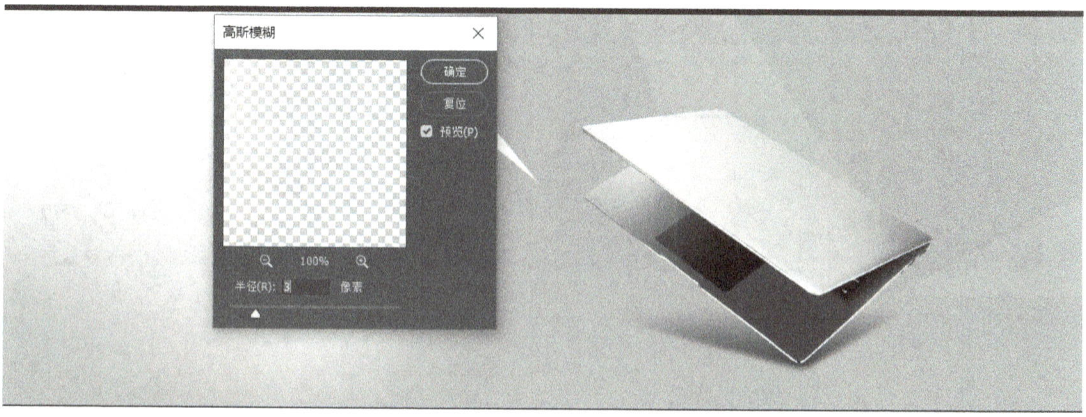

图 3-36

小提示

在图层建立蒙版用画笔做擦除操作时，要保证前景色为黑色，并且根据需求及时调整工具选项栏中的透明度，如果擦除边缘不是特别清晰，尽量选用柔边画笔，调整画笔硬度。

基本知识

选区的编辑：

创建完选区后除了修改选区外，还需要对选区进行编辑，选区的编辑主要包括填充和描边。

1）填充：建立完选区后对其内部进行颜色或图案等的填充。填充方法主要有快捷键、油漆桶工具、渐变工具和填充命令4种。

① 快捷键：可使用<Alt+Delete>组合键来填充前景色，使用<Ctrl+Delete>组合键来填充背景色。

② 油漆桶工具：建立选区后，可在工具栏选择油漆桶工具来完成选区的填充，选择油漆桶工具后可在工具选项栏选择要填充的内容和设置相关参数。

③ 渐变工具：建立选区后，可在工具栏选择渐变工具来完成选区的填充，选择渐变工具后可在工具选项栏中根据需求对渐变参数进行设置。

④ 填充命令：建立完选区后，可以在菜单栏选择“编辑”→“填充”命令，或者按<Shift+F5>来调出填充命令，如图3-37所示，可以根据需求选择合适的参数完成填充。

2）描边：对选区边缘进行描绘，给选区边缘添加颜色。如图3-38所示，设置描边的颜色和宽度，以及位置和模式等参数。

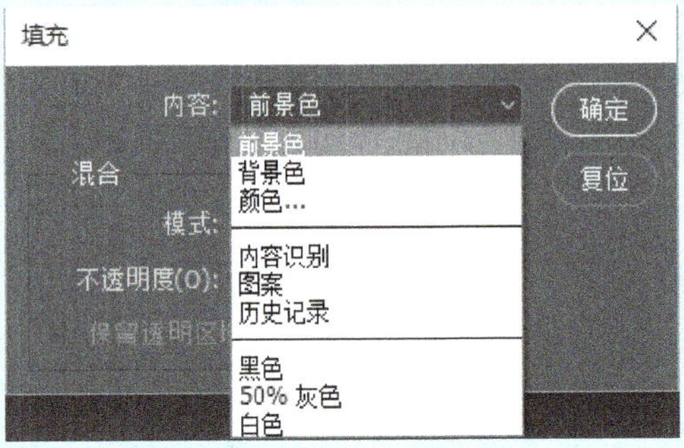

图 3-37

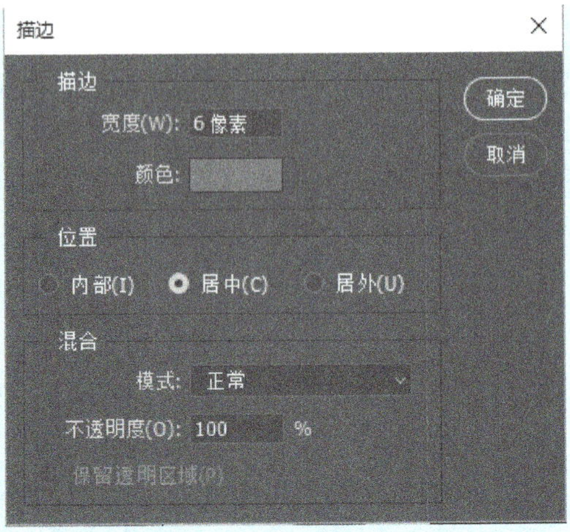

图 3-38

3. 制作文字效果，输出完成

1）选择“矩形工具”画出矩形，颜色为“0459aa”，拖入Haier音标素材放置在矩形框图层上方；拖入“京东秒杀”素材，建立蒙版，前景色为黑色，选择“画笔”并调整透明度擦去素材边框；使用“文字工具”输入“X”，调整参数，然后拖入海尔标志素材，变换至合适大小，放置在合适位置，如图3-39所示。

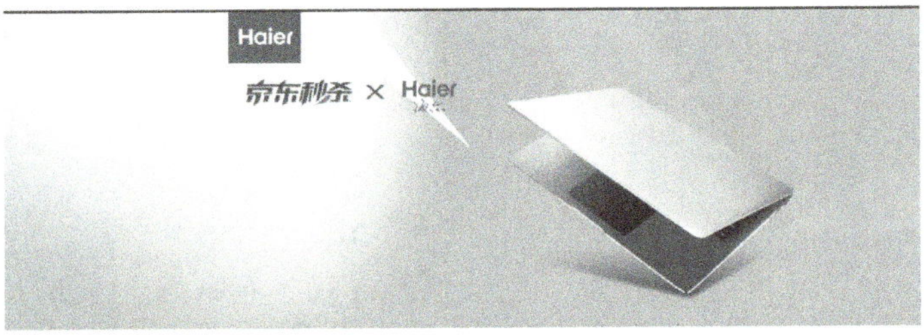

图 3-39

2）选择“文字工具”，调整参数，输入文字“M4限时秒杀”，同样输入下方活动文案，放置在合适位置；在图层面板中选择“M4限时秒杀”文字图层，双击并在弹出的图层样式面板中选择“渐变叠加”，设置黑白渐变相关参数，确定后效果如图3-40所示。

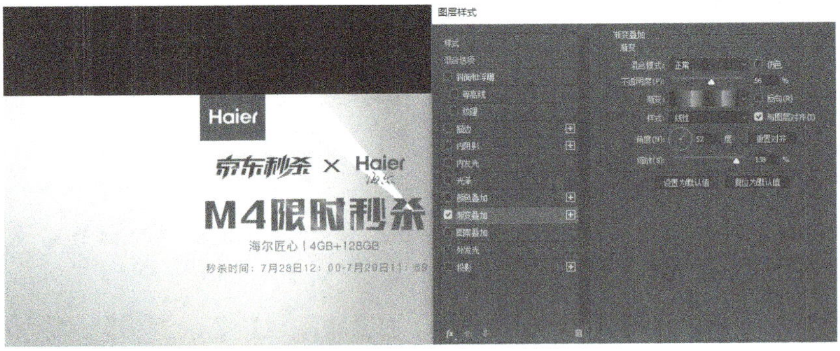

图 3-40

小提示

在移动图像或者文字或形状时，若只有细微的差别，鼠标移动幅度过大不好掌握时，可通过键盘上的方向键来调整。

3）选择“圆角矩形工具”，在公共栏设置半径为60像素，填充颜色为“e11e22”；选择“文字工具”，设置调整参数，输入文案“只需2388>”，放置圆角矩形图层上方的合适位置即可，最终效果如图3-41所示。

图 3-41

项目评价

在本项目中，通过“设计禁止吸烟公益海报”和“设计海尔计算机促销海报”的制作过程，学习了Photoshop CC 中不同类型选区的创建方法以及选区的修改和编辑等知识，了解了选区在Photoshop中的应用范围以及在图片局部处理中举足轻重的作用，并通过对本项目的学习，做出项目评价和自我评价。

项目4　海报招贴设计	很满意	较满意	有待改进	不满意
项目设计的评价				
项目的完成情况				
知识点的掌握情况				
与本组成员协作情况				
客户对项目的评价				
自我小结				

项目5 杂志广告设计

学习目标

知识目标：掌握创建选区和图层的基础功能。

技能目标：能通过Photoshop软件制作出优秀的海报招贴和杂志广告设计。

情感目标：培养学生的任务操作能力。

任务1 设计“理想之城”房地产杂志广告

任务情境

“理想之城”作为即将公开发售的房产，需要设计一份宣传方案，其中包括在报纸、杂志上的广告宣传。现在需要公司设计部设计出一份房产项目杂志广告设计，于下月刊登于时尚杂志上进行项目宣传。

设计要求：版式新颖独特，创新设计概念。

内容要求：必须包含项目名称，彰显项目特色。

任务分析

“理想之城”作为本次项目的名称，设计时必须围绕此主题，要体现现代、时尚、青春等元素。通过此项目，在制作过程中能掌握Photoshop的图层基本功能，进而熟悉和理解版面设计。

任务最终效果如图3-42所示。

图 3-42

◆ 必备知识

进行本任务之前，需要具备以下知识：文字字体对作品风格的影响，选择合适的字体大小，通过图层样式的调整实现文字特效的酷炫效果。

基本知识

图层就像一沓透明纸，每一张纸就代表一个图层，而每个图层上都保存着带有像素的图像，透过透明部分可以看到下一层的图像。

每个图层汇总的对象都可以单独处理，而不会影响其他图层中的内容。图层可以移动，也可以调整堆叠顺序。

除“背景”图层外，其他图层都可以通过调整不透明度，让图像内容变得透明。还可以修改混合模式，让上下层之间的图像产生特殊的混合效果。不透明度和混合模式可以反复调节，而不会损伤图像。

还可以通过眼睛图标来切换图层的可视性。图层名称左侧的图像是该图层的缩览图，它显示了图层中包含的图像内容，缩览图中的棋盘格代表了图像的透明区域。如果隐藏所有图层，则整个文档窗口都会变成棋盘格。图层面板如图3-43所示。

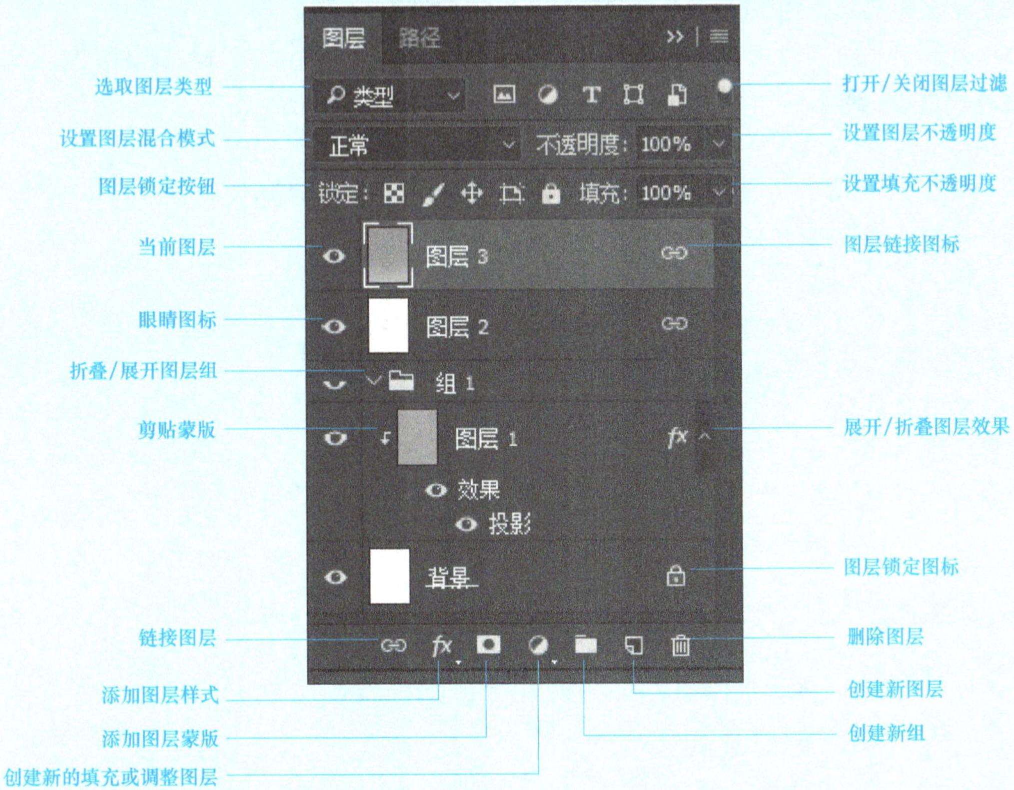

图 3-43

创建图层：单击“图层”面板中的创建新图层按钮即可在当前图层上新建一个图层，新建的图层会自动成为当前图层。如果要在当前图层的下面新建图层，可以按住<Ctrl>键单击按钮。但“背景”图层下面不能创建图层。按住<Alt>键双击“背景”图层，可以不必打开对话框而直接将其转换为普通图层。

链接图层：如果要同时处理多个图层中的图像，如同时移动、应用变换或者创建剪贴蒙版，则可将这些图层链接到一起再进行操作。在“图层”面板中选择两个或多个图层，单击链接图层按钮即可将它们链接。如果要取消链接，可以选择一个图层，然后单击按钮。

显示与隐藏图层：图层缩览图前面的眼睛图标用来控制图层的可见性。有该图标的图层为可见的图层，无该图标的是隐藏的图层。单击一个图层前面的眼睛图标，可以隐藏该图层。

锁定图层：锁定：“图层”面板中提供了用于保护图层透明区域、图像像素和位置等属性的锁定功能。可以根据需要完全锁定或部分锁定图层，以免因编辑操作失误而对图层的内容造成修改。

栅格化图层：如果要使用绘画工具和滤镜来编辑文字图层、形状图层、矢量蒙版或智能对象等包含矢量数据的图层，需要先将其栅格化，让图层中的内容转化为光栅图像，然后才能进行相应的编辑。

排列与分布图层：在“图层”面板中，图层是按照创建的先后顺序堆叠排列的。将一个图层拖动到另一个图层的上面或下面即可调整图层的堆叠顺序。改变图层顺序会影响图像的显示效果。

如果当时使用的是移动工具，可单击功能工具选项栏中的按钮来对齐图层。

合并图层：图层、图层组和图层样式等都会占用计算机的内存和暂存盘，因此，以上内容数量越多，占用的系统资源也越多。从而导致计算机的运行速度变慢。将相同属性的图层合并，或者将没有用处的图层删除都可以减小文件的大小。

盖印图层：盖印是比较特殊的图层合并方法，它可以将多个图层中的图像内容合并到一个新的图层中，同时保持其他图层完好无损。如果想要得到某些图层的合并效果，而又要保存原图层完整，盖印是最佳的解决方法。

创建图层组：图层组就类似于文件夹，可以将图层按照类别放在不同的组内，当关闭图层组以后，在“图层”面板中就只显示图层组的名称。图层组可以像普通图层一样移动、复制、链接、对齐和分布，也可以合并，以减小文件的大小。

小提示

快捷键：	<Ctrl+J>	新建复制图层
	<Shift+Ctrl+J>	新建剪切图层
	<Shift+Ctrl+N>	新建图层对话窗
	<Shift+Ctrl+Alt+N>	默认选项新建图层
	<Ctrl+E>	合并图层
	<Shift+Ctrl+E>	合并可见图层
	<Ctrl+Alt+E>	盖印图层
	<Shift+Ctrl+Alt+E>	盖印可见图层
	<Ctrl+G>	编组

◆ 任务实施

1. 创建文字

1）打开“素材1”文件，分3个图层输入文字“THE”“DREAM OF”“CITY”，字体为“Beon”，颜色为白色，大小为200点。调整文字位置，文字上下距离为1.48cm，水平居中对齐和垂直居中分布，如图3-44所示。

图 3-44

2）同时选取3个文字图层，右击选择“转换为形状”，如图3-45所示。

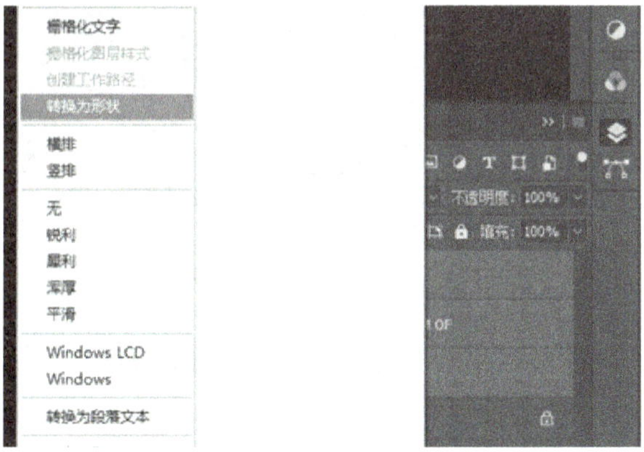

图 3-45

小提示

选择文字图层，执行“文字”→“转换为形状”命令，可以将它转换为具有矢量蒙版的形状图层，原文字图层不会保留。

基本知识

图层样式也叫图层效果，它可以为图层中的图像内容添加诸如投影、发光、浮雕、描边等效果，创建具有真实质感的水晶、玻璃、金属和纹理特效。图层样式可以随时修改、隐藏或删除，具有非常强的灵活性，如图3-46所示。

斜面和浮雕：可以对图层添加高光和阴影的各种组合，使图层内容呈现立体的浮雕效果。

描边：可以沿图层内容的边缘向内创建发光效果。

光泽：可以添加光滑光泽的内部阴影，通常用来创建金属表面的光泽外观。

颜色叠加：可以在图层上叠加指定的颜色，通过设置颜色的混合模式和不透明度控制叠加效果。

渐变叠加：可以在图层上叠加指定的渐变颜色。

图案叠加：可以在图层上叠加指定的图案，并且可以缩放图案、设置图案的不透明度和混合模式。

外发光：可以沿图层内容的边缘向外创建发光效果。

投影：可以为图层内容添加投影，使其产生立体感。

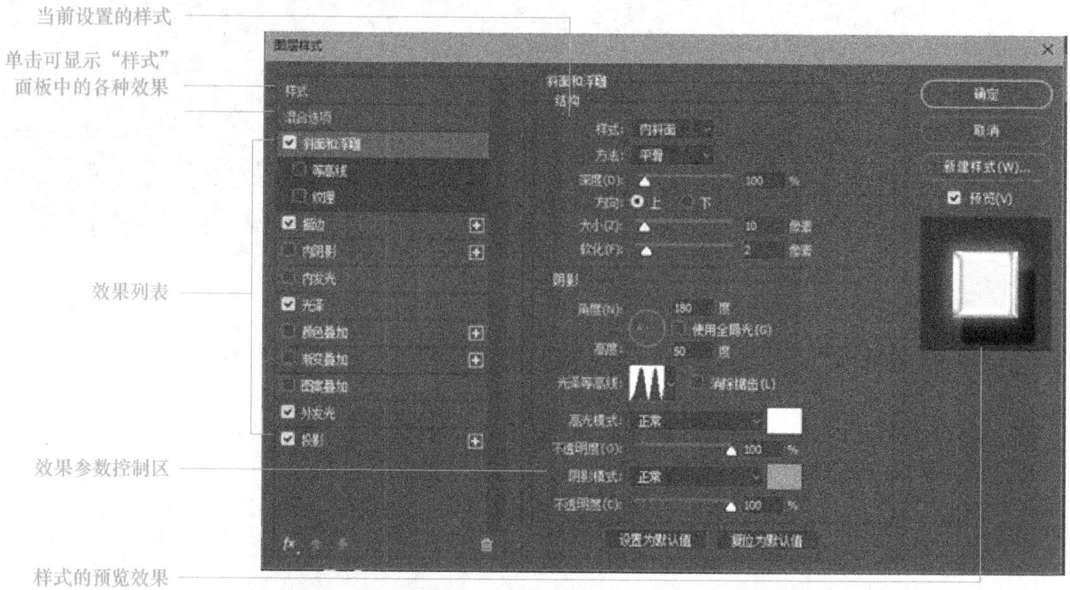

图 3-46

显示与隐藏效果：在“图层”面板中，效果前面的眼睛图标 用来控制效果的可见性。

修改效果：在“图层”面板中，双击一个效果的名称可以打开“图层样式”对话框并进入该效果的设置面板，此时可以修改效果参数。也可以在左侧列表中选择新效果。设置完成后，单击“确定”按钮，可将修改后的效果应用于图像。

复制、粘贴效果：选择添加了图层样式的图层，按住<Alt>键将效果图标 *fx* 从一个图层拖动到另一个图层，可以将该图层的所有效果都复制到目标图层。

2. 文字特效

1）双击打开“THE”文字图层，设置文字图层样式，创建文字特效。

① 设置“斜面与浮雕”效果，样式为“内斜面”，方法为“平滑”，深度为100%，方向为“上”，大小为10像素，软化为2像素；阴影处取消“使用全局光”，角度为180度，高度为50度，光泽等高线为“环形-双”，高光模式为“正常”，颜色为白色，不透明度为100%，阴影模式为“正常”，颜色为橙色（#ff7d00），不透明度为100%，如图3-47所示。

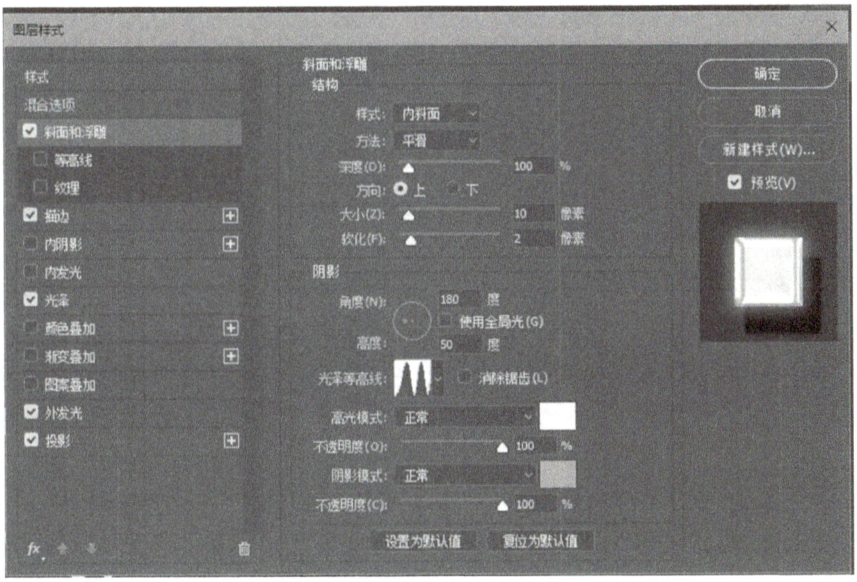

图 3-47

② 设置“描边”，大小为3像素，位置为“内部”，混合模式为“正常”，不透明度为100%；填充类型为“渐变”，渐变颜色为橙色（#ff7d00）到白色，样式为“线性”，角度为90度，缩放为100%，如图3-48所示。

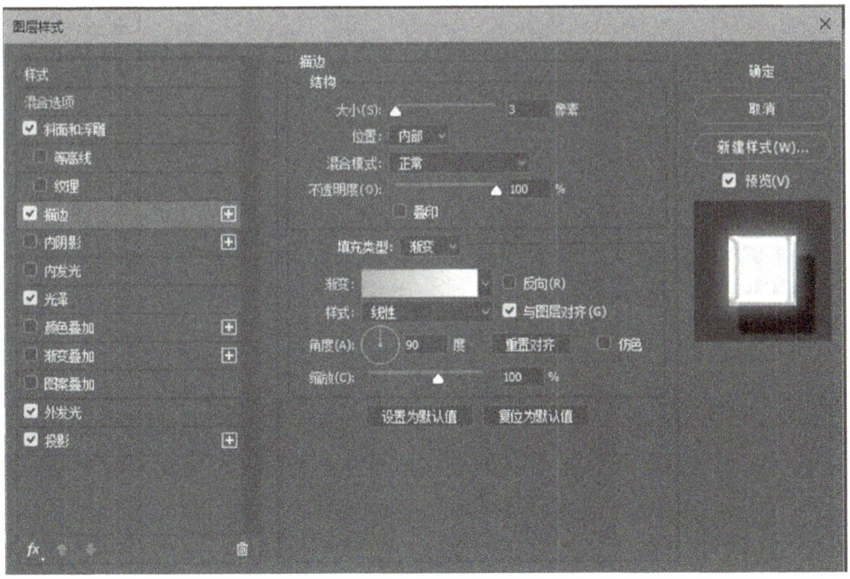

图 3-48

③ 设置“光泽”，混合模式为“正常”，颜色为白色，不透明度为100%，角度为20度，距离为3像素，大小为0像素，等高线为“高斯”，如图3-49所示。

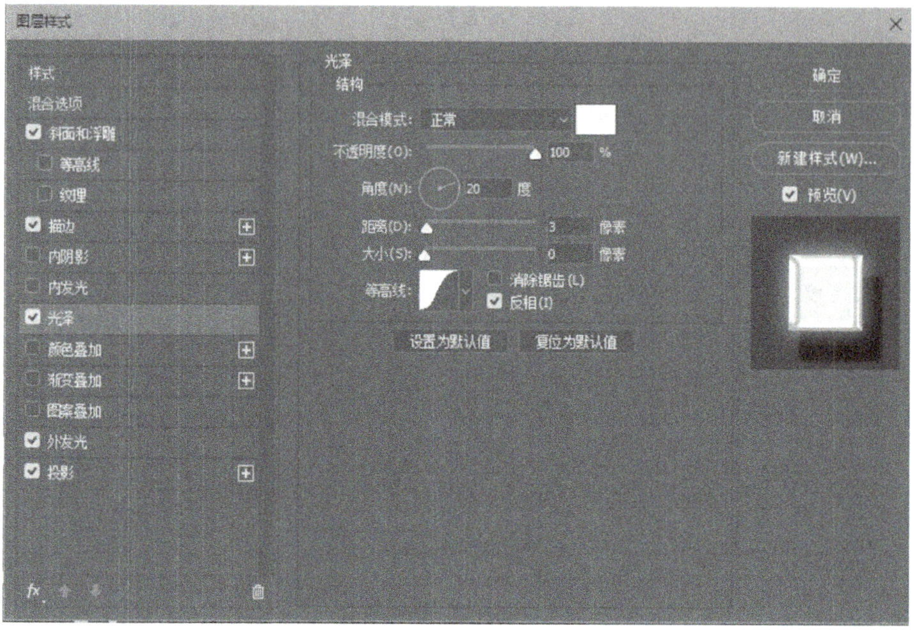

图 3-49

④ 设置“外发光”，混合模式为“线性减淡（添加）”，不透明度为60%，杂色为0%，颜色为深橙色（#c36002），方法为“柔和”，扩展为15%，大小为40像素，等高线为“线性”，范围为75%，抖动为0，如图3-50所示。

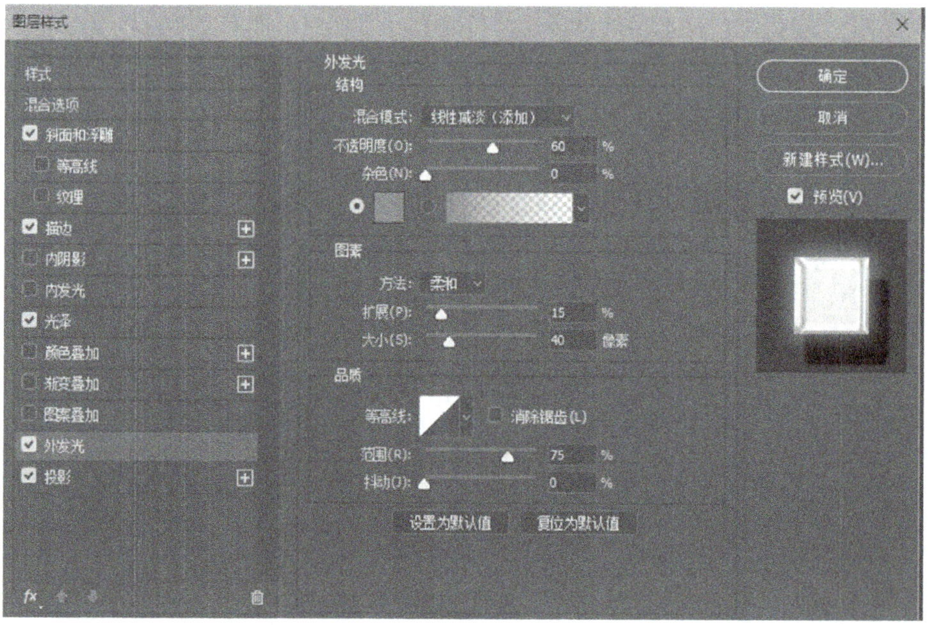

图 3-50

⑤ 设置“投影”，混合模式为“正片叠底”，颜色为橙褐色（#432101），不透明度为100%，取消“使用全局光”，角度为120度，距离为25像素，扩展为55%，大

小为20像素，等高线为线性，杂色为0，如图3-51所示。

⑥“THE”图层文字特效如图3-52所示。

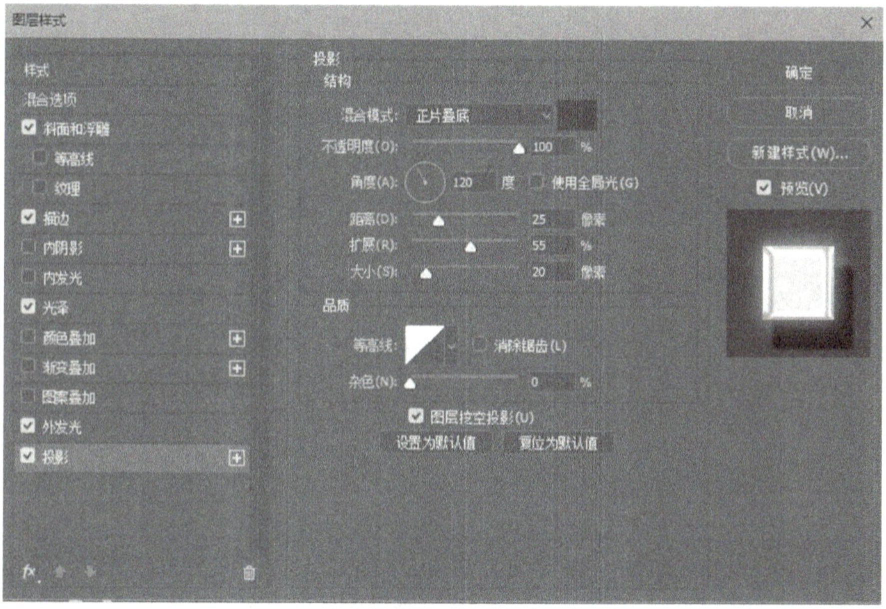

图 3-51

图 3-52

2）按住<Alt>键，拖动复制“THE”文字图层的图层样式至“DREAM OF”和“CITY”2个文字图层并修改颜色。

①“DREAM OF”图层，设置“斜面与浮雕”，阴影颜色为玫红色（#ff007d）；设置“描边”，渐变颜色为玫红色（#ff007d）至白色；设置“外发光”，发光颜色为深玫红色

（#b9035c）；设置“投影”，阴影颜色为红褐色（#430021）。文字特效如图3-53所示。

图 3-53

②“CITY”图层，设置“斜面与浮雕”，阴影颜色为天蓝色（#007dff）；设置“描边”，渐变颜色为天蓝色（#007dff）至白色；设置“外发光”，发光颜色为群青色（#015ebe）；设置“投影”，阴影颜色为深蓝色（#001c38）。文字特效如图3-54所示。

图 3-54

3. 文字投影制作

1）按<Ctrl+J>组合键复制3个文字图层，右击并选择“清除图层样式”命令，分别放置在每个文字特效图层的下面，右击并选择“转换为智能对象”命令。如图3-55所示。

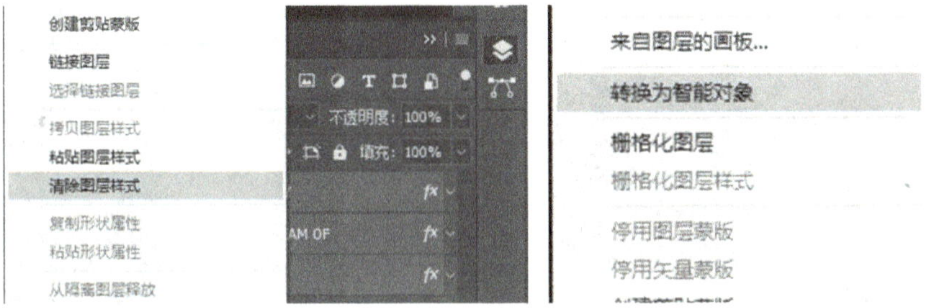

图 3-55

基本知识

智能对象是一个嵌入到当前文档中的文件，它可以包含图像，也可以包含在Illustrator中创建的矢量图形。智能对象与普通图层的区别在于，它能够保留对象的源内容和所有的原始特征。因此，在Photoshop中处理它时，不会直接应用到对象的原始数据。这是一种非破坏性的编辑功能。

可以为智能对象创建多个副本，对原始内容进行编辑后，所有与之链接的副本都会自动更新。

将多个图层内容创建为一个智能对象后，可以简化“图层”面板中的图层结构。

应用于智能对象的所有滤镜都是智能滤镜，可以随时修改参数或者撤销，并且不会对图像造成任何破坏。

2）复制“THE”图层，打开“滤镜”→“模糊”→“高斯模糊”命令，半径设为10像素；打开“滤镜”→“模糊”→“动感模糊”命令，角度为-45度，距离50像素，如图3-56所示。

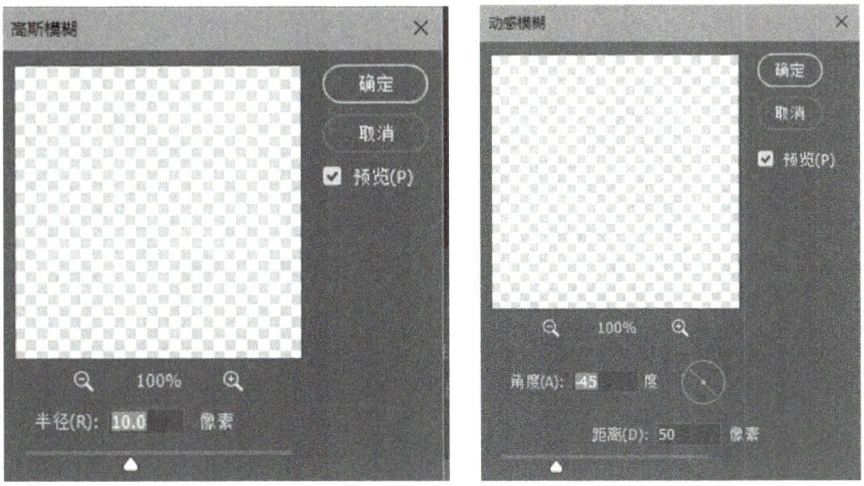

图 3-56

3）双击打开“THE”复制图层的“图层样式”，设置“颜色叠加”，混合模式为黑色，不透明度为100%，如图3-57所示；设置“外发光”，混合模式为“正常”，不透明度为28%，杂色为0%，颜色为深橙色（#c36002），方法为“柔和”，扩展为0%，大小为98像素，等高线为“线性”，范围为50%，抖动为0%，如图3-58所示。

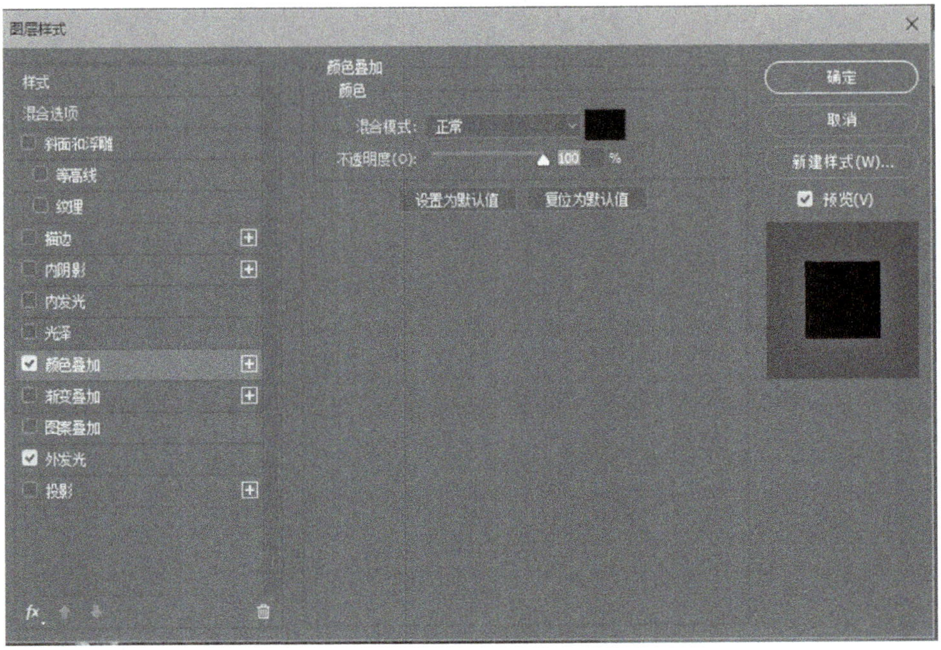

图 3-57

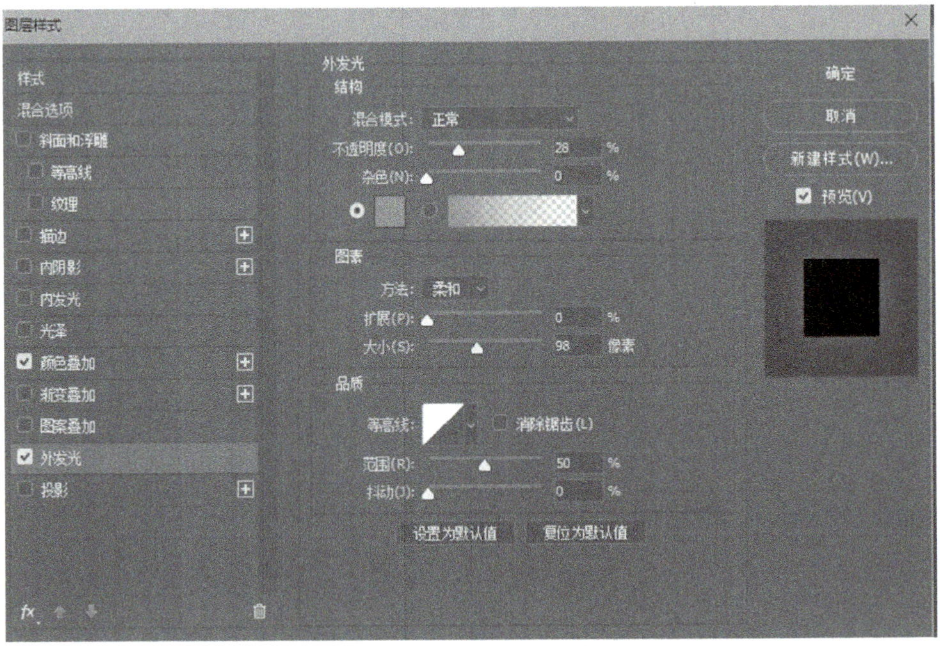

图 3-58

4）按住<Alt>键，拖动复制“THE”文字图层的图层样式和滤镜至“DREAM OF”和“CITY”两个文字图层，并修改颜色。

① “DREAM OF”图层，设置“外发光”，发光颜色为深玫红色（#b9035c）。

② “CITY”图层，设置“外发光”，发光颜色为群青色（#015ebe）。

③ 将投影图层朝着特效图层的右下方移动，保持一定的距离，让灯光文字悬浮于背景之上，如图3-59所示。

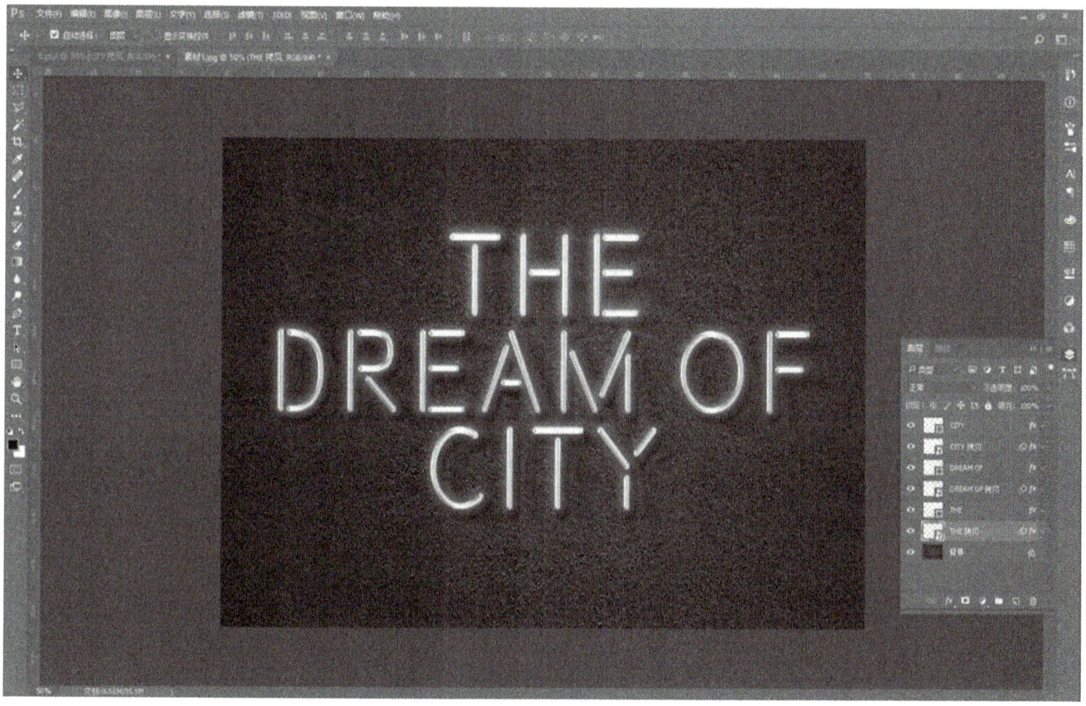

图 3-59

4. 保存文件

按<Shift+Ctrl+S>组合键存储为PSD和JPG文件。

任务2 设计“动漫部作品展”杂志广告

◆ 任务情境

龙岗二职即将迎来一年一度的技能展，动漫部也将展开宣传活动，展示一年来的师生优秀作品，需要设计一份宣传广告刊登在校刊上进行活动宣传。

设计要求：围绕主题，积极向上，创新设计。对活动广告进行图像处理、文字排版和版式设计。

内容要求：必须包含部门名称和活动名称。

◆ 任务分析

龙岗二职“动漫部作品展”以“作品展”为本次任务的主题，设计制作时要体现青春、时尚、活泼等元素。通过此项目，在制作过程中能掌握Photoshop的图层基本功能，进而熟悉和理解版面设计。

任务最终效果如图3-60所示。

图 3-60

◆ 必备知识

完成本任务之前，需要具备以下知识：主标题和装饰文字之间的基本构图，文字的解构处理方法，掌握图层的基本操作。

基本知识

Photoshop中的文字是由数字方式定义的形状组成的，在将文字栅格化以前，会保留基于矢量的文字轮廓。因此，可以任意缩放文字或者调整文字大小而不会出现锯齿。

◆ 任务实施

1. 新建文档

新建文档，A4大小，宽度为210毫米，高度为297毫米，分辨率为100像素/英寸，如图3-61所示。

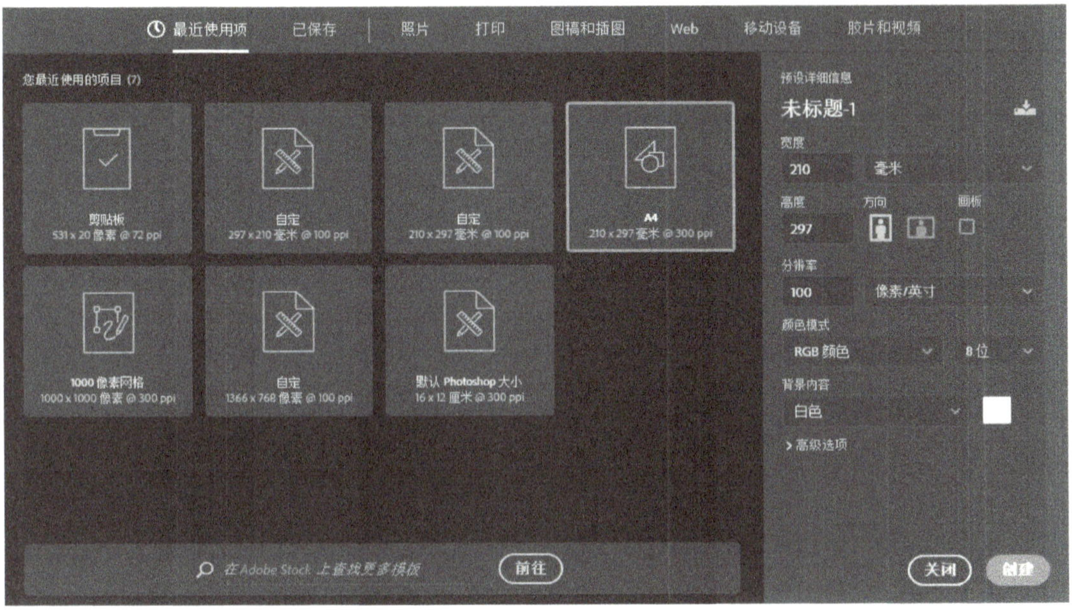

图　3-61

2. 导入素材

加入底纹素材，修改图层填充为“80%”，如图3-62所示。

图　3-62

3. 主标题中文文字特效

1）在作品的中心位置输入标题文字，并调整到合适的位置。

① 输入文字“作”，字体为“方正小标宋简体”，大小为150点，字距为100，颜色为灰蓝色（#356a89），如图3-63所示。

② 输入文字“品”，字体为“方正小标宋简体”，大小为120点，字距为100，颜色为灰蓝色（#356a89），如图3-64所示。

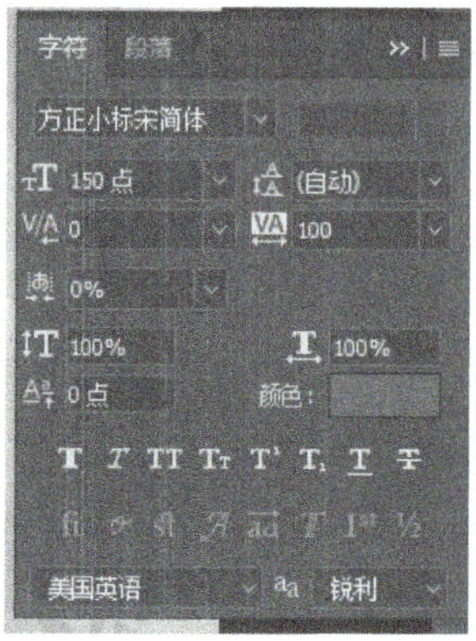

图 3-63

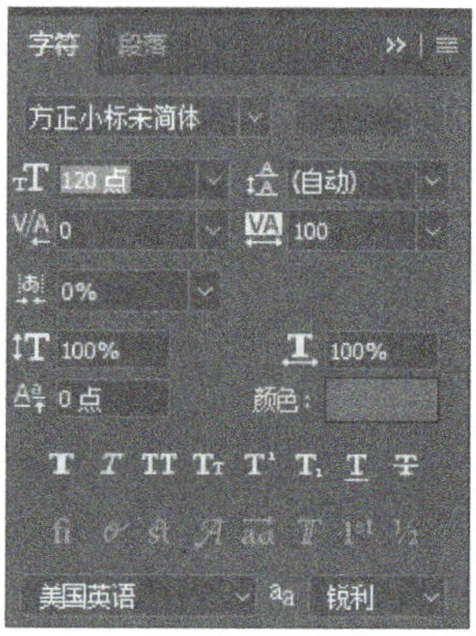

图 3-64

③ 输入文字“展”，字体为“方正小标宋简体”，大小为300点，字距为100，颜色为灰蓝色（#356a89），如图3-65所示。文字效果如图3-66所示。

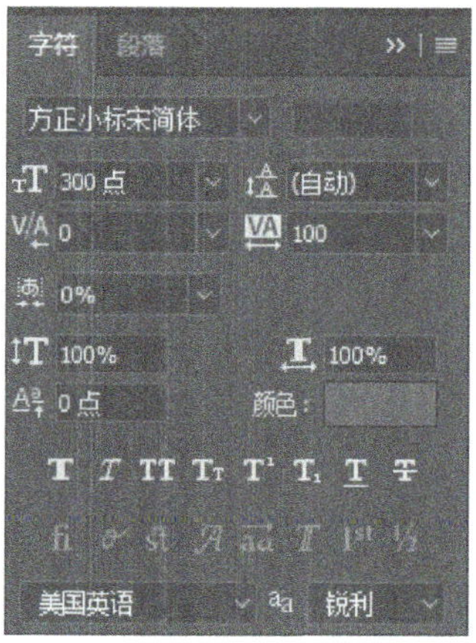

图 3-65

图 3-66

基本知识

蒙版是一种遮盖图像的工具，它主要用于合成图像。可以用蒙版将部分图像遮住，从而控制画面的显示内容。这样做并不会删除图像，而只是将其隐藏起来。因此，蒙版是一种非破坏性的编辑工具。

Photoshop中提供了3种蒙版：图层蒙版、剪贴蒙版和矢量蒙版。

图层蒙版通过蒙版中的灰度信息来控制图像的显示区域，可用于合成图像，也可以控制填充图层、调整图层、智能滤镜的有效范围。在图层蒙版中，纯白色对应于图像上可见的，纯黑色会遮盖图像，灰色区域会使图像呈现出一定程度的透明效果（灰色越深，图像越透明）。想要隐藏图像某些区域时，将蒙版上相应的区域涂黑即可；想让图像呈现出半透明的效果，可以将蒙版涂灰。

剪贴蒙版通过一个对象的形状来控制其他图层的显示区域。

矢量蒙版通过路径和矢量形状控制图像的显示区域。

2）按<Ctrl+J>组合键复制“展”图层，选择“展”的副本图层，右击“转换为智能对象”。

① 选择“展”文字图层，创建图层蒙版，使用多边形套索工具，将“尸”字头和“𠄌”部分用黑色填充，如图3-67所示。

图 3-67

② 按住<Ctrl>键单击“展”图层蒙版，将替换部分载入选区，按<Ctrl+Shift+I>组合键反向选择，创建图层蒙版。使用矩形选框工具，将“尸”字头用黑色填充，留下“𠄌”部分。选择“滤镜”→“模糊”→“高斯模糊”命令，半径为5像素，如图3-68所示。

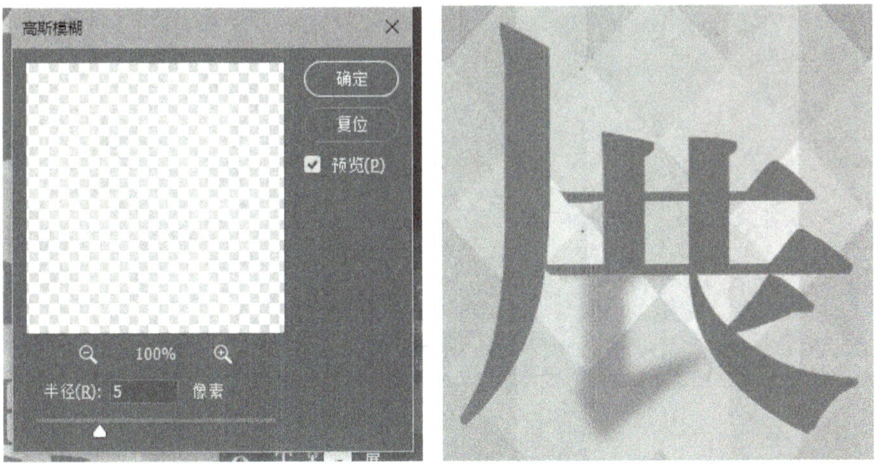

图 3-68

3）输入文字“ZHAN”，字体为“方正小标宋简体”，大小为80点，字距为-160，颜色为灰蓝色（#356a89）。放在“尸”字头上，调整位置，如图3-69所示。

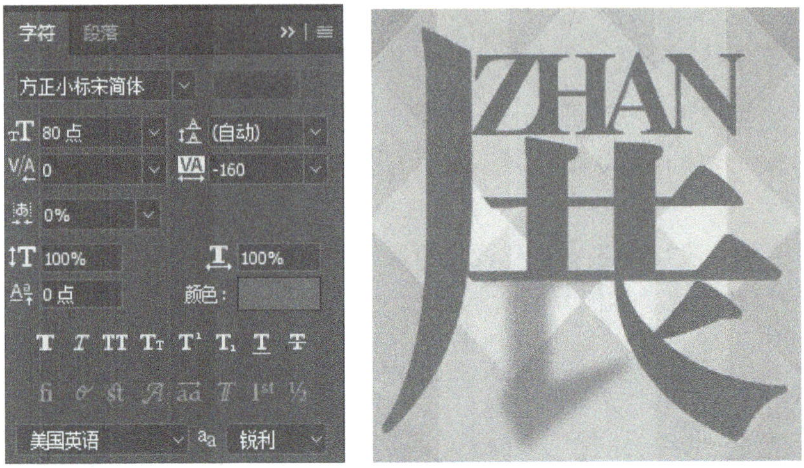

图 3-69

4）选择“展副本”图层，放置在“展”文字图层下。双击图层，打开“图层样式”，添加文字特效。

① 设置“颜色叠加”，混合模式为“正常”，颜色为粉红色（# f8819e），不透明度为100%，如图3-70所示。

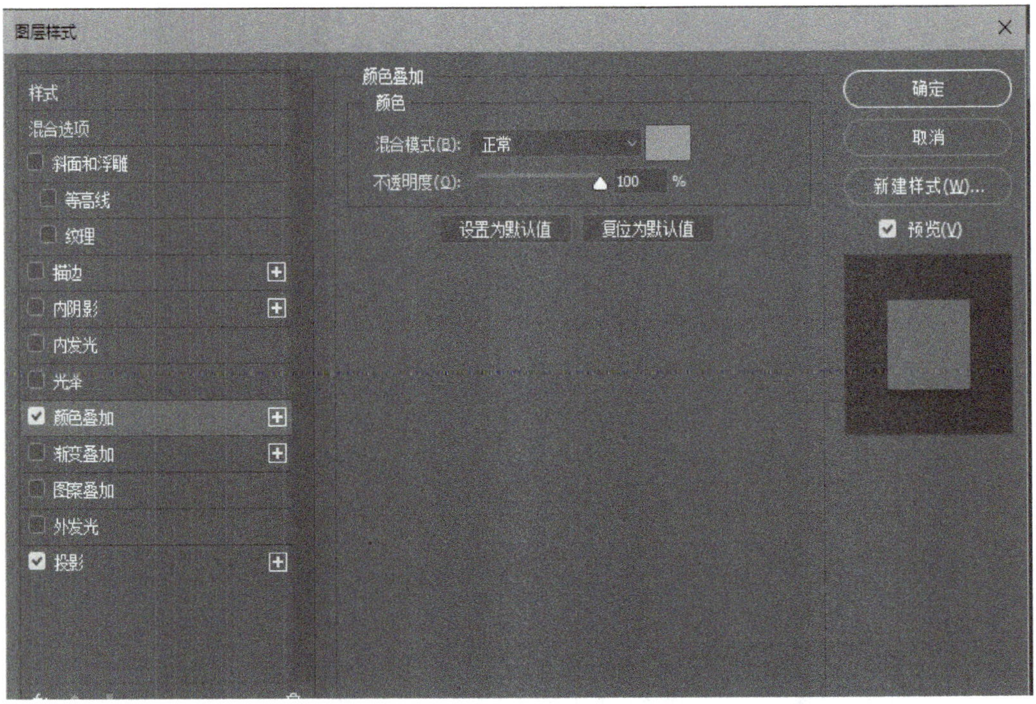

图 3-70

② 设置“投影”，混合模式为“正片叠底”，颜色为黑色，不透明度为35%，角度为90度，距离为8像素，扩展为0%，大小为3像素，如图3-71所示。

③ 设置“展副本”图层，图层不透明度为60%，效果如图3-72所示。

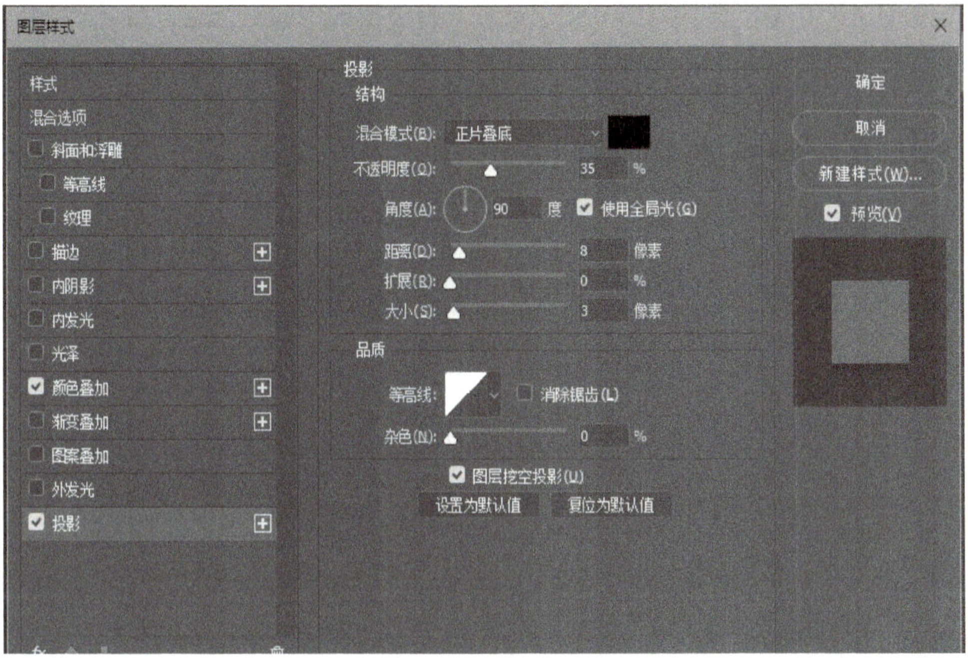

图 3-71

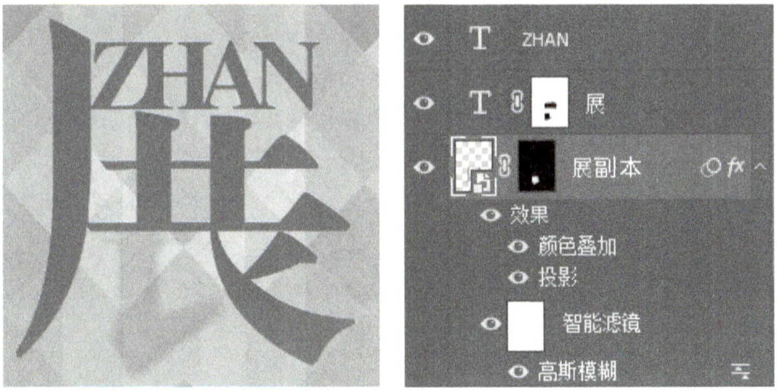

图 3-72

5）按<Ctrl+J>组合键复制“品”图层，选择“品副本”图层，右击“转换为智能对象”。

① 选择“品”文字图层，创建图层蒙版，使用矩形选框工具，将“口”部分用黑色填充，如图3-73所示。

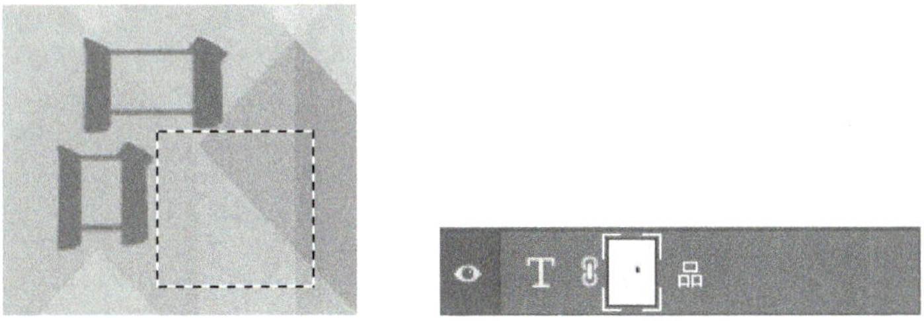

图 3-73

② 按住<Ctrl>键，单击“品”图层蒙版，将替换部分载入选区，按<Ctrl+Shift+I>键反向选择。选择“品副本”图层，放置在“品”文字图层下，创建图层蒙版。按住<Alt>键，复制“展副本”图层的图层样式和滤镜至“品副本”图层。设置“品副本”图层的不透明度为60%，如图3-74所示。

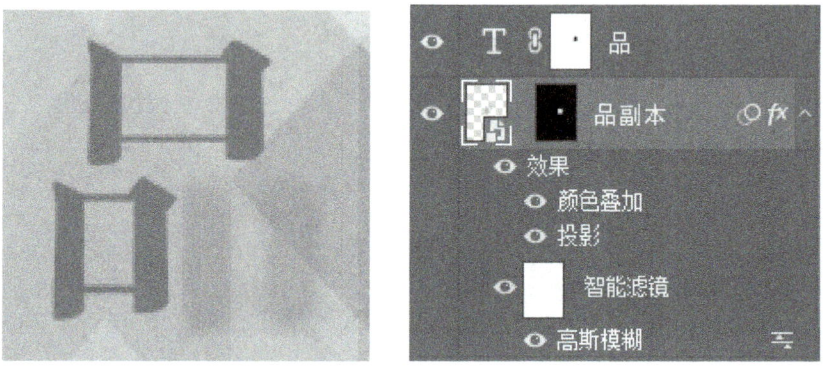

图 3-74

6）按照上述方法，将“作”字的“亻”部分做出特效效果，如图3-75所示。

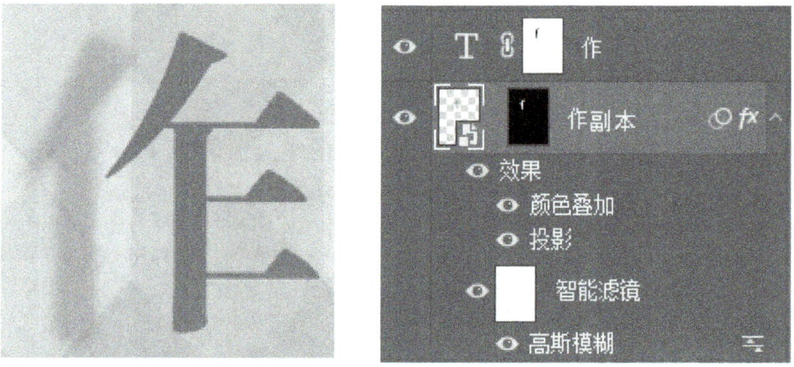

图 3-75

7）将“ZHAN”图层、3个文字图层及复制的副本图层选中，按<Ctrl+G>组合键进行编组，重命名为“标题”，如图3-76所示。

图 3-76

4．副标题英文文字特效

1）在作品的中心位置输入副标题文字，并调整合适的位置。分别输入文字“a”“r”“t”，字体为“方正小标宋简体”，大小为80点，颜色为灰蓝色（#356a89），如图3-77所示。

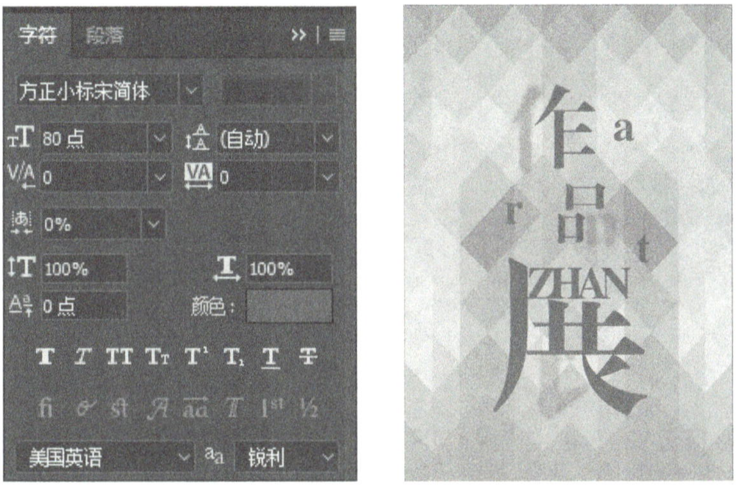

图 3-77

2）按<Ctrl+J>分别复制3个英文文字图层，选择3个英文副本图层，右击并选择“转换为智能对象”。“a副本”图层放在“a”图层上面，“r副本”图层放在“r”图层下面，“t副本”图层放在“t”图层上面。按住<Alt>键，复制“副本”图层的图层样式和滤镜，到3个英文副本图层。将3个英文副本图层往右下移动位置，调整图层不透明度为80%，形成投影效果。按<Ctrl+G>组合键进行编组，重命名为“英文”，如图3-78所示。

图 3-78

基本知识

使用Photoshop中的形状工具可以创建不同类型的对象，包括形状图层、工作路径和像素图形。选择一个矢量工具后，需要先在工具选项栏中选择相应的绘制模式，然后进行绘图操作。

在选项栏中，选择“形状”选项后，可在单独的形状图层中创建形状。形状图层由填充区域和形状两部分组成，填充区域定义了形状的颜色、图案和图层的不透明度，形状则是一个矢量图形，它还会同时出现在“路径”面板中。

在选项栏中，选择“路径”选项后可创建工作路径，它出现在“路径”面板中。路径可以转换为选区或创建矢量蒙版，也可以填充和描边从而得到光栅化的图像。

在选项栏中，选择“像素”选项后，可以在当前图层上绘制栅格化的图形（图形的填充颜色为前景色）。由于不能创建矢量图形，因此，“路径”面板中也不会有路径。

5. 装饰文字

1）输入装饰文字“动”“漫”“部”，放在作品的两边，并调整到合适的位置。字体为“方正小标宋简体”，大小为160点，“动”和“部”字颜色为灰蓝色（#356a89），“漫”字颜色为粉红色（# f76487），如图3-79所示。

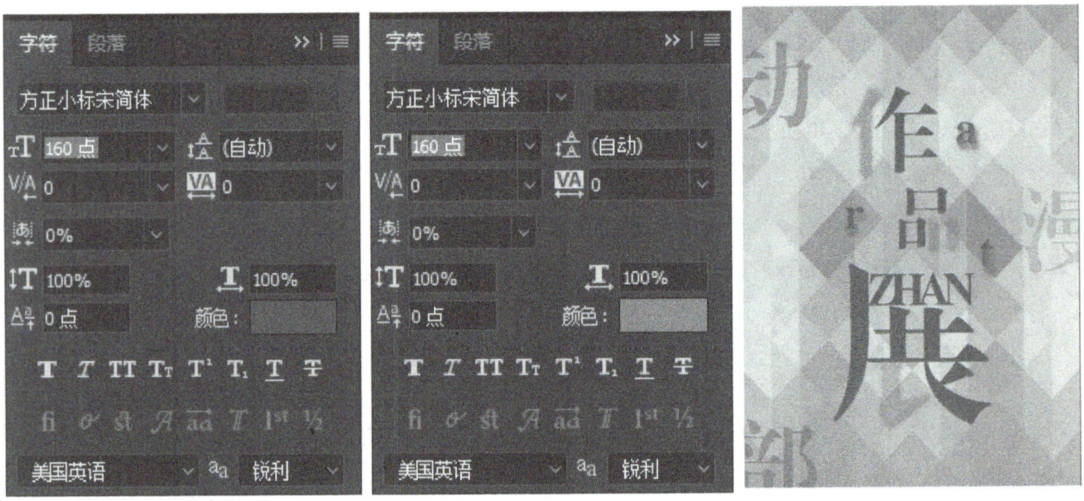

图 3-79

2）使用“椭圆形状工具”，属性栏选择“像素”，在作品右上角分别绘制3个圆形，颜色为“# f0a0ad”“# edbfc7”“# eed4d8”。输入文字“作”“品”“展”，对齐放在圆形图案上，如图3-80所示。

小提示

使用“形状工具”时，按住<Shift>键拖动，可以创建等比例图形；按住<Alt>键拖动，可以创建以单击点为中心向外的图形；按住<Shift+Alt>键拖动，可以创建以单击点为中心向外的等比例图形。

图　3-80

6. 保存文件

按<Shift+Ctrl+S>组合键存储为PSD和JPG文件。

项目评价

在这一项目中，通过学习图层的基础功能，理解图层样式的应用范围。同时选取制作“设计‘理想之城’房地产杂志广告”和“设计‘动漫部作品展’杂志广告”两个任务来了解公司设计部的杂志广告设计、宣传制作的流程，掌握Photoshop软件图层的基本功能，并通过对本项目的学习，做出项目评价和自我评价。

项目5　杂志广告设计	很满意	较满意	有待改进	不满意
项目设计的评价				
项目的完成情况				
知识点的掌握情况				
与本组成员协作情况				
客户对项目的评价				
自我小结				

第4单元

图层与图像高级功能

项目6　户外广告设计

学习目标（整个单元的学习目标）

知识目标：掌握图层高级处理和图像颜色高级调整功能。

技能目标：能使用Photoshop软件制作出优秀的户外广告和宣传画册。

情感目标：培养学生的任务操作能力和团队协作能力。

任务1　设计“爱的告白”户外广告

任务情境

2018年6月6日，市电视台将在市中心广场天台举办一次“爱的告白”的公益活动，对爱人、对家人、对生活、对自己，大声把爱告诉TA。现在要求宣传部设计一份活动项目的户外广告进行宣传，并在要求在规定时间内完成任务。

设计要求：紧扣活动主题，版式新颖独特，创新设计概念。

内容要求：必须包含活动名称、时间、地点，凸显活动特色。

任务分析

本次活动以“爱的告白”为主题，设计制作时要体现温情、清新、情感等元素。通过本活动项目，学生能够掌握广告设计中文字图形的运用，掌握广告设计颜色的运用和构图方式的调整方法。

任务最终效果如图4-1所示。

图　4-1

◆ 必备知识

进行本任务之前，需要具备以下知识：主体文字作为图形的构图方法，广告设计的基本方法要领，装饰文字的排版方法。

基本知识

不透明度：“图层”面板中有两个控制图层不透明度的选项，分别为“不透明度”和“填充”。在这两个选项中，100%代表完全不透明、50%代表半透明、0%代表完全透明。“不透明度”用于控制图层、图层组中绘制的像素和形状的不透明度，如果对图层应用了图层样式，则图层样式的不透明度也会受到该值的影响。“填充”只影响图层中绘制的像素和形状的不透明度，不会影响图层样式的不透明度。

混合模式：是Photoshop的核心功能之一，它决定了像素的混合方式，可用于合成图像、制作选区和创建特殊效果，但不会对图像造成任何实质性的破坏。“混合模式”可以运用在“图层”面板、绘画和修饰工具的工具选项栏、“图层样式”对话框、“填充”命令、“描边”命令、“计算”和“应用图像”命令等。

混合模式分为6组，共27种，每组的混合模式都可以产生相似的效果或有着相近的用途，如图4-2所示。

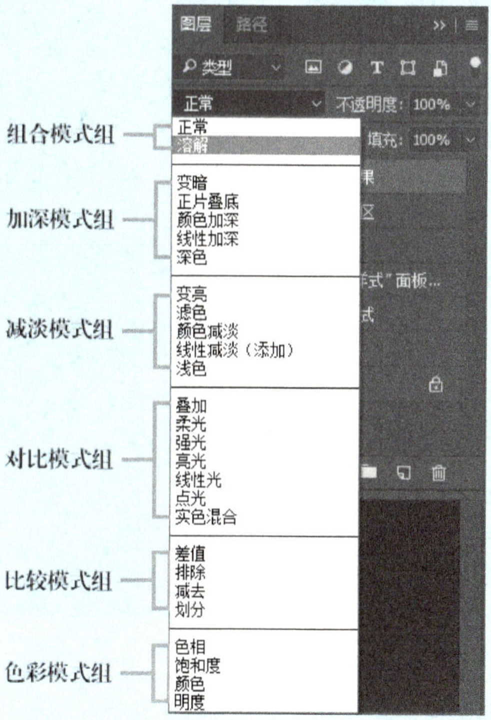

图 4-2

组合模式组：需要降低图层的不透明度才能产生作用。

加深模式组：可以使图像变暗，在混合过程中，当前图层中的白色将被底层较暗的像素替代。

减淡模式组：可以使图像变亮，图像中的黑色会被较亮的像素替换，而任何比黑色亮的像素都可能加亮底层图像。

对比模式组：可以增强图像的反差，在混合时，50%的灰色会完全消失，任何亮度值高于50%灰色的像素都可能加亮底层的图像，亮度值低于50%灰色的像素则可能使底层图像变暗。

比较模式组：可以比较当前图像与底层图像，然后将相同的区域显示为黑色，不同的区域显示为灰度层次或彩色。如果当前图层中包含白色，白色的区域会使底层图像反相，而黑色不会对底层图像产生影响。

色彩模式组：Photoshop会将色彩分为3种成分（色相、饱和度和亮度），然后将其中的一种或两种应用于混合后的图像中。

◆ 任务实施

1. 新建文档

1）新建文档，A4大小，宽度为210毫米，高度为297毫米，分辨率为100像素/英寸，如图4-3所示。

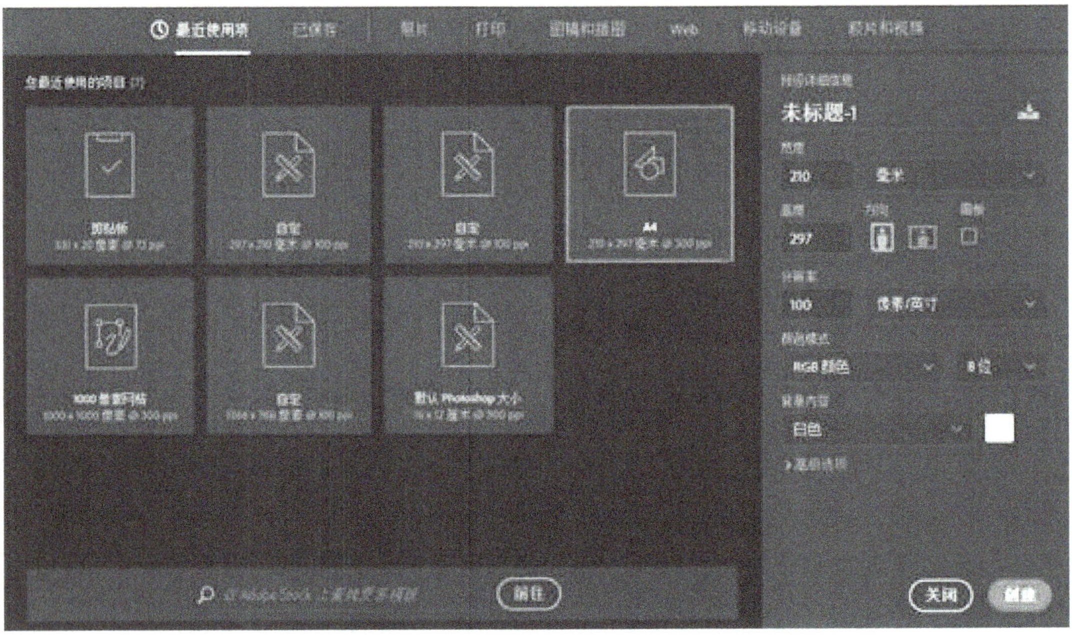

图 4-3

2）背景图层填充粉蓝色（#51badd）。

2. 立体文字制作

1）新建图层，使用“矩形形状工具”，属性栏选择“形状”，填充颜色为淡粉色（#eed4d8），无描边，创建垂直长方形和水平长矩形，组成“L”形。按<Ctrl+G>组合键进行编组，命名为“L”，如图4-4所示。

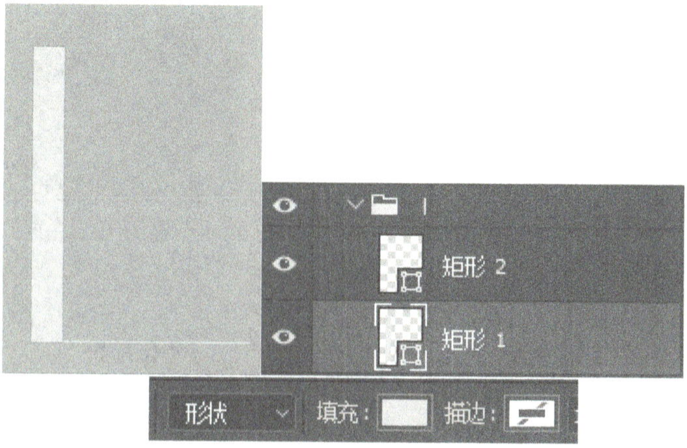

图 4-4

2）新建图层，使用“椭圆形状工具”，属性栏选择“形状”，填充颜色为淡粉色（#eed4d8），无描边，创建椭圆形。按住<Alt>键，从形状中减去长椭圆形，组成“O”形。按<Ctrl+T>组合键自由变换，旋转45°，调整文字大小及位置，图层重命名为“O”，如图4-5所示。

3）新建图层，按照制作“L”的方法创建两个矩形，宽矩形斜切变形右边30°，窄矩形斜切变形左边30°，组成“V”形，图层命名为“V”，如图4-6所示。

图 4-5

图 4-6

4）按<Ctrl+J>组合键复制“O”图层，创建图层蒙版，使用“选框工具”，框选图形右下方，填充黑色，如图4-7所示。

① 使用“路径选择工具”，选择外圈椭圆形，按<Ctrl+J>键复制外圈椭圆，属性栏填充选择“无”，描边颜色为淡粉色（#eed4d8），粗细为3像素。创建图层蒙版，使用“矩形选框工具”，框选右中部分的线条，填充黑色，如图4-8所示。

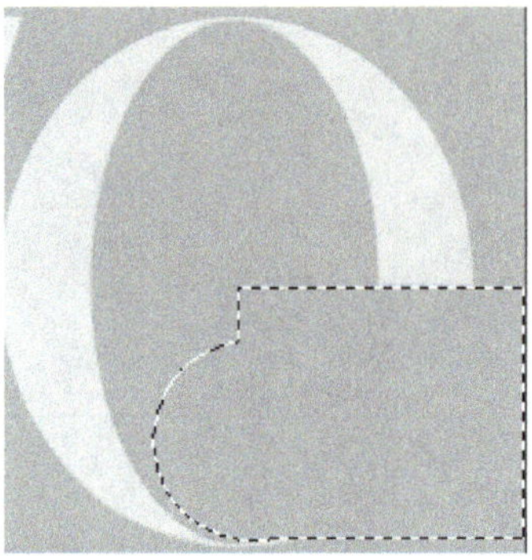

图 4-7

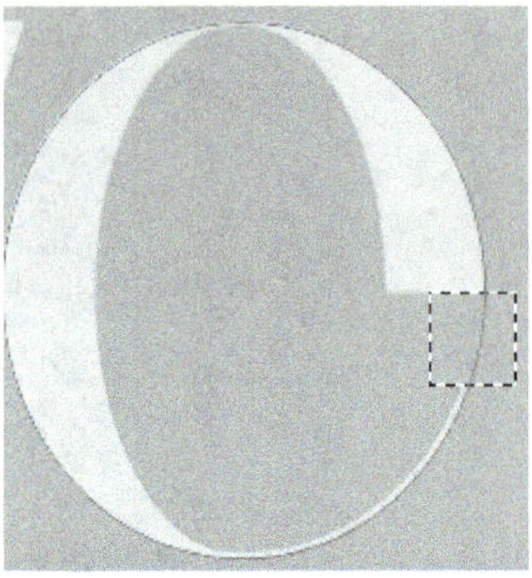

图 4-8

② 使用“矩形选框工具”，属性栏选择“形状”，填充颜色为淡粉色（#eed4d8），无描边，在字母中间创建窄矩形，组成“e”形。按<Ctrl+G>组合键进行编组，命名为“E”，如图4-9所示。

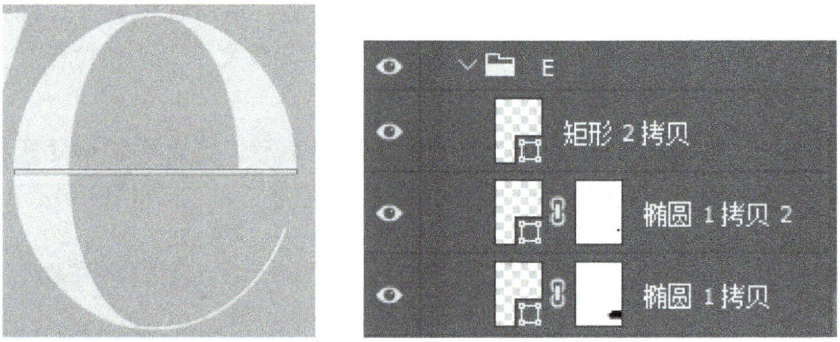

图 4-9

③ 将“L”“O”“V”“E”四个文字组同时选中，按<Ctrl+G>组合键进行编组，命名为“Love原”。按<Ctrl+J>组合键复制组，命名为“Love特效”，右击“转换为智能对象”。隐藏“Love原”组。选择“Love特效”图层，按<Ctrl+T>组合键进行自由变换选择“斜切”命令，使其形成近大远小的透视感，如图4-10所示。

图 4-10

5）选择“Love特效”图层，分别按<Alt+↓>组合键一次和<Alt+→>组合键一次，向下和向右复制图层，重复操作70次。每隔一个图层，删除中间的6个图层，最后留下

11个复制图层。从向下第2个复制图层开始选择所有复制图层，按<Ctrl+G>组合键进行编组，右击并选择“转换为智能对象”。双击图层，增加图层样式“颜色叠加”，混合模式为“正常”，颜色为淡粉色（#edbfcb），不透明度为100%，如图4-11和图4-12所示。

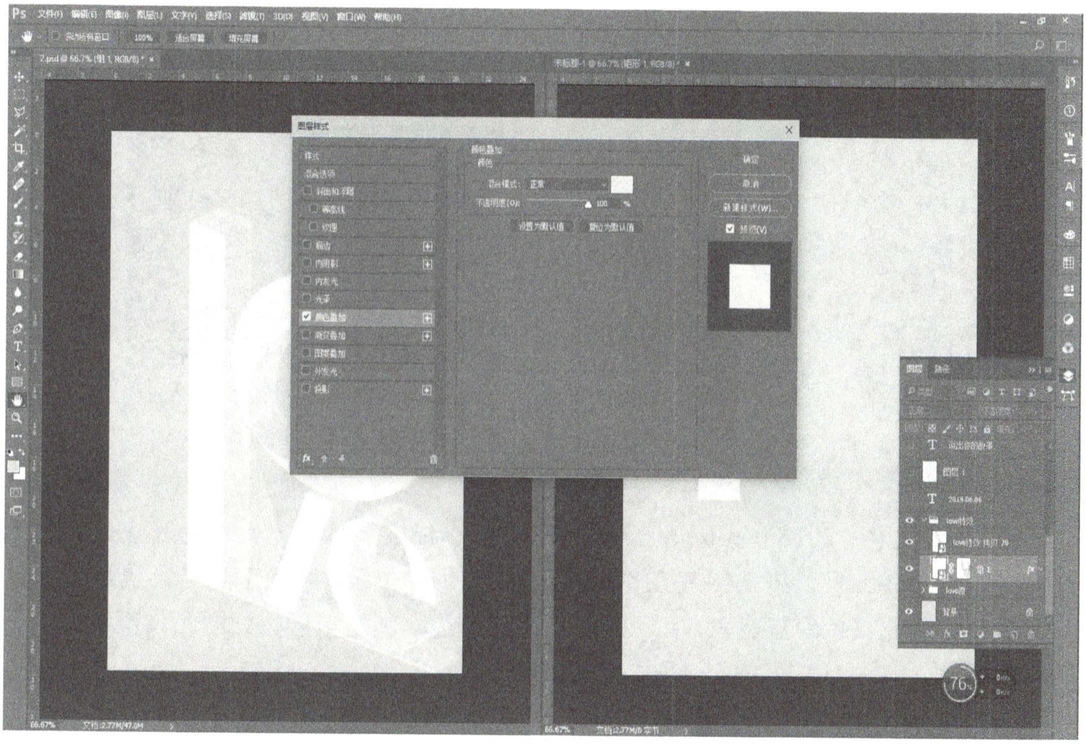

图 4-11

图 4-12

6）选择“Love特效”图层，创建图层蒙版，使用“画笔工具”，调整画笔笔刷为“柔边圆”，大小为80像素，硬度为0%，不透明度为20%，颜色为黑色。在字母的侧面阴影部分擦拭出透明的立体感。注意线条部分不要擦除，要保持线条清晰。按<Ctrl+G>组合键进行编组，命名为“Love特效”，如图4-13所示。

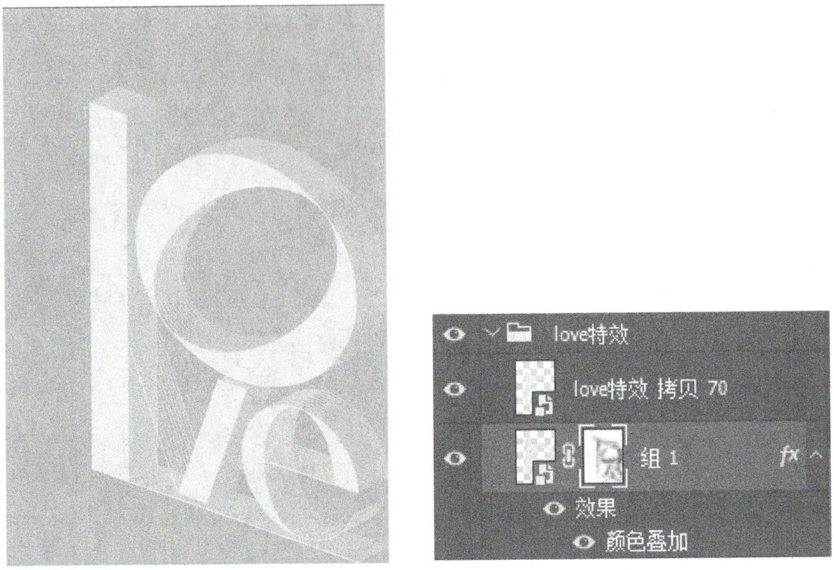

图 4-13

3. 制作装饰文字

1）输入文字“2018.06.06”，字体为“方正小标宋简体”，大小为36点，颜色为灰蓝色（# 04698a），将文字放在作品左上角。使用“矩形形状工具”，属性栏选择“像素”，填充颜色为灰蓝色（# 04698a），无描边，创建矩形，如图4-14所示。

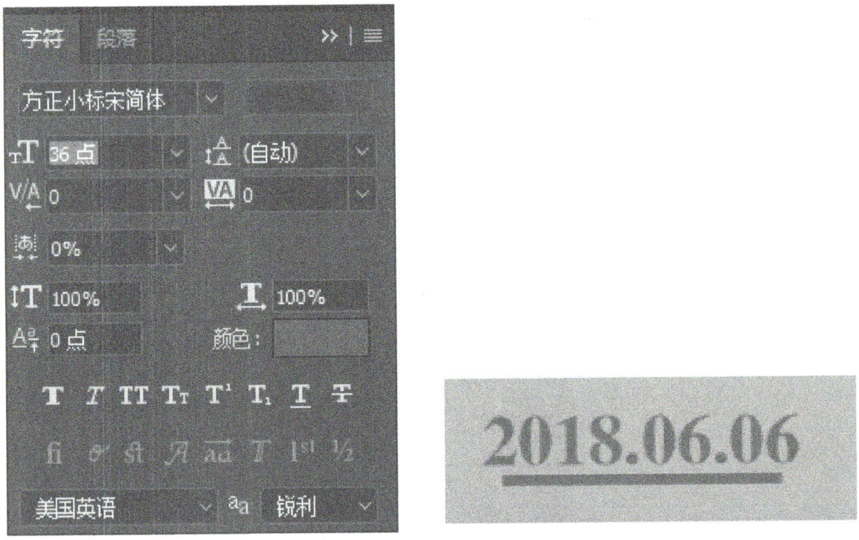

图 4-14

2）使用“直排文字工具”，输入文字“说出你的故事”和“把爱告诉TA”，字体为“方正小标宋简体”，大小为30点，颜色为灰蓝色（# 04698a），如图4-15所示。输入文字“对爱人 对家人 对生活 对自己”和“我爱他 我爱她 我爱你 我爱我”，字体为“方正小标宋简体”，大小为10点，颜色为“灰蓝色”（# 04698a），如图4-16所示。调整文字位置，放在作品左侧，如图4-17所示。

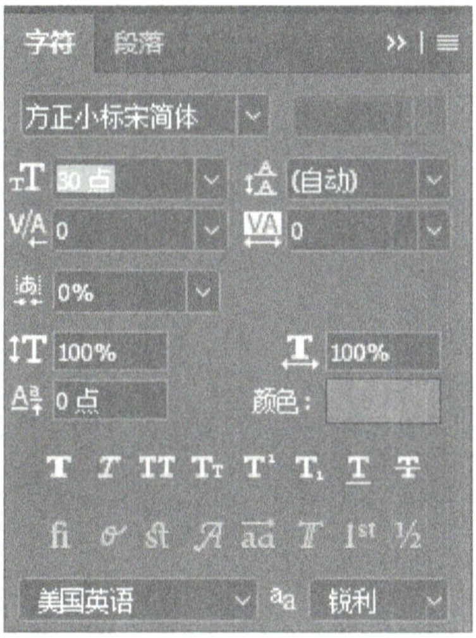

图 4-15

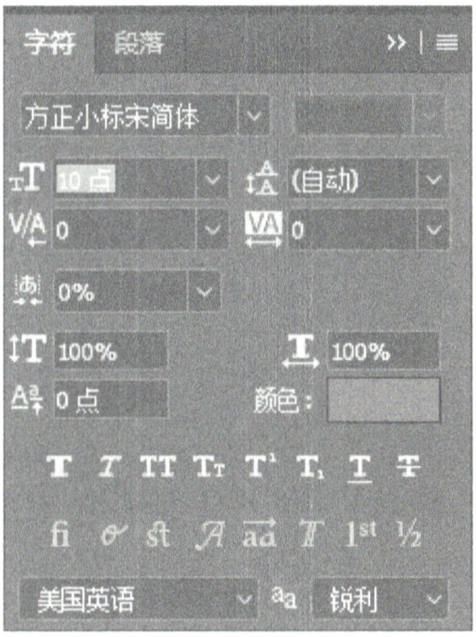

图 4-16

图 4-17

3）使用“横排文字工具”，输入文字“爱的告白”，字体为“方正小标宋简体”，大小为60点，颜色为灰蓝色（# 04698a），将文字放在作品左下侧。框选“告白”文字，调整字符属性，选择“仿斜体”。按<Ctrl+J>组合键复制“图层1”，调整大小，放在“告白”文字下方，如图4-18所示。

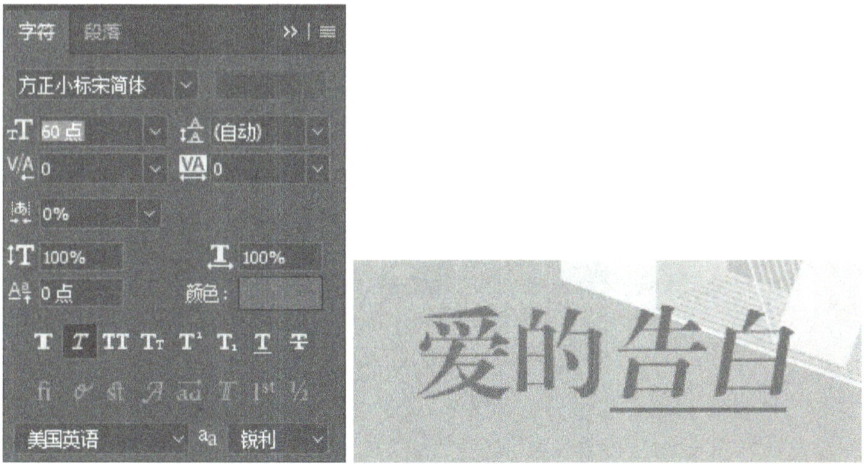

图 4-18

4）新建图层，使用“椭圆形状工具”，属性栏选择“像素”，颜色为灰蓝色

(#04698a)，无描边，创建圆形，放在作品右上侧。使用“横排文字工具”，输入文字“天桥告白大会”，字体为“幼圆”，大小为20点，颜色为灰蓝色(#04698a)，行距为30点，字距为-100，将文字放在圆形图案下方，如图4-19所示。

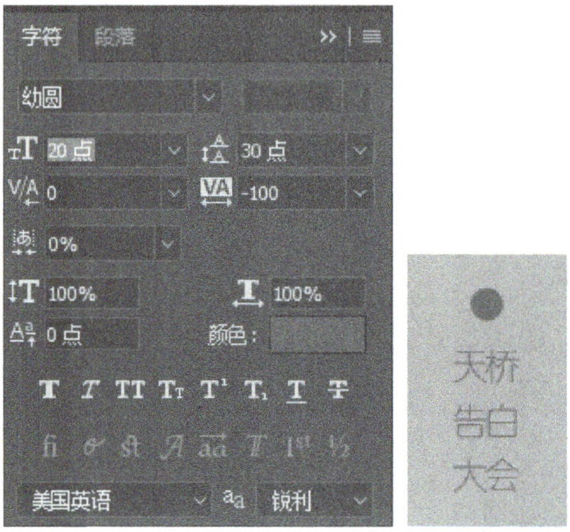

图 4-19

5）选择“2018.06.06”至“天桥告白大会”文字图层之间的所有图层，按<Ctrl+G>组合键进行编组，命名为“装饰文字”，如图4-20所示。

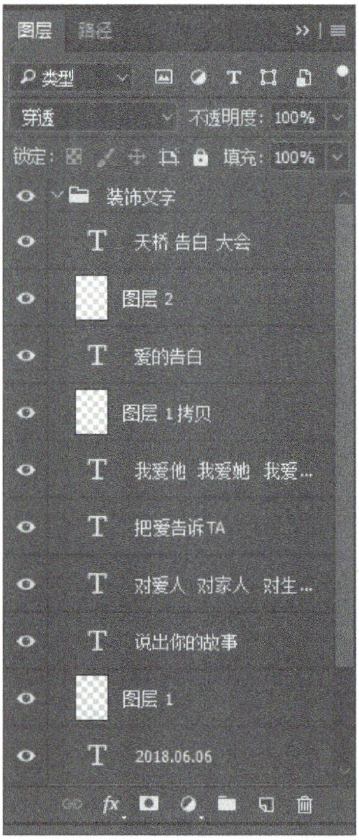

图 4-20

4. 保存文件

按<Shift+Ctrl+S>组合键存储为PSD和JPG文件。

任务2 设计“世界杯开幕式”户外广告

◆ 任务情境

四年一度的世界杯足球比赛即将开赛，市电视台体育频道将对赛事进行转播，需要宣传部设计一份开幕式宣传的户外广告，进行赛事活动宣传。

设计要求：围绕比赛主题，突出比赛的激烈性，构图新颖创新。

内容要求：必须包含比赛名次、时间、地点、比赛LOGO。

◆ 任务分析

本任务以“世界杯开幕式”为主题，设计制作时要体现比赛、球员、观众、运动场等元素。通过本项目，让学生掌握运动赛事广告的版面设计和主体人物的色彩调整，进一步熟悉软件的色彩运用范围。

任务最终效果如图4-21所示。

图 4-21

◆ 必备知识

进行本任务之前，需要具备以下知识：以人物为主体的广告设计的基本方法和构图，对色彩的基本判断能力。

基本知识

填充图层：向图层中填充纯色、渐变和图案而创建的特殊图层，可以为它设置不同的混合模式和不透明度，从而修改图像的颜色或者生成各种图像效果，如图4-22所示。

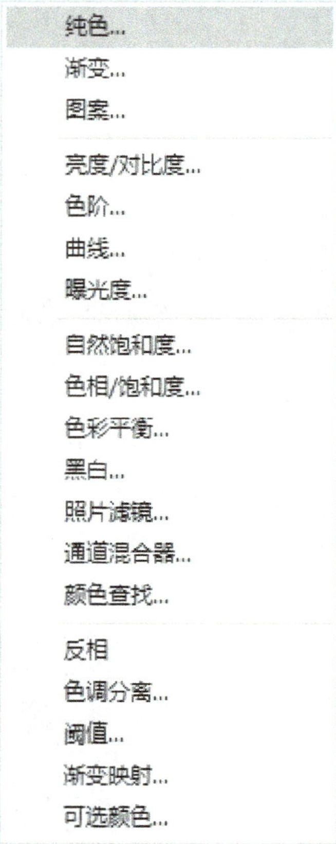

图 4-22

创建填充图层时，如果图像中有选区，则选区会转换到填充图层的蒙版中，使填充图层只影响选中的图像。

调整图层：是一种特殊的图层，它可以将颜色和色调调整应用于图像，但不会改变原图像的像素。因此，不会对图像产生实质性的破坏。

创建调整图层后，颜色和色调调整就存储在调整图层中，并影响它下面的所有图层。如果想要对多个图层进行相同的调整，则可以在这些图层上面创建一个调整图层，通过调整图层来影响这些图层，而不必分别调整每个图层。

创建调整图层时，Photoshop会为其添加一个图层蒙版。在蒙版中，白色代表了调整图层影响的区域，灰色会使调整强度变弱，黑色会遮盖调整图层。可以使用画笔、渐变等工具在图像中涂抹黑色和灰色来定义调整图层影响的区域、控制调整强度。

中性色图层：一种填充了中性色的特殊图层，它通过混合模式对下面的图像产生影响，可用于修饰图像以及添加滤镜，所有操作都不会破坏其他图层上的像素。

在Photoshop中，黑色、白色和50%灰色是中性色。创建中性色图层时，Photoshop会用这3种中性色中的一种来填充图层，并为其设置特定的混合模式，在混合模式的作用下，图层中的中性色不可见，就像新建的透明图层一样。如果不应用效果，中性色图层不会对其他图层产生任何影响。

可以用画笔、加深、减淡等工具在中性色图层上涂抹，修改中性色，从而影响下面图像的色调，也可以对中性色图层应用滤镜。

◆ 任务实施

1. 新建文档

新建文档，选择A4大小，宽度为210毫米，高度为297毫米，分辨率为100像素/英寸，如图4-23所示。

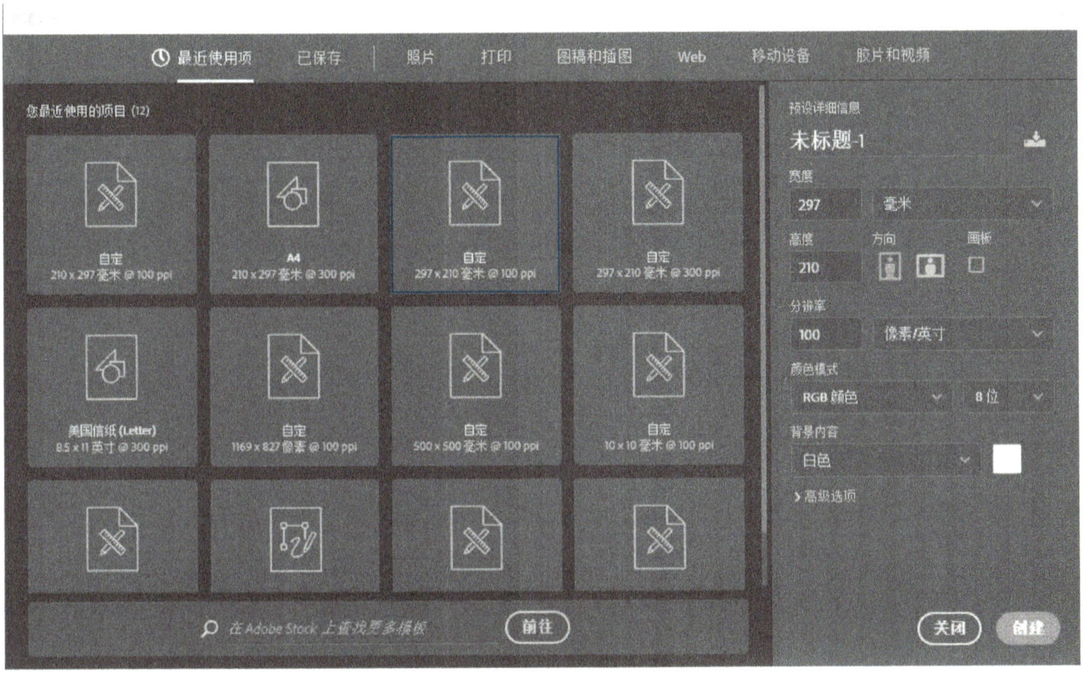

图 4-23

2. 导入素材

基本知识

渐变工具：用来在整个文档或选区内填充渐变颜色，不仅可以填充图层，还可以用来填充图层蒙版、快速蒙版和通道。

选择“渐变工具”后，需要先在工具选项栏选择一种渐变类型，并设置渐变颜色和混合模式等选项，然后创建渐变。渐变条中最左侧的色标代表了渐变的起点颜色，最右侧的色标代表了渐变的终点颜色。填充渐变颜色时，按住<Shift>键拖动鼠标，可创建水平、垂直或以45°角为增量的渐变，如图4-24所示。

图 4-24

1）加入“素材2”图片，放在作品上侧，按<Ctrl+Shift+U>组合键去色。添加图层蒙版，使用“渐变工具”，颜色从白到黑，“线性”渐变。按住<Shift>键，从上至下拖拉，将观众席下侧边缘部分隐藏，如图4-25所示。

图 4-25

2）为背景图层填充黑色。加入“素材1”图片，放在作品下侧，按<Ctrl+Shift+U>键去色。添加图层蒙版，使用“画笔工具”，颜色为黑色，笔刷为“柔边圆”，硬度为0%，不透明度为20%，擦除跑道上侧边缘部分，如图4-26所示。

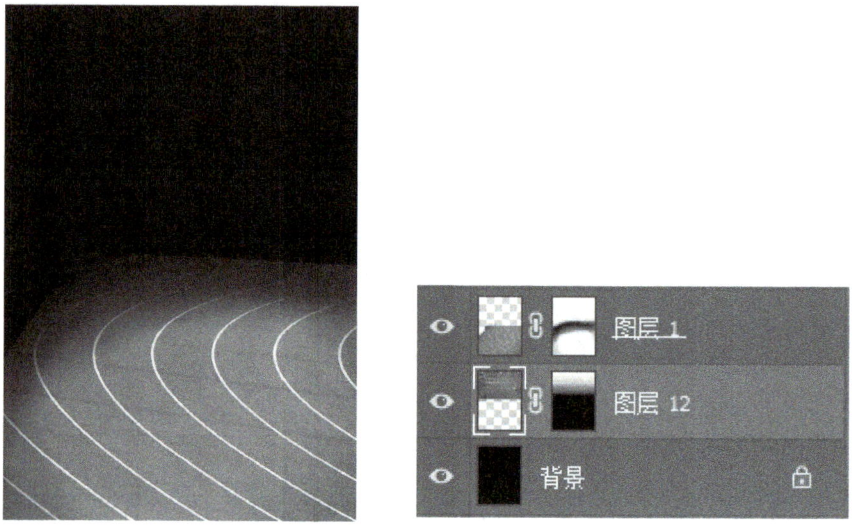

图 4-26

3. 背景图像色彩调整

1）创建“亮度/对比度”调整图层，亮度为-90，对比度为80，单击“此调整剪切到此图层”按钮，如图4-27所示。

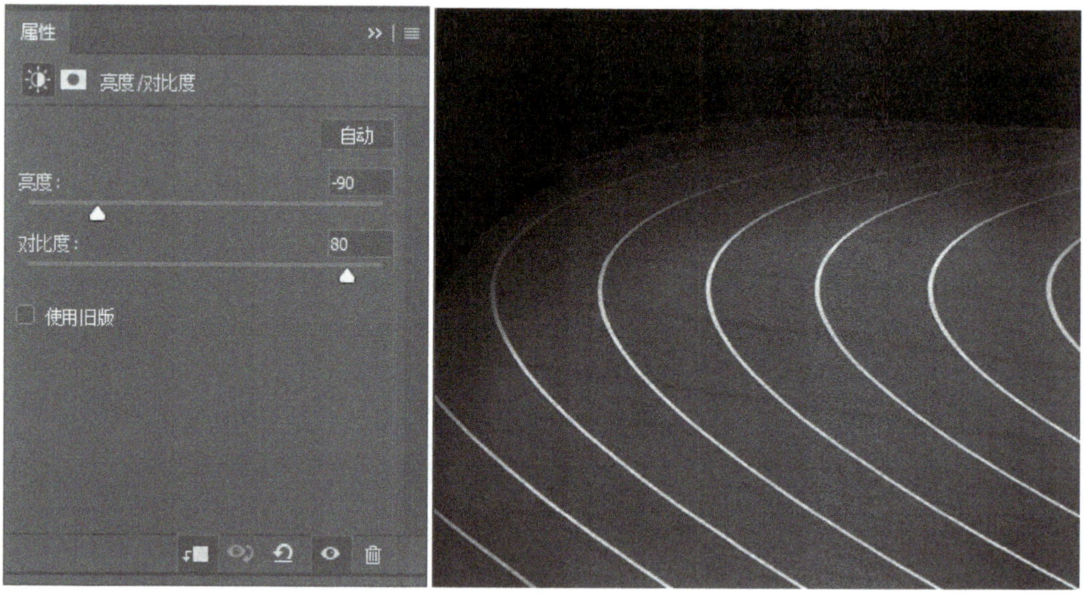

图 4-27

2）新建图层，填充黑色。使用“渐变工具”，颜色从灰色（#777777）到透明，选择“径向”渐变，在作品下侧1/3处从中心向外拖拉。按<Ctrl+Alt+G>组合键创建剪贴蒙版，设置图层混合模式为“叠加”，如图4-28所示。

图 4-28

3）新建图层，填充任意颜色，设置图层混合模式为“叠加”。选择“滤镜”→“杂色”→“添加杂色”命令，数量为50%，选择“高斯分布”。按<Ctrl+Shift+U>组合键去色，再按<Ctrl+Alt+G>组合键创建剪贴蒙版，如图4-29所示。

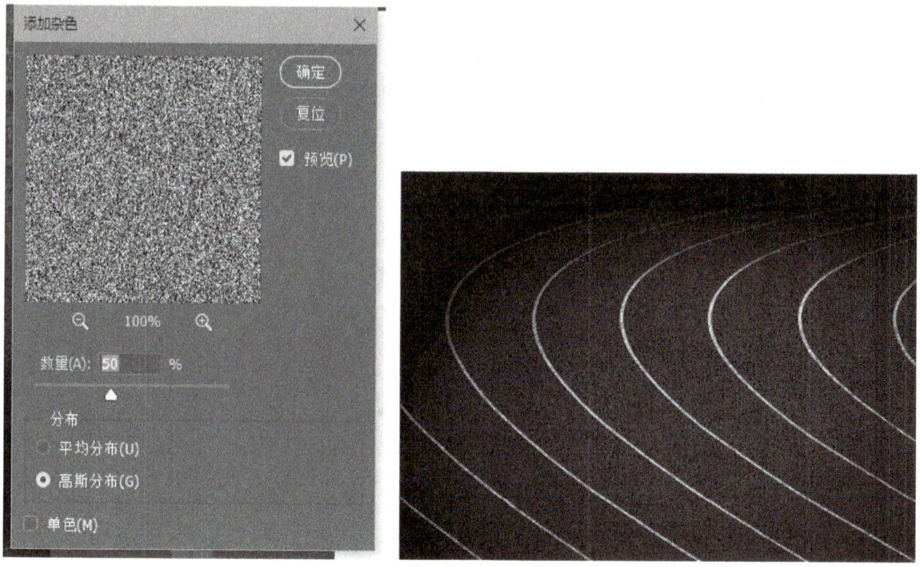

图 4-29

4. 主人物图像色彩调整

1）加入“素材3”图片，放在作品中心偏下位置，调整图片大小。

2）创建“亮度/对比度”调整图层，亮度为-10，对比度为30，单击“此调整剪切到此图层”。单击图层蒙版，使用“画笔工具”，颜色为黑色，笔刷为“柔边圆”，硬度为0%，不透明度为50%，擦除球员脸部，如图4-30所示。

3）创建“黑白”调整图层，单击“自动”按钮，单击“此调整剪切到此图层”按钮。单击图层蒙版，使用“画笔工具”，颜色为黑色，笔刷为“柔边圆”，硬度为0%，不透明度为50%，擦除球员衣服、鞋子部分，如图4-31所示。

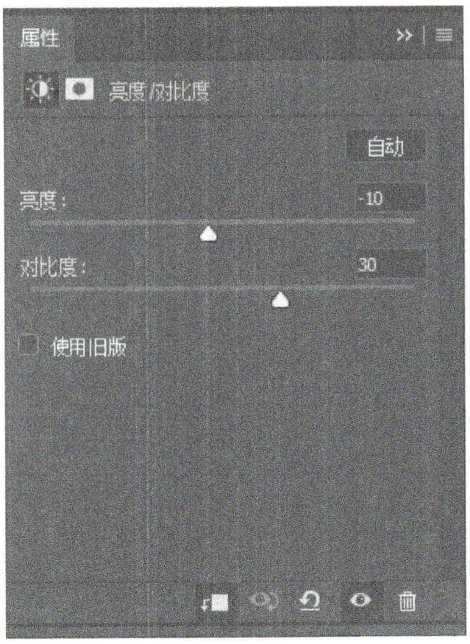

图 4-30

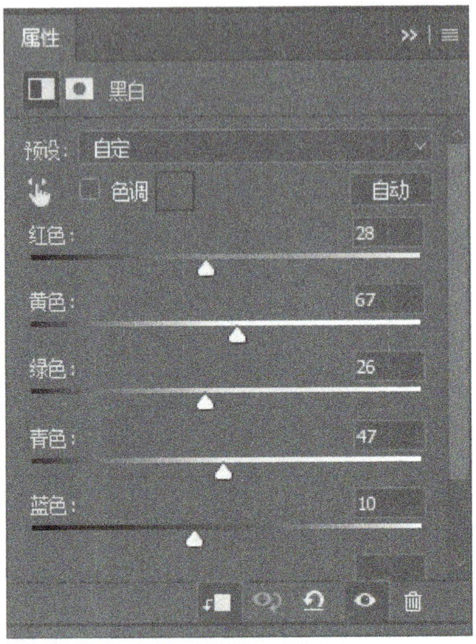

图 4-31

4）新建图层，使用“套索工具”，框选球员衣服、鞋子、足球部分，填充金色（#ff9f00），设置图层混合模式“颜色”。按<Ctrl+Alt+G>组合键创建剪贴蒙版，如图4-32所示。

图 4-32

5）新建图层，使用“椭圆选框工具”，按住<Shift+Alt>键，创建与足球同等大小的圆形。使用“画笔工具”，颜色为白色，笔刷为“柔边圆”，硬度为0%，不透明度为10%，在足球上右侧为足球绘制高光部分。颜色调整为黑色，在足球左下侧为足球绘制阴影部分。选择“滤镜”→“模糊”→“高斯模糊”命令，设半径为10像素。按<Ctrl+Alt+G>组合键创建剪贴蒙版，调整图层不透明度为80%，如图4-33所示。

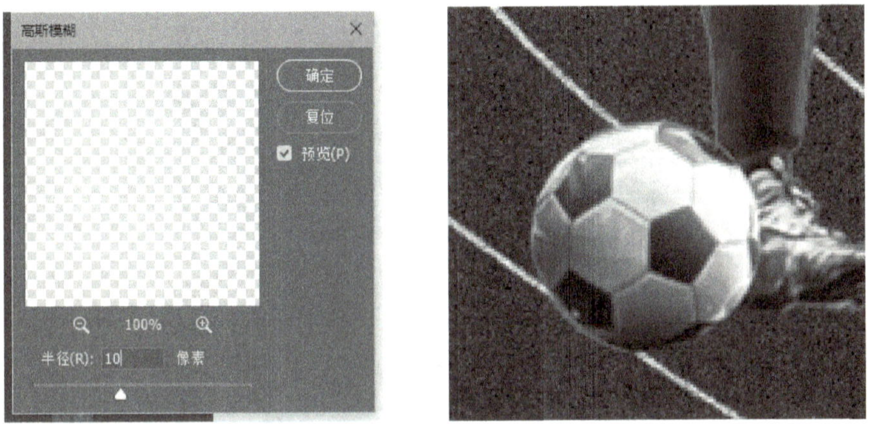

图 4-33

6）在“图层4”球员图层下方新建图层。使用“套索工具”画出足球投影部分，按<Shift+F6>组合键羽化10像素，填充黑色。选择“滤镜”→“模糊”→“高斯模糊”命令，设半径为2像素。调整图层不透明度为80%，如图4-34所示。

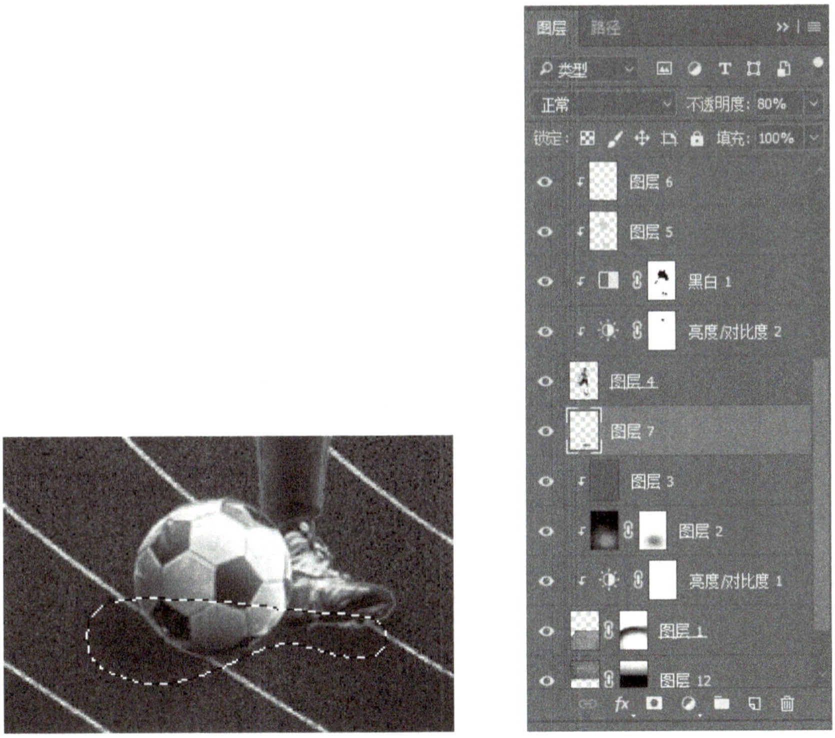

图 4-34

5. 装饰效果

1）在“图层6”足球高光阴影图层上方新建图层。使用“画笔工具”，颜色为白色，笔刷为“柔边圆”，硬度为0%，不透明度为100%。不断调整画笔笔刷大小，在球员上面绘制出光斑效果。选择“滤镜”→“模糊”→“高斯模糊”命令，设半径为2像素，如图4-35所示。

图 4-35

2）新建图层，使用“椭圆选框工具”，羽化100像素，在作品右上侧创建圆形选区，填充白色，调整图层不透明度为80%，创建图层蒙版，使用“渐变工具”，颜色从白色到黑色，选择“径向”渐变，从作品右上角向左下角拖拉，如图4-36所示。

图 4-36

3）加入“素材4”图片，使用“矩形选框工具”框选世界杯奖杯部分，按<Shift+Ctrl+J>组合键剪切图像创建新图层。移至作品右上角，调整图片大小。选择“图层10”世界杯文字图层，将其放在球员手臂处，创建图层蒙版。按住<Ctrl>键将球员载入选区，填充黑色。双击图层，添加“图层样式”，设置为“颜色叠加”，混合模式为“正常”，颜色为白色，不透明度为100%，如图4-37所示。

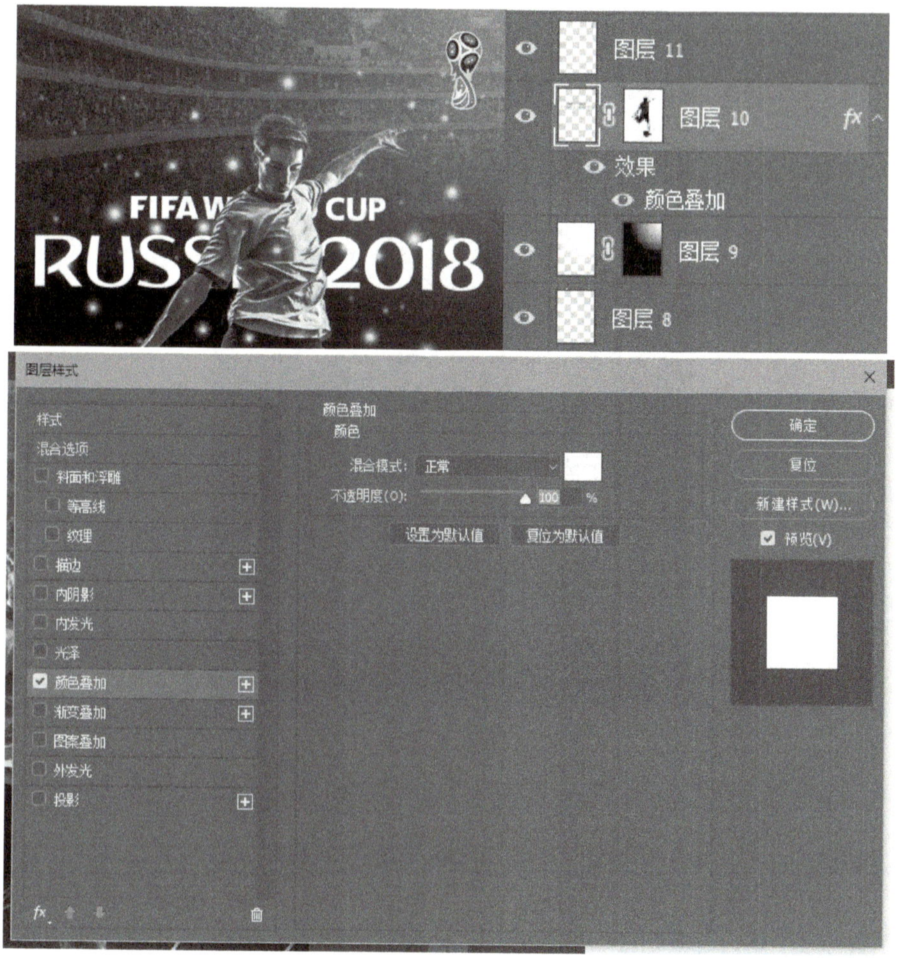

图 4-37

4）输入文字“OPENING NIGHT”，字体为“Arial”，大小为19点，颜色为白色。输入文字“JUN 14”，字体为“Arial”，大小为45.6点。输入文字“2018/10PM”，字体为“Arial”，大小为30.4点。将文字放在球员右侧，如图4-38所示。完成效果如图4-39所示。

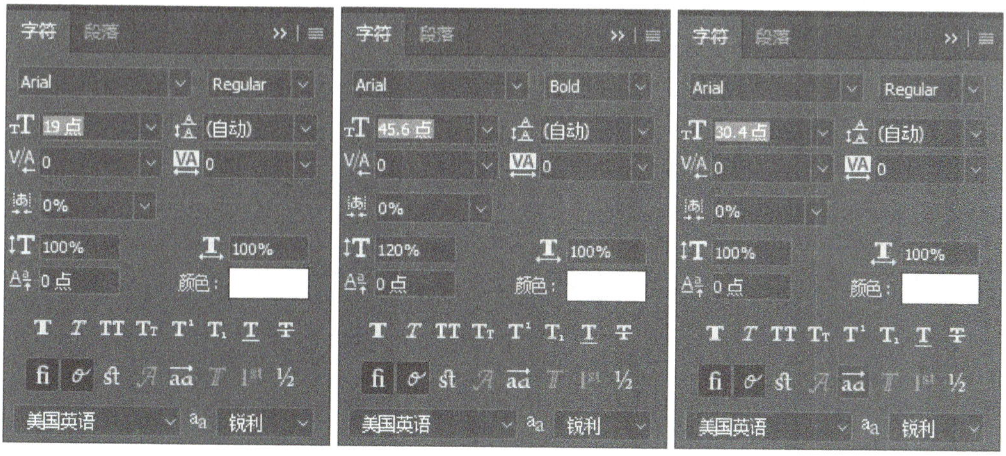

图 4-38

图 4-39

6. 保存文件

按<Shift+Ctrl+S>组合键存储为PSD和JPG文件。

项目评价

在这一项目中，通过学习图层与图像的高级功能，理解图层蒙版及调整图层的应用范围。同时选取制作“设计‘爱的告白’户外广告”和“设计‘世界杯开幕式’户外广告”两个任务来了解公司设计部的户外广告设计、宣传制作的流程，掌握Photoshop软件图层高级功能，并通过对本项目的学习，做出项目评价和自我评价。

项目6　户外广告设计	很满意	较满意	有待改进	不满意
项目设计的评价				
项目的完成情况				
知识点的掌握情况				
与本组成员协作情况				
客户对项目的评价				
自我小结				

项目7　宣传画册设计

任务1　设计"太平鸟"企业画册

任务情境

"太平鸟"公司即将推出秋季新品服装宣传画册，公司设计部需要在夏季结束之前将任务完成，以便宣传部能够尽快地将画册投放到市场进行宣传。

设计要求：体现企业及产品特性，版式新颖创新。

内容要求：必须包含公司产品、公司LOGO，凸显企业特色。

任务分析

本次任务以"秋季服装"为主题，设计制作时要体现企业的青春、时尚、活力、通勤等元素，让学生能够合理设计人物在构图中的编排，熟练掌握平面设计的基本方法。

任务最终效果如图4-40所示。

图　4-40

◆ 必备知识

进行本任务之前，需要具备以下知识：不同色彩的运用方法，版面设计的基本要领，整体布局的掌控能力。

基本知识

在一张图像中，色彩不只是真实地记录物体，还能够带给人们不同的心理感受。创造性地使用色彩，可以营造各种独特的氛围和意境，使图像更具表现力。Photoshop提供了大量色彩和色调调整工具，可用于处理图像和数字照片。

Photoshop的“图像”菜单中包含用于调整图像色调和颜色的各种命令，如图4-41所示，这些命令主要分为以下几种类型。

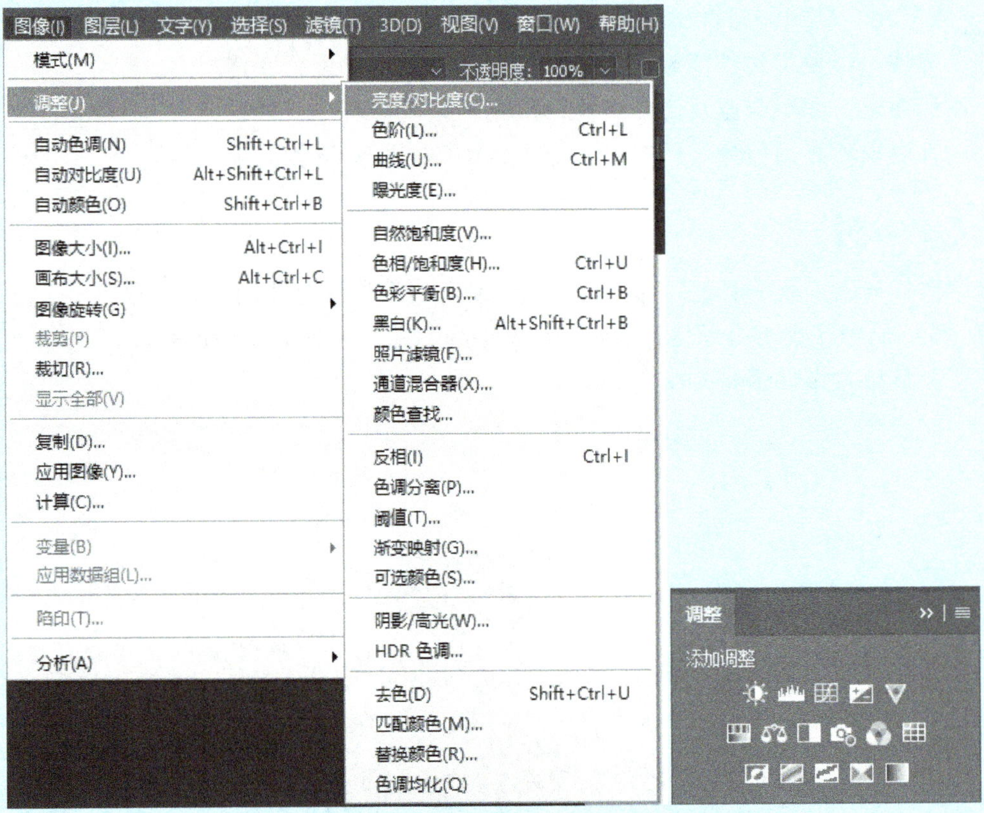

图 4-41

① 调整颜色和色调的命令：“色阶”和“曲线”命令可以调整颜色和色调，是最重要、最强大的调整命令；“色相/饱和度”和“自然饱和度”命令用于调整色彩；“阴影/高光”和“曝光度”命令只能调整色调。

② 匹配、替换和混合颜色的命令：“匹配颜色”“替换颜色”“通道混合器”和“可选颜色”命令可以匹配多个图像的颜色，替换指定的颜色或者对颜色通道做出调整。

③ 快速调整命令：“自动色调”“自动对比度”和“自动颜色”命令能够

自动调整图片的颜色和色调，可以进行简单的调整，适合初学者使用；“照片滤镜”“色彩平衡”和“变化”是用于调整色彩的命令，使用方法简单且直观；“亮度/对比度”和“色调均化”命令用于调整色调。

④ 应用特殊颜色调整的命令：“反相”“阈值”“色调分离”和“渐变映射”是特殊的颜色调整命令，它们可以将图片转换为负片效果、简化为黑白图像、分离色彩或者渐变颜色转换图片中原有的颜色。

Photoshop的调整命令可以通过两种方式来使用，第一种是直接用“图像”菜单中的命令来处理图像，第二种是使用“调整图层”来应用这些调整命令。这两种方式都可以达到相同的调整结果。它们的不同之处在于，“图像”菜单中的命令会修改图像的像素，而调整图像则不会修改像素，它是一种非破坏性的调整功能。

◆ 任务实施

1．新建文档

1）新建文档，A4大小，宽度为210毫米，高度为297毫米，分辨率为100像素/英寸，如图4-42所示。

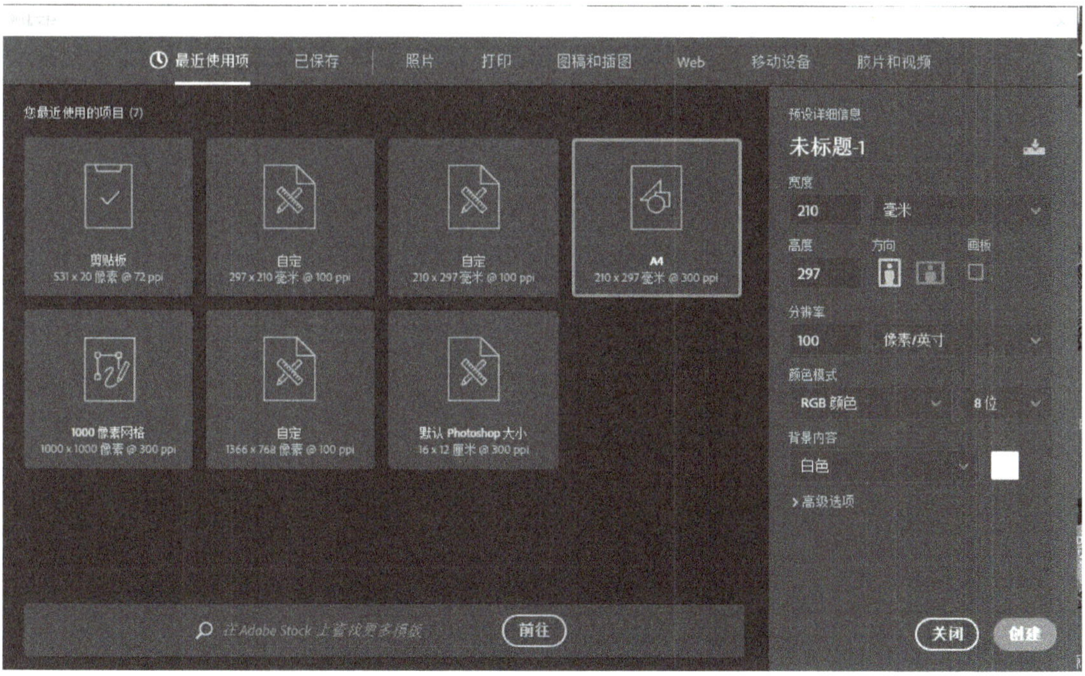

图 4-42

2）选择“背景”图层，使用“渐变工具”，颜色从淡绿色（# 77edee）到浅灰绿色（# d7f1f3），选择“径向”渐变，从作品右上角向左下角拖拉，如图4-43所示。

图 4-43

2．导入素材

加入“素材1”“素材2”“素材3”图片，“素材1”放在中间偏左，“素材2”放在中间，“素材3”放在中间偏右。

基本知识

信息面板：当两种或两种以上的色彩放在一起时，由于相互影响而出现色相、明度、饱和度等差别的现象，称为“色彩对比”。Photoshop提供了一个可以准确识别色彩的工具——“信息”面板。打开，将光标放在需要查看的颜色上面，面板就会显示它的颜色值，如图4-44所示。

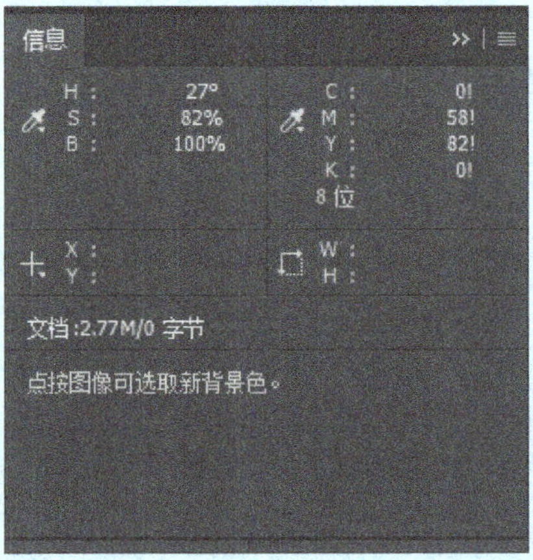

图 4-44

直方图：是一种统计图形，表示了图像的每个亮度级别的像素数量，展现了像素在图像中的分布情况。通过观察直方图，可以判断出图片的阴影、中间调和高光中包含的细节是否充足，以便对其做出正确的调整，如图4-45所示。

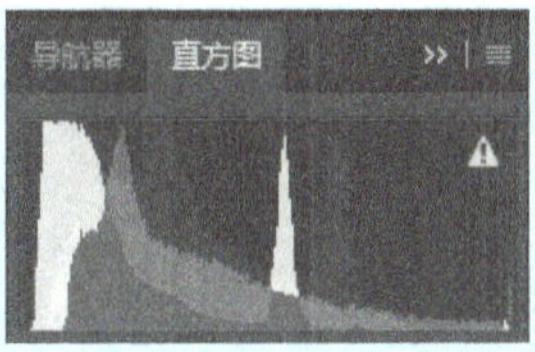

图 4-45

色阶：Photoshop中最为重要的调整工具之一，可以调整图像的阴影、中间调和高光的强度级别，校正色调范围和色彩平衡。不仅可以调整色调，还可以调整色彩。

拖动黑场（阴影）、灰场（中间调）和白场（高光）的滑块，或者在滑块下面的文本框中输入数值进行调整。向左滑动滑块，色调会变亮，向右拖动，色调变暗，如图4-46所示。

“色阶”的阴影和高光滑块越靠近中间位置，图像的对比度越强，但也越容易丢失细节。按住<Alt>键将滑块精确地定位在直方图的起点和终点上，当画面出现少量高对比度图像时放开滑块，就可以在保持图像细节不会丢失的基础上获得最佳对比度。

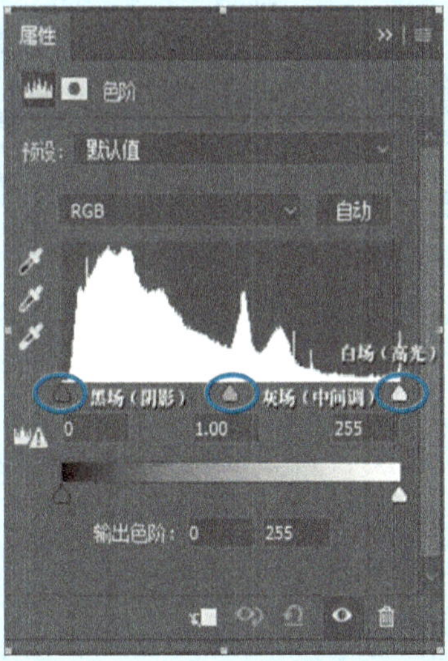

图 4-46

曲线：Photoshop中最强大的调整工具，它具有“色阶”“阈值”“亮度/对比度”等多个命令的功能。曲线上可以添加14个控制点，可以对色调进行非常精确的调整。

在下拉列表中，可以选择要调整的颜色通道，调整通道会改变图像颜色。

当图像为RGB模式时，曲线向上弯曲，可以将色调调亮；曲线向下弯曲，可以将色调调暗；图像为CMYK模式时，则与之相反。

水平的渐变条为输入色阶，它代表了像素的原始强度值；垂直的渐变颜色条为输出色阶，它代表了调整曲线后像素的强度值。

曲线和色阶的异同之处是曲线上面有两个预设的控制点，其中“阴影”可以调整图片中的阴影区域，它相当于“色阶”中的阴影滑块；“高光”可以调整图片的高光区域，它相当于“色阶”中的高光滑块。在曲线的中央（1/2处）单击，添加控制点，就可以调整图片的中间调，相当于“色阶”的中间调滑块，如图4-47所示。

曲线上最多可以有16个控制点，能够把整个色调范围（0～255）分成15段来调整，对于色调的控制非常精确。而色阶只有3个滑块，它只能分3段（阴影、中间调、高光）调整色调。因此，曲线对于色调的控制可以做到更加精确，它可以调整一定色调区域内的像素，而不影响其他像素，色阶无法做到这一点，这便是曲线的强大之处。

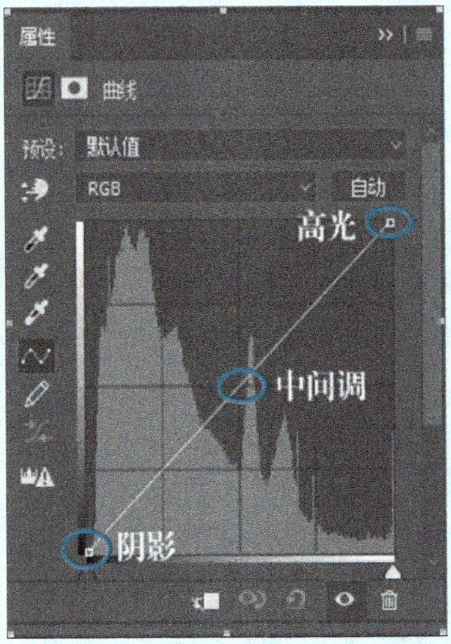

图 4-47

3. 主人物色彩调整

1）选择“图层1”左侧人图层，调整图层混合模式为“变暗”。创建“色相/饱和度”调整图层，色相为170，饱和度为75，明度为+45，勾选“着色”，单击“此调整剪切到此图层”按钮，如图4-48所示。

图 4-48

2）选择“图层2”中间人图层，调整图层混合模式为“变暗”。创建“色相/饱和度”调整图层，色相为230，饱和度为70，明度为+55，勾选“着色”，单击“此调整剪切到此图层”按钮，如图4-49所示。

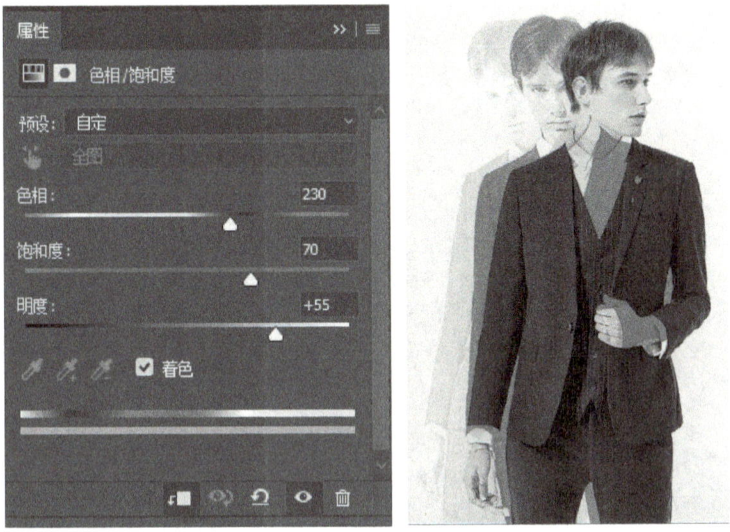

图　4-49

3）选择“图层3”右侧人图层，调整图层混合模式为“变暗”。创建“色相/饱和度”调整图层，色相为320，饱和度为75，明度为+55，勾选“着色”，单击“此调整剪切到此图层”按钮，如图4-50所示。

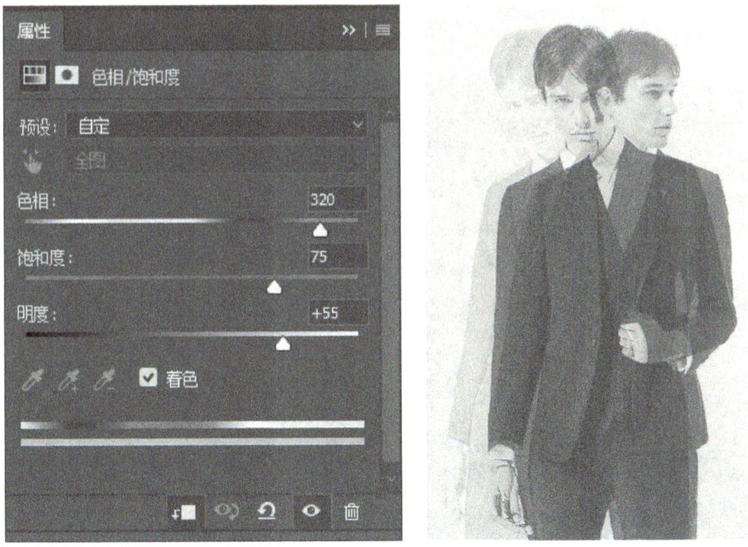

图　4-50

4）选择“图层2”中间人图层及调整图层，按<Ctrl+J>组合键复制图层，将图层移至顶层，调整图层混合模式为“正常”，不透明度为50%。选择3个人物图层及调整图层，按<Ctrl+G>组合键进行编组，命名为“主体人物”，如图4-51所示。

5）选择“图层1”左侧人图层，按住<Ctrl>键并单击图层缩略图，将左侧人载入选区。在“背景”图层上新建图层，锁定“透明区域”。使用“渐变工具”，颜色从淡绿色（#2fe1ba）到淡蓝紫色（#3e6ccd），设为“线性”渐变，对人物投影自上而下拖拉。将投影放至主体人物左侧，保持一定距离，如图4-52所示。

图 4-51

图 4-52

6）选择“图层1”左侧人图层，按住<Ctrl>键并单击图层缩略图，将左侧人载入选区，创建图层蒙版，按<Ctrl+I>组合键选择反相。选择“滤镜”→“模糊”→“高斯模糊”命令，半径设为10像素，如图4-53所示。

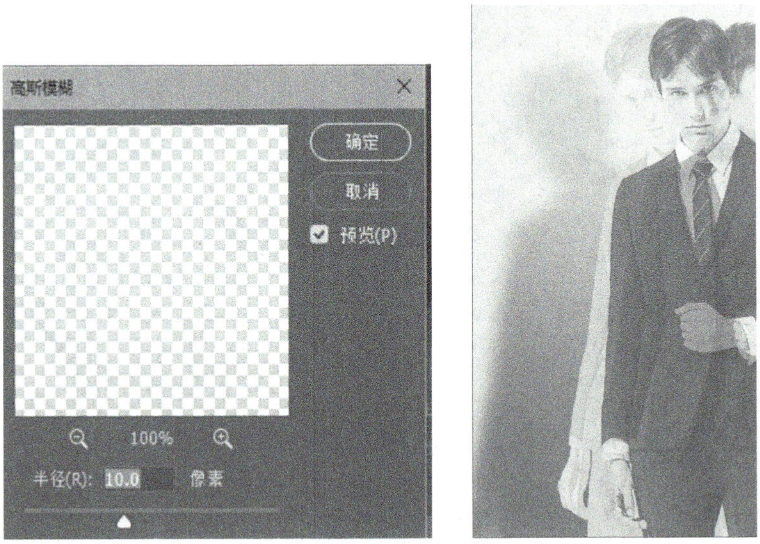

图 4-53

4. 文字装饰

1）加入“素材4”图片，按<Ctrl+J>组合键复制图层。选择“图层4”标志图层，使用“矩形选框工具”，将标志部分框选，按<Delete>键删除。按<Ctrl+T>组合键进行自由变换，右击并选择“逆时针旋转90度”，调整大小后放在人物投影上。双击图层，添加图层样式，设置“颜色叠加”，混合模式为“正常”，颜色为白色，不透明度为100%，如图4-54所示。

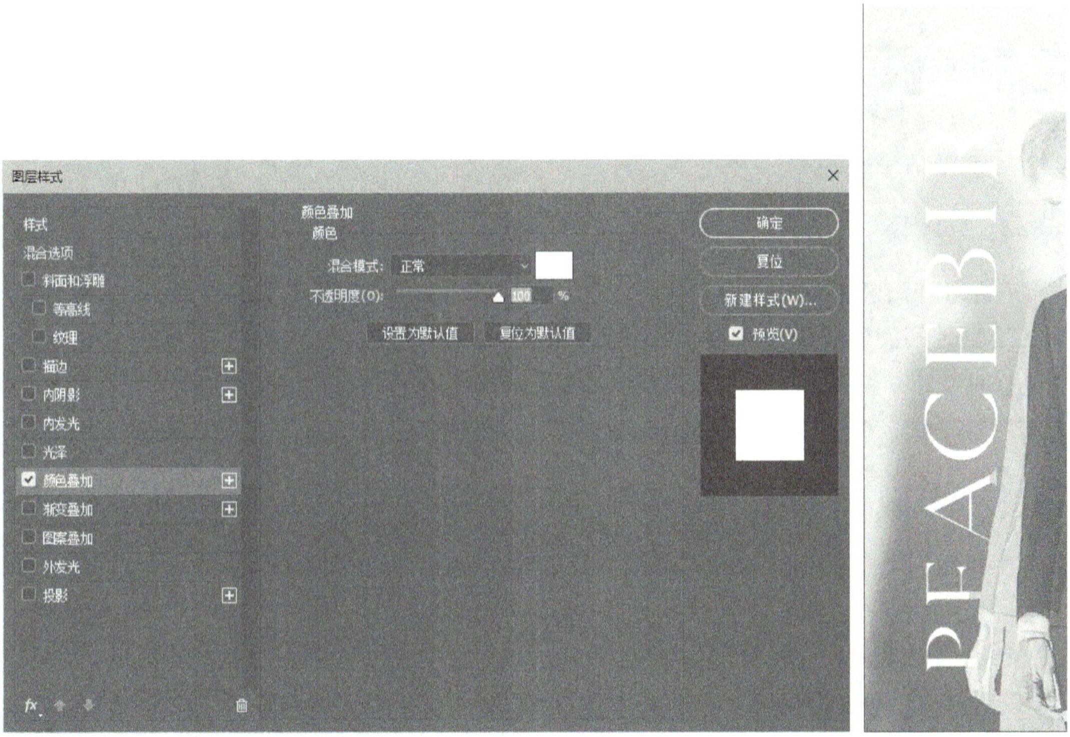

图 4-54

2）选择“图层4副本”标志图层，双击图层，添加图层样式，设置“颜色叠加”，混合模式为“正常”，颜色为黑色，不透明度为100%。将标志放在作品右上角，如图4-55所示。

图 4-55

5．保存文件

按<Shift+Ctrl+S>组合键存储为PSD和JPG文件。

任务2　设计“科幻时尚之都”房产画册

◆ 任务情境

“科幻时尚之都”在建社3周年之际，即将推出公司的优秀项目画册，由公司设计部在规定时间内完成设计任务，将画册发放至各大场所进行宣传。

设计要求：体现企业及项目特性，版式新颖创新。

内容要求：必须包含公司名称、宣传语，凸显企业特色。

◆ 任务分析

本任务以“科幻时尚”为主题，设计制作时要体现企业的科幻、时尚、未来感、酷炫等元素，让学生能够合理安排图形在构图中的编排，熟练掌握平面设计的基本方法。

任务最终效果如图4-56所示。

图　4-56

◆ 必备知识

进行本任务之前，需要具备以下知识：图片的色彩调整方法，装饰图形的构图方式，整体布局的掌控能力。

基本知识

智能对象：是一个嵌入当前文档中的文件，它可以包含图像，也可以包含在Illustrator中创建的矢量图形。智能对象与普通图层的区别在于，它能够保留对象的源内容和所有的原始特征，因此在Photoshop中处理它时，不会直接应用到对象的原始数据。是一种非破坏性的编辑功能。

亮度/对比度命令：亮度是指照片的亮暗程度，对于曝光不足或者曝光过度的照片可以用这个功能来让照片曝光正常。对比度是指能让照片的色彩对比、明暗对比更强烈，也能使照片更加通透。此命令可以对图像的色调范围进行调整。

自然饱和度命令：用于调整色彩饱和度的命令，它的特别之处是可在增加饱和度的同时，防止颜色过于饱和而出现溢色，非常适合处理人像照片。

色相/饱和度命令：色相就是指颜色的品相，如红、黄、青、蓝等，移动色相滑块，会发现图像中的颜色有所变化；饱和度是指颜色的饱和程度，移动滑块可发现图像中的颜色鲜艳程度在不断地变化；明度则指图像的明暗程度，分别将图片移动到最左和最右，会发现图像变为黑色或者白色。

色调均化命令：可以重新分布像素的亮度值，将最亮的值调整为白色，最暗的值调整为黑色，中间的值分布在整个灰度范围中，使它们更均匀地呈现所有范围的亮度级别（0～255）。还可以增加那些颜色相近的像素之间的对比度。

色彩平衡命令：可以用来控制图像的颜色分布，使图像达到色彩平衡的效果。利用色相环原理解决画面偏色问题。

黑白命令：专门用于制作黑白照片和黑白图像的工具，它可以对各颜色的转换方式完全控制，可以控制每一种颜色的色调深浅。

阈值命令：可以将彩色图像转换为只有黑白两色。它适合于制作单色照片或者模拟类似于手绘效果的线稿。

照片滤镜命令：滤镜是相机的一种配件，将它安装在镜头前面既可以保护镜头，又能降低或消除水面和非金属表面的反光。有些彩色滤镜可以调整通过镜头传输的光的色彩平衡和色温，生成特殊的色彩效果。Photoshop的“照片滤镜”可以模拟这种彩色滤镜，对于调整数字照片特别有用。

反相命令：将通道中每个像素的亮度值都转换为256级颜色制中在刻度上相反的值，从而反转图像的颜色，创建彩色负片效果。

渐变映射命令：可以将图像转换为灰度，再用设定的渐变色替换图像中的各级灰度。如果指定的是双色渐变，图像中的阴影就会映射到渐变填充的一个端点颜色，高光则映射到另一个端点颜色，中间调映射为两个端点颜色之间的渐变。

可选颜色命令：通过调整印刷油墨的含量来控制颜色。印刷色由青、洋红、黄、黑4种油墨混合而成，使用“可选颜色”命令可以有选择性地修改主要颜色中的印刷色的含量，而不会影响其他主要颜色。

阴影/高光命令：能够基于阴影或高光中局部相邻的像素来校正每个像素。调整阴影区域时，对高光的影响很小；调整高光区域时，对阴影的影响也很小。非常适合校正由强逆光而形成剪影的照片，也可以校正由于太接近相机闪光灯而有些发白的焦点。

变化命令：一个简单且直观的图像调整工具，只需单击图像缩览图便可以调整色相、饱和度和明度，非常适合初学者使用。

匹配颜色命令：可以将一个图像的颜色与另一个图像的颜色相匹配，通过该命令可以使多个图像或者照片的颜色保持一致。

替换颜色命令：可以选中图像中的特定颜色，然后修改其色相、饱和度和明度。该命令包含了颜色选择和颜色调整两种选项，颜色选择方式与“色彩范围”命令基本相同，颜色调整方式则与“色相/饱和度”命令十分相似。

颜色查找命令：很多图像输入输出设备都有自己特定的色彩空间，这会导致色彩在这些设备间传递时出现不匹配的现象，该命令可以让颜色在不同的设备之间精确地传递和再现。

色调分离命令：可以按照指定的色阶数减少图像的颜色（或灰度图像中的色调），从而简化图像内容。该命令适合创建大的单调区域，或者在彩色图像中产生有趣的效果。

◆ 任务实施

1. 背景图像色彩调整

1）打开“素材1”图片，双击图层，转换为普通图层“图层0”。

2）新建图层，使用“画笔工具”，颜色为黑色，笔刷为“柔边圆”，硬度为0%，不透明度为10%，涂抹图片的四周暗角，如图4-57所示。

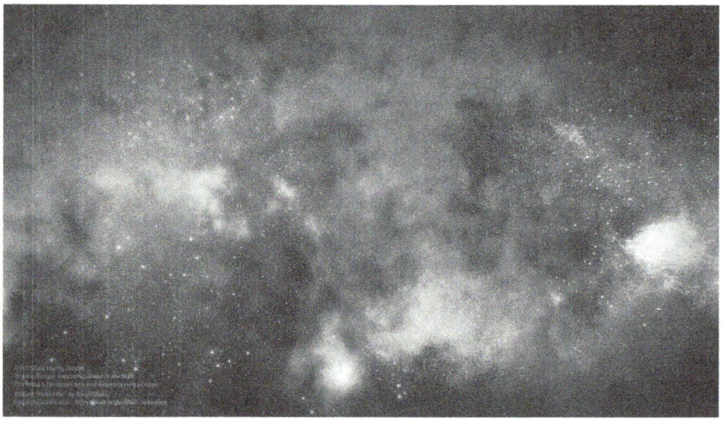

图 4-57

3）创建“色相/饱和度”调整图层，饱和度为+30，如图4-58所示。

4）创建“色阶”调整图层，黑场为5，白场为250，如图4-59所示。

5）创建“色彩平衡”调整图层，蓝色为+10，如图4-60所示。

6）创建“曲线”调整图层，调整为“S”形，如图4-61所示。

7）同时选择“图层0”和调整图层，按<Ctrl+G>组合键进行编组，命名为“背景”。调整后效果如图4-62所示。

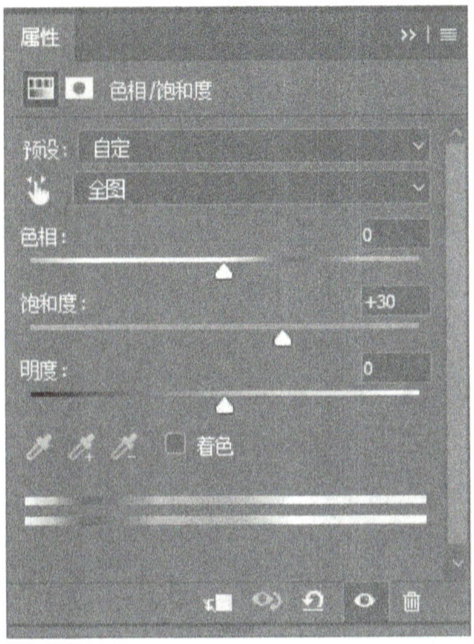

图 4-58

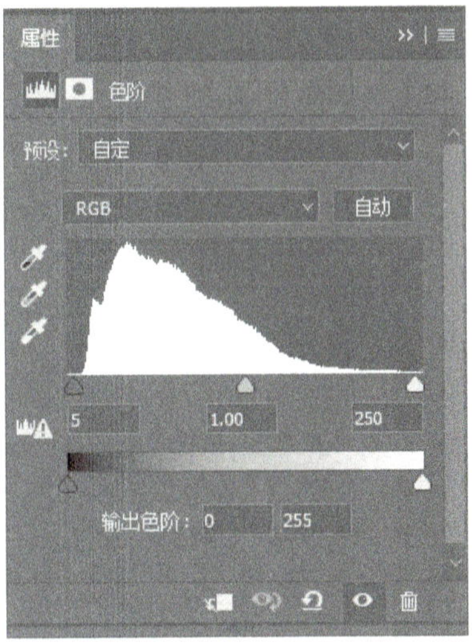

图 4-59

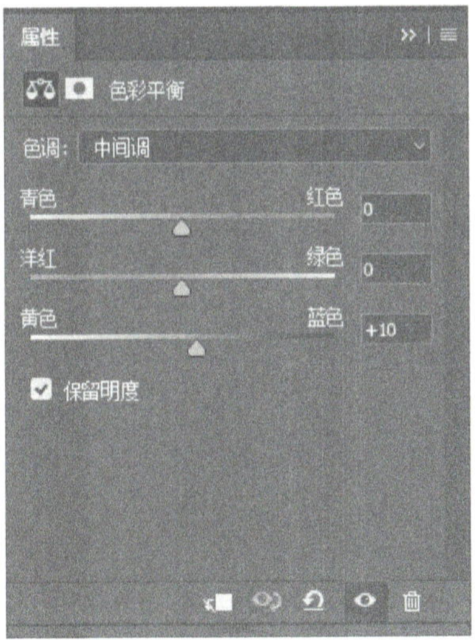

图 4-60

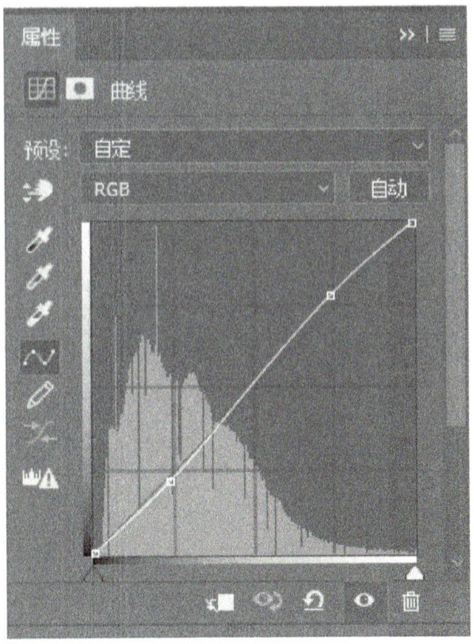

图 4-61

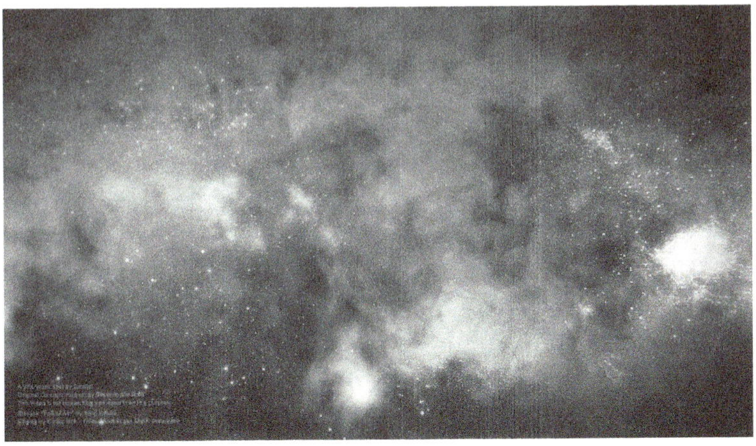

图 4-62

2．主体图形绘制

1）使用“多边形形状工具”，选择“形状”，填充颜色为蓝绿色（#12afbd），边为3像素，绘制等腰三角形。添加“图层样式”，设置“投影”，混合模式为“正片叠底”，颜色为黑色，不透明度为35%，角度为30度，距离为6像素，大小为2像素，如图4-63所示。

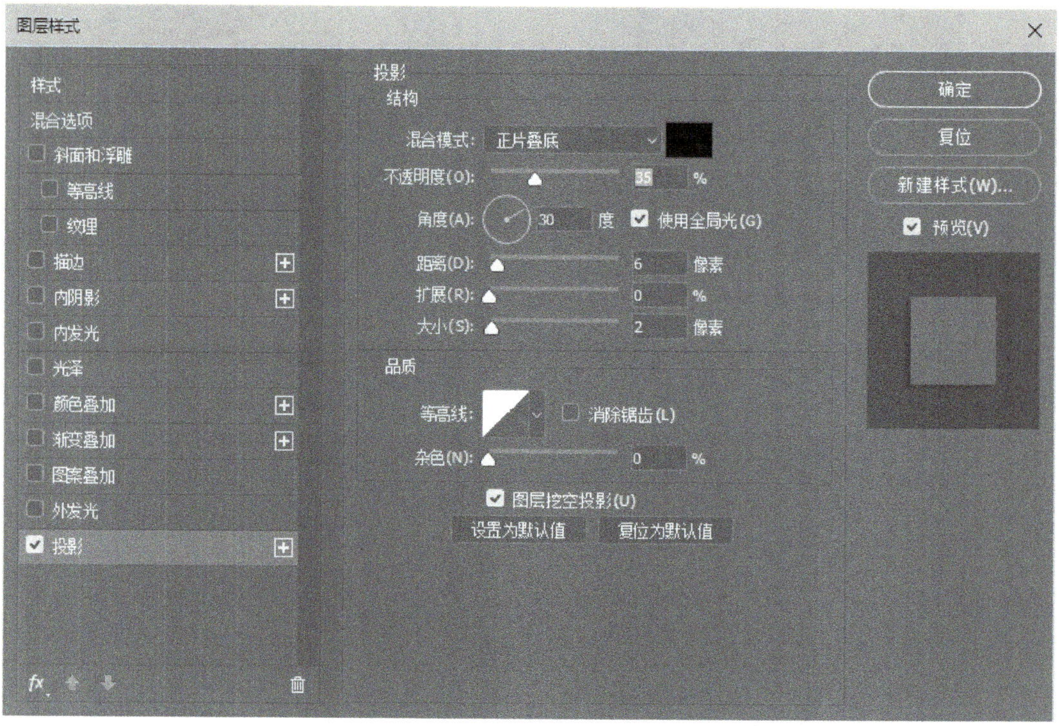

图 4-63

2）按<Ctrl+J>组合键复制“多边形1”图层，按<Ctrl+T>组合键进行自由变换，右击并选择“垂直翻转”。设置填充为“无”，描边颜色为蓝绿色（#12afbd），描边宽度为3像素。按住<Alt>键拖动，复制“多边形1”图层的图层样式到“多边形1副本”图层。

3）使用“椭圆形状工具”，选择“形状”，填充颜色为白色，按住<Shift>键绘制正圆形，按住<Alt>键从形状减去圆形中心部分。按住<Alt>键复制两个圆形，分别放在另两个角上。按住<Alt>键拖动，复制“多边形1”图层的图层样式到“椭圆1”图层。

设置“斜面与浮雕”，样式为“内斜面”，方法为“平滑”，深度为50%，方向选择“上”，大小为3像素，软化为2像素；阴影角度为30度，高度为30度，如图4-64所示。

设置“内发光”，混合模式为“正常”，不透明度为30%，杂色为0%，颜色为蓝绿色（#12afbd），方法为“柔和”，源选择“边缘”，大小为8像素，如图4-65所示。

4）同时选择“椭圆1”“多边形1”“ 多边形1副本”图层，按<Ctrl+G>组合键进行编组，命名为“大三角”。

5）使用“矩形形状工具”，选择“形状”，填充为“无”，描边颜色为白色，描边宽度为3像素。输入文字“科幻时尚之都”，字体为“造字工房雅圆”，大小为48点，颜色为白色，字距为100，垂直缩放为120%。将文字放在矩形框内，如图4-66所示。

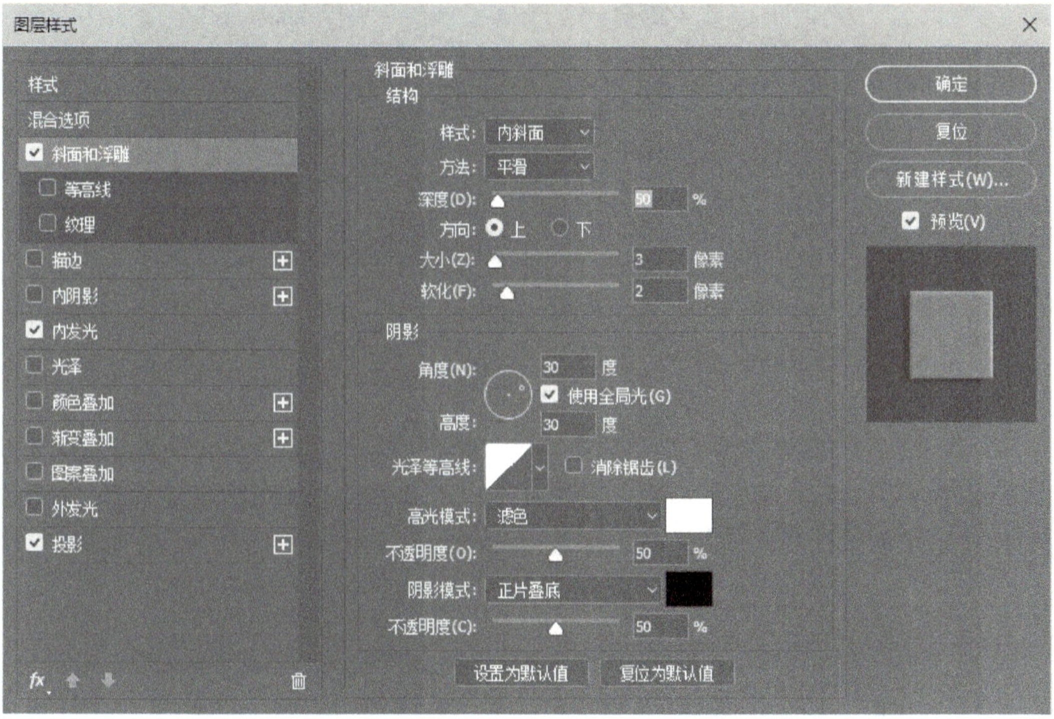

图 4-64

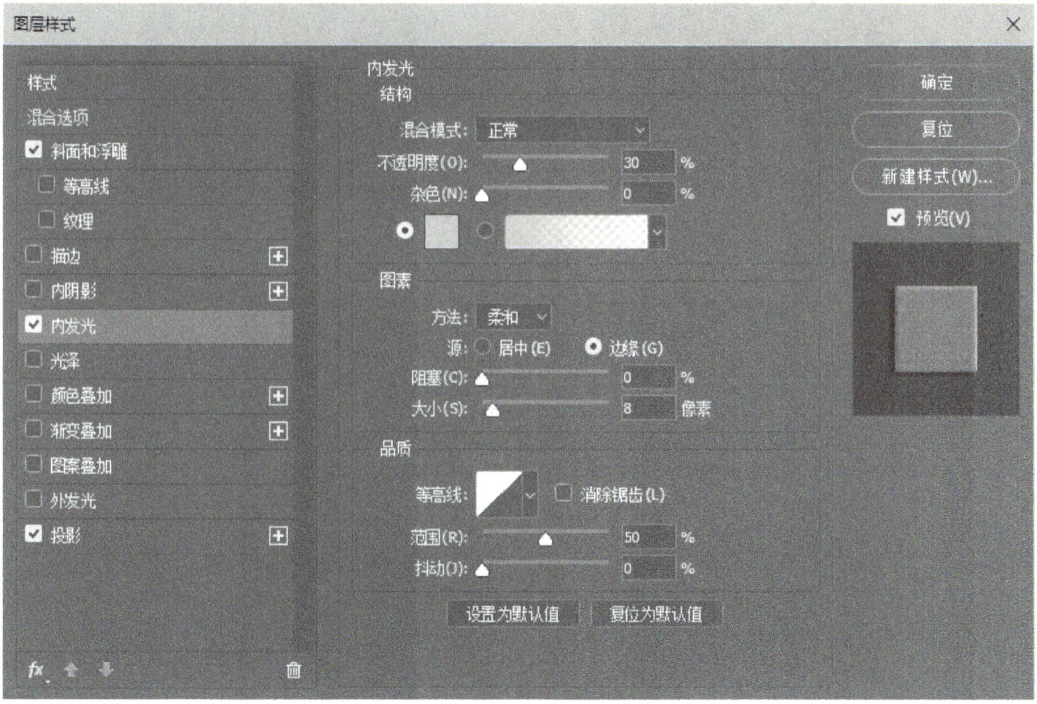

图 4-65

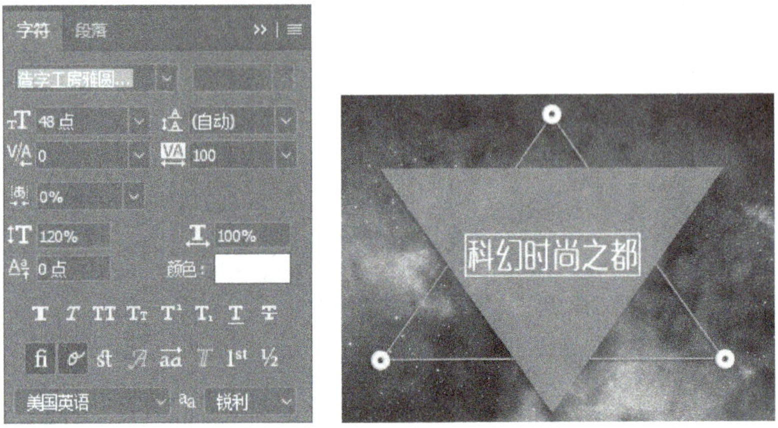

图 4-66

6）输入文字“FASHION”，字体为“Beon”，大小为70点，颜色为白色，字距为-50，将文字放在矩形框上方，如图4-67所示。

7）输入文字“静坐家中　仰望星空　畅想美好　未来生活”，字体为“造字工房雅圆”，大小为18点，颜色为白色，字距为700，将文字放在矩形框下方，如图4-68所示。文字效果如图4-69所示。

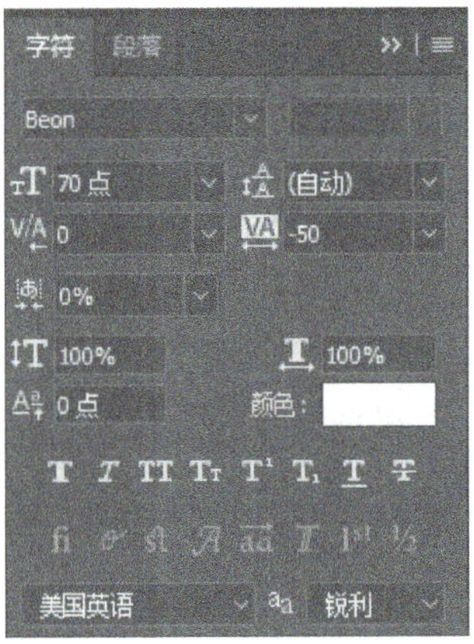

图 4-67

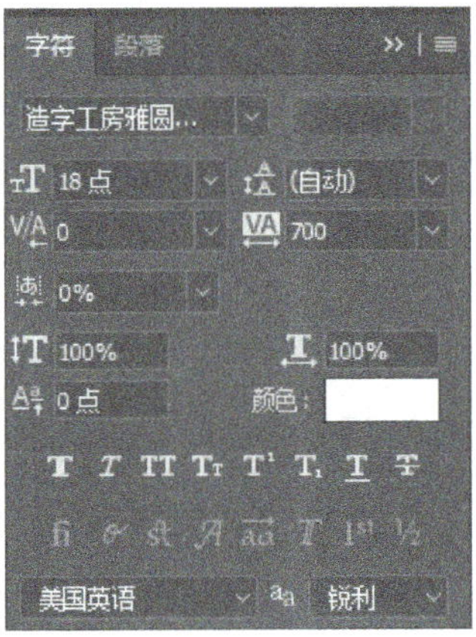

图 4-68

图 4-69

8）使用“矩形形状工具”，选择“形状”，填充为“无”，描边颜色为白色，描边宽度为3像素。输入文字“JOIN US”，字体为“Bebas”，大小为30点，颜色为白色，将文字放在矩形框内，如图4-70所示。

图　4-70

9）同时选择“JOIN US”至“矩形1”图层，按<Ctrl+G>组合键进行编组，命名为“文字”。

3．装饰图案

1）使用“多边形套索工具”，绘制多个不规则三角形，放在中心大三角的周围，填充颜色为蓝绿色（#12afbd）。按住<Alt>键拖动，复制“椭圆1”图层的图层样式到“图层1”三角形图层。

2）使用“多边形套索工具”绘制多个不规则三角形，右击并选择“描边”命令，描边颜色为蓝绿色（#12afbd），描边宽度为3像素，位置为“居中”，如图4-71所示。最终效果如图4-72所示。

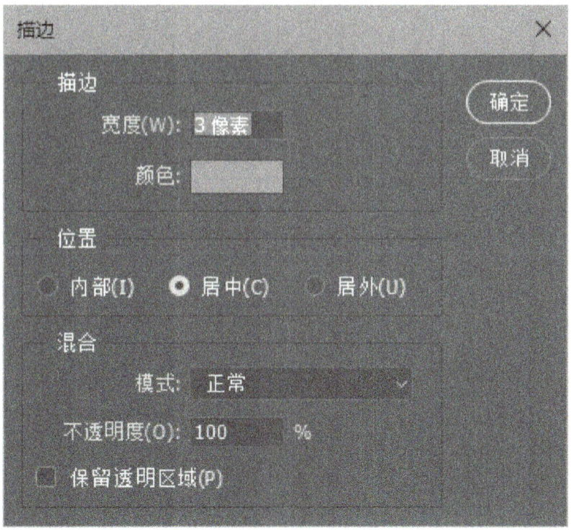

图　4-71

图　4-72

4. 保存文件

按<Shift+Ctrl+S>组合键存储为PSD和JPG文件。

项目评价

在这一项目中，通过学习图层与图像高级功能，理解图层样式及调整图层的应用范围。同时选取制作“设计‘太平鸟’企业画册”和“设计‘科幻时尚之都’房产画册”两个任务来了解公司设计部的宣传画册设计、制作的流程，掌握Photoshop软件图层高级功能，并通过对本项目的学习，做出项目评价和自我评价。

项目7　宣传画册设计	很满意	较满意	有待改进	不满意
项目设计的评价				
项目的完成情况				
知识点的掌握情况				
与本组成员协作情况				
客户对项目的评价				
自我小结				

第5单元

路径与形状、蒙版与通道

项目8　产品造型设计

学习目标

知识目标：掌握Photoshop CC路径与形状、蒙版与通道。

技能目标：能使用Photoshop软件完成酒瓶、手机、杂志、旅游书籍的制作。

情感目标：培养学生的任务操作能力和团队协作能力。

任务1　绘制酒瓶

任务情境

通过素描课程，了解几何体的亮部、暗部的区域，结合酒瓶完成产品造型设计，从而制作出立体感较强的酒瓶实例。

任务分析

前期需要掌握新建文档的方法及保存方式，需要了解颜色填充、框选、分层等知识点。通过本项目，学生能理解钢笔工具的使用方法，制作过程中能掌握Photoshop的图像基本操作以及版面调整，从而进一步熟悉软件的整个操作界面及应用范围。

任务最终效果如图5-1所示。

图　5-1

必备知识

进行本任务之前，需要具备以下知识：了解颜色填充、框选、分层等知识点，平面设计基本要领，Photoshop软件安装和基本界面操作能力。

基本知识

1）在工具栏选择钢笔工具（快捷键P）来绘制一个简单的路径，如图5-2所示。

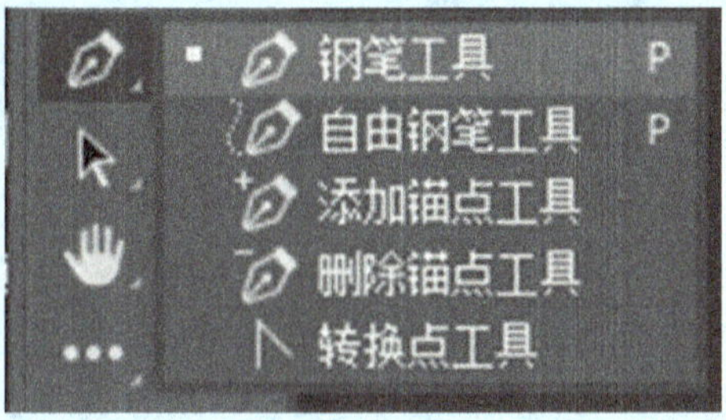

图 5-2

2）设置“钢笔工具”，选择第二种绘图方式（单纯路径），并取消橡皮带功能，如图5-3所示。

图 5-3

3）用钢笔在画面中单击，会看到在单击点之间有线段相连，按住<Shift>键可以让所绘制的点与上一个点保持45°的整数倍夹角（如0°、90°），就可以绘制水平或者垂直的线段，如图5-4所示。

4）在工具栏选择“直接选择工具”可以选择绘制的曲线并控制曲线形态，如图5-5所示。

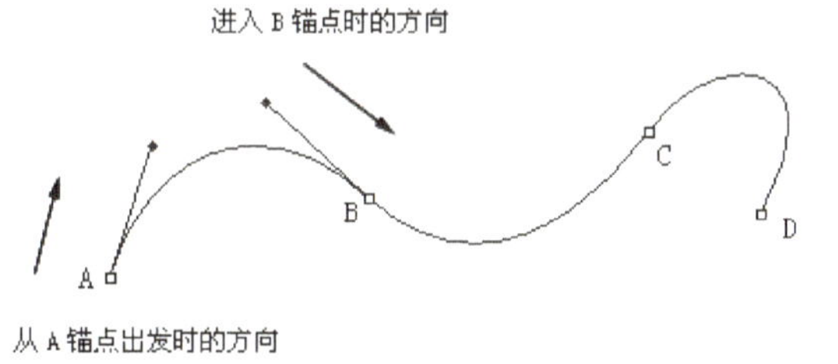

图 5-4

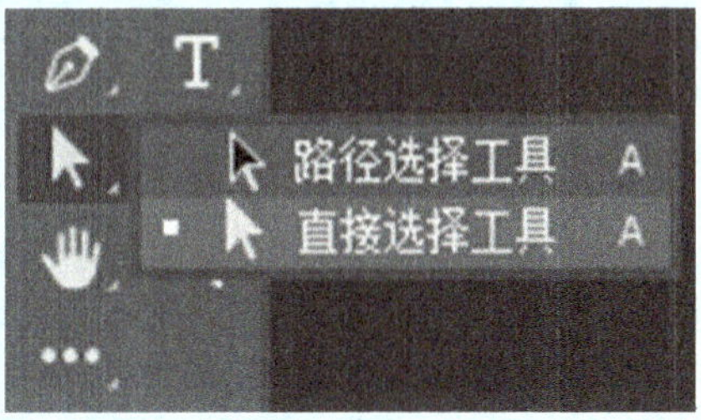

图 5-5

◆ 任务实施

1）新建文档，设置宽度为850像素，高度为1200像素，分辨率为100像素/英寸，如图5-6所示。

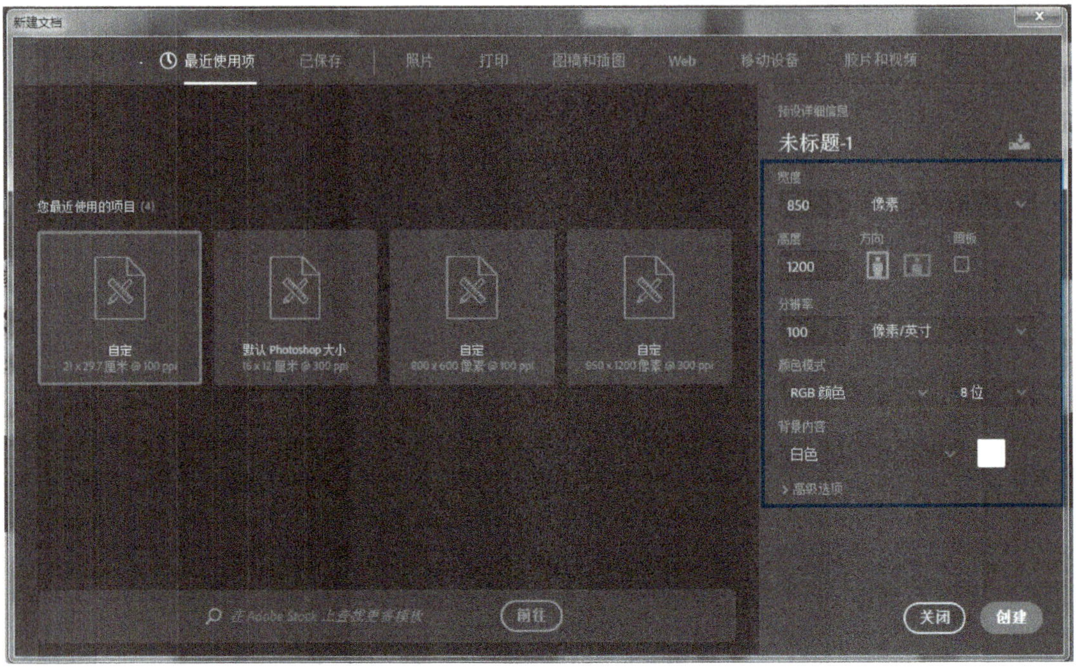

图 5-6

2）为“背景”图层添加底色，如图5-7所示。

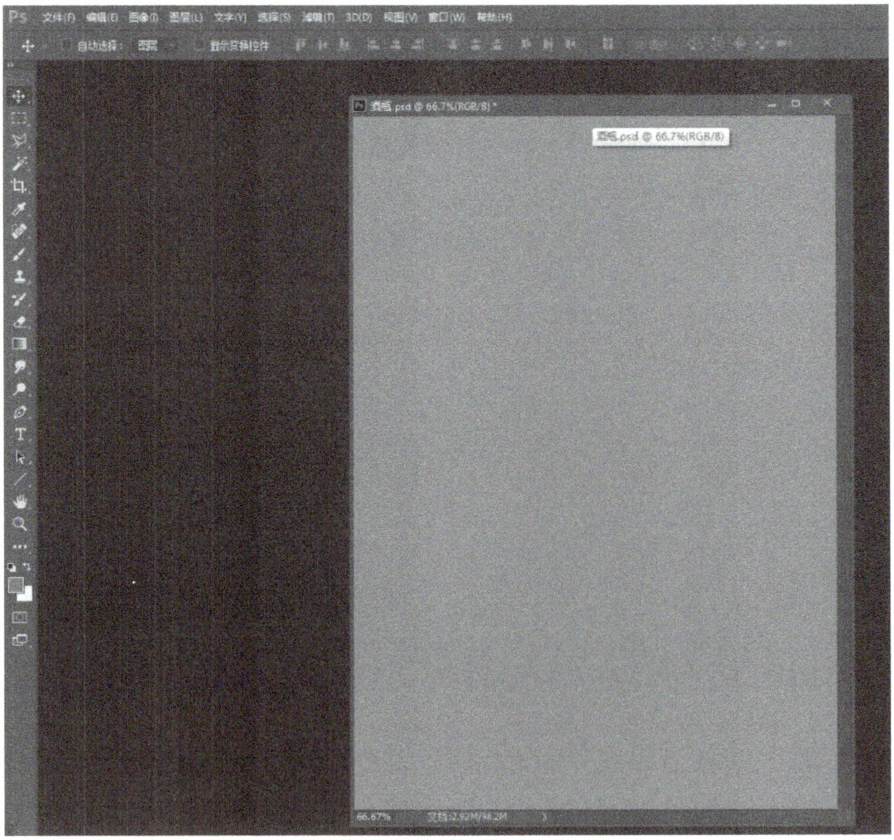

图 5-7

3）用钢笔工具“P”勾出整个酒瓶的轮廓，可以先制作半边，再镜像复制另一半，如图5-8所示。

图 5-8

4）使用选区工具选出瓶身包装部分，填充灰色，如图5-9所示。

5）同理制作出高光部分，方法是填充白色，透明度为20%，如图5-10所示。

图 5-9

图 5-10

6）继续选出瓶颈部分，如图5-11所示。

7）画出瓶口的结构，填充白色，透明度为20%，如图5-12所示。

8）制作阴影部分，填充黑色，透明度为10%，如图5-13所示。

图 5-11

图 5-12

图 5-13

9）填充瓶内液体的颜色，可以根据自己的喜好选择，如图5-14所示。

图 5-14

10）为瓶身制作高光部分，填充白色，透明度在20%左右，如图5-15所示。

11）为瓶身制作阴影部分，填充黑色，透明度在20%左右，如图5-16所示。

图 5-15

图 5-16

12）标签上添加酒的品牌，如图5-17所示。

13）按<Ctrl+E>组合键对相应的图层进行复制合并，如图5-18所示。

图 5-17

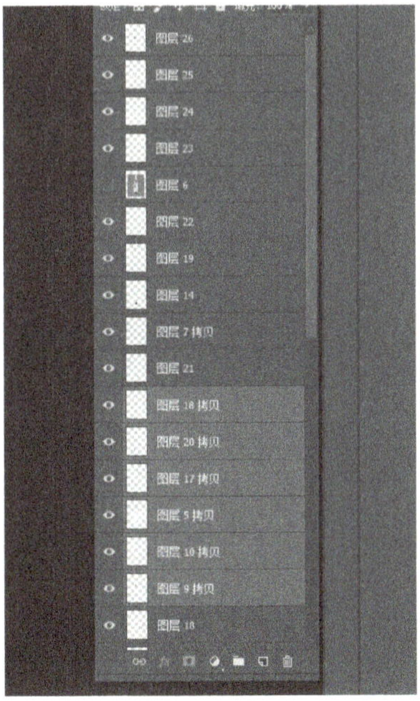

图 5-18

14）单击“滤镜”→“模糊”→“高斯模糊”，对图5-18中选中的图层进行编辑，增加酒瓶的空间感，如图5-19所示。

15）复制几个酒瓶，选择“图像”→“调整”→“色相/饱和度”（快捷键为<Ctrl+U>），对颜色进行调整，如图5-20所示。

16）调整色相/饱和度后，效果如图5-21所示。

17）加投影，最终效果如图5-22所示。

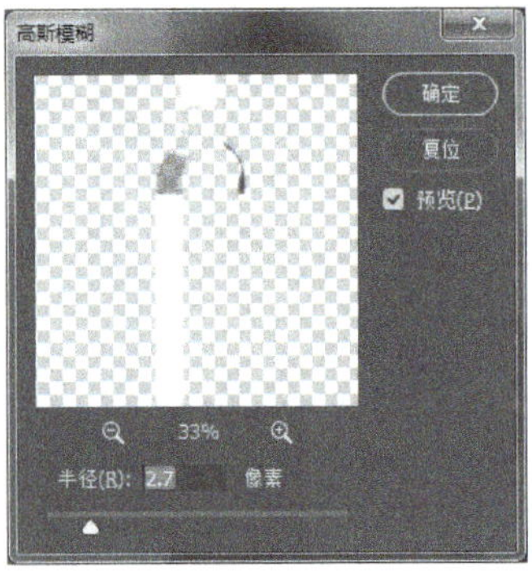

图 5-19

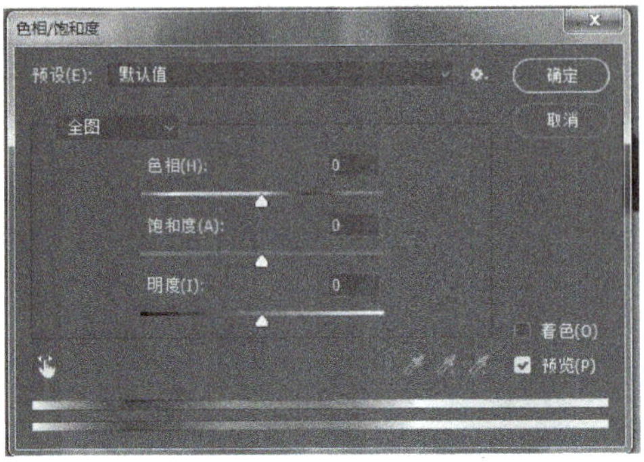

图 5-20

图 5-21

图 5-22

小提示

每次的钢笔绘制需要重新分层，不要删除路径形状，以方便编辑，如图5-23所示。

图 5-23

任务2　绘制智能手机

任务情境

通过素描课程，了解几何体的亮部、暗部的区域，结合智能手机完成产品造型设计，从而制作出立体感较强的智能手机实例。

任务分析

前期需要掌握新建文档方法及保存方式，需要了解颜色填充、框选、分层等知识点。通过本项目，学生能理解钢笔工具的使用方法，制作过程中能掌握Photoshop的图像基本操作以及版面调整，从而进一步熟悉软件的整个操作界面及应用范围。

任务最终效果如图5-24所示。

图　5-24

必备知识

进行本任务之前，需要具备以下知识：拍摄人像和取景之间的基本构图，平面设计的基本要领，Photoshop软件安装和基本界面操作能力。

任务实施

1）新建文档，设置宽度为600像素，高度为800像素，分辨率为72像素/英寸，如图5-25所示。

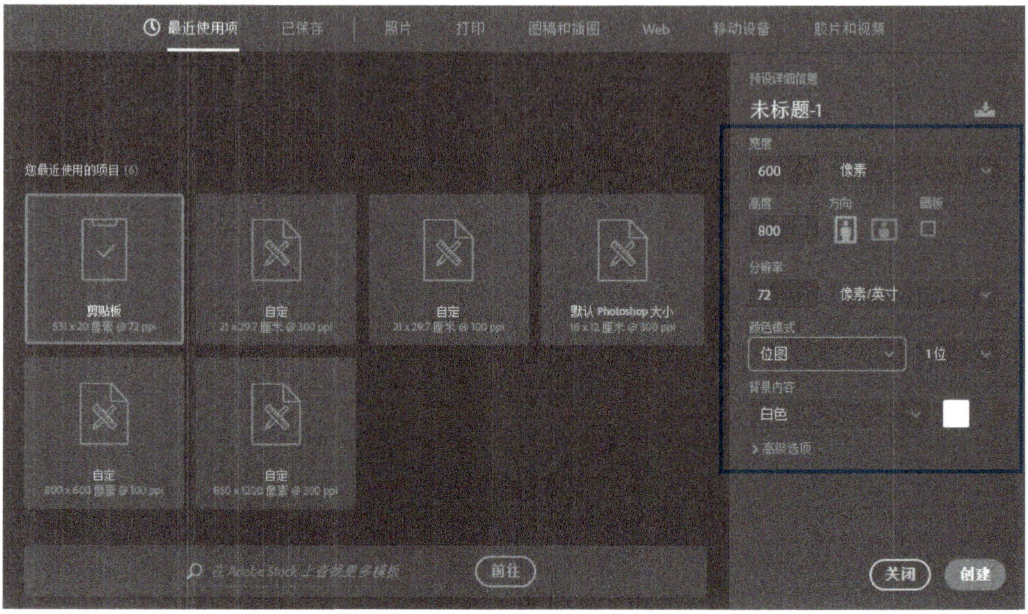

图 5-25

2）利用圆角矩形工具创建出手机的轮廓。这里使用的圆角为25像素，如图5-26所示。

图 5-26

3）为手机添加图层样式如下。先添加“外发光”，混合模式为“滤色”，不透明度为75%，选择“渐变”，方法为“柔和”，大小为2像素，范围为50%，如图5-27所示。然后进行描边大小为3像素，位置为“内部”，混合模式为“正常”，不透明度为100%，颜色为白色，如图5-28所示。

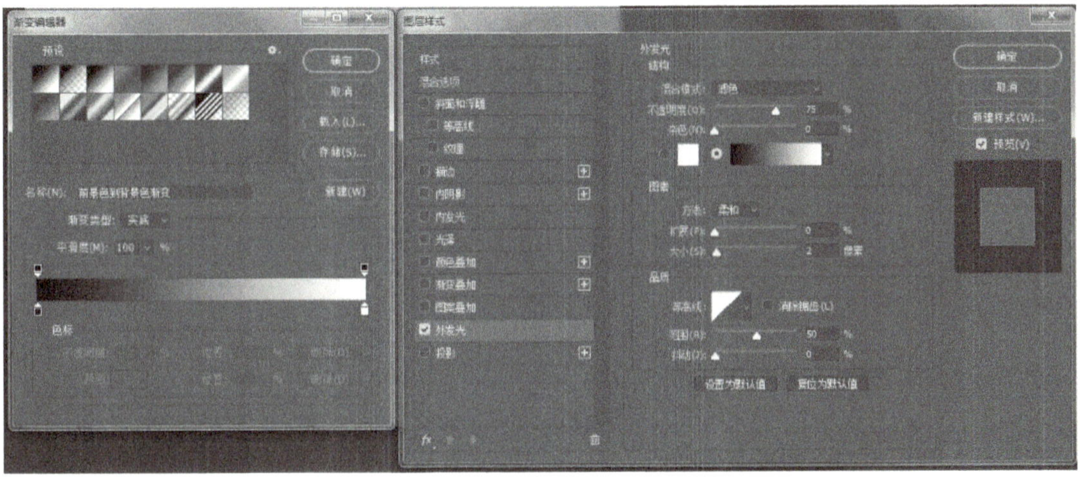

图 5-27

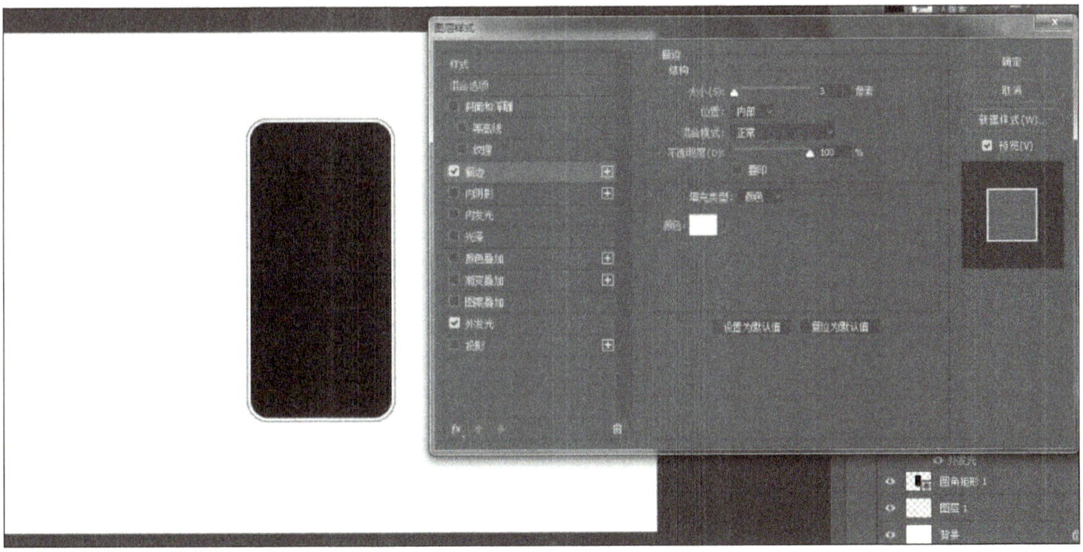

图 5-28

4）在手机的顶部及左右两侧创建矩形，如图5-29所示。

5）利用圆角矩形在顶部创建开机按钮并添加图层样式。首先添加“描边”样式，大小为1像素，位置为“内部”，混合模式为“正常”，不透明度为100%，填充为灰色，如图5-30所示。再添加“渐变叠加”样式，混合模式为“正常”，不透明度为100%，填充的渐变设置如图5-31所示。

图 5-29

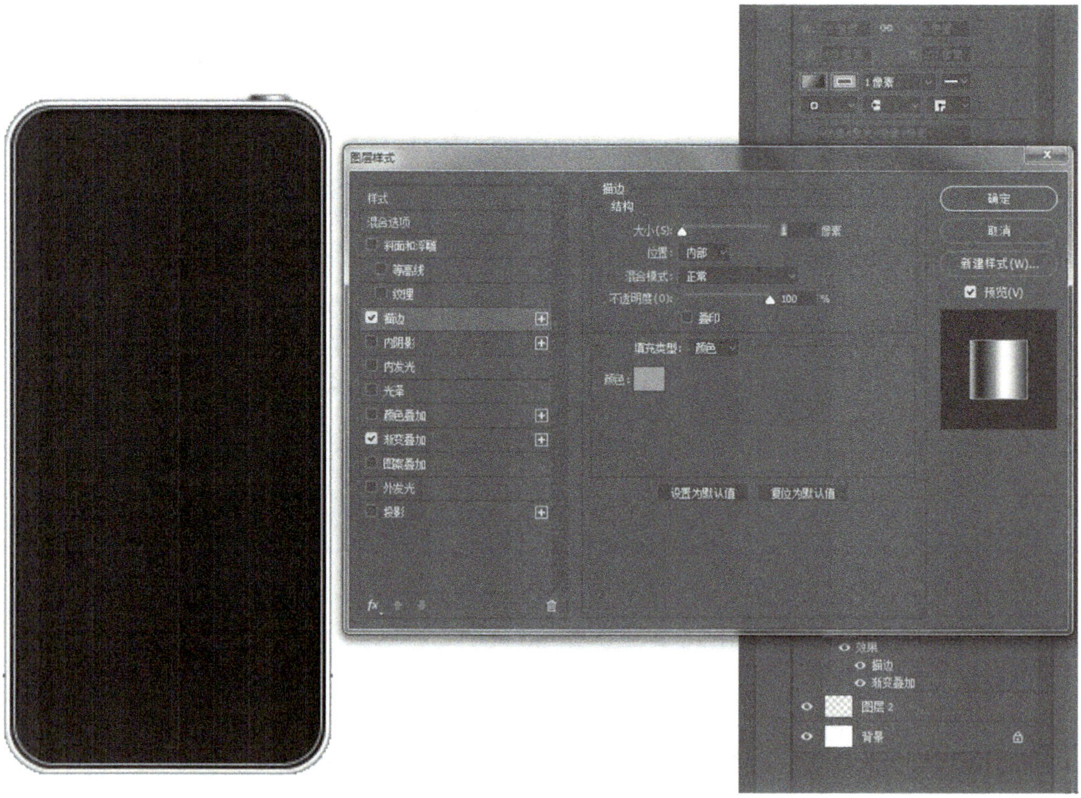
1 像素
图层样式
样式
混合选项
斜面和浮雕
等高线
纹理
描边
内阴影
内发光
光泽
颜色叠加
渐变叠加
图案叠加
外发光
投影
描边
结构
大小(S):
像素
位置:
内部
混合模式:
正常
不透明度(O):
100
%
叠印
填充类型:
颜色
颜色:
设置为默认值
复位为默认值
确定
取消
新建样式(W)...
预览(V)
效果
描边
渐变叠加
图层 2
背景

图 5-30

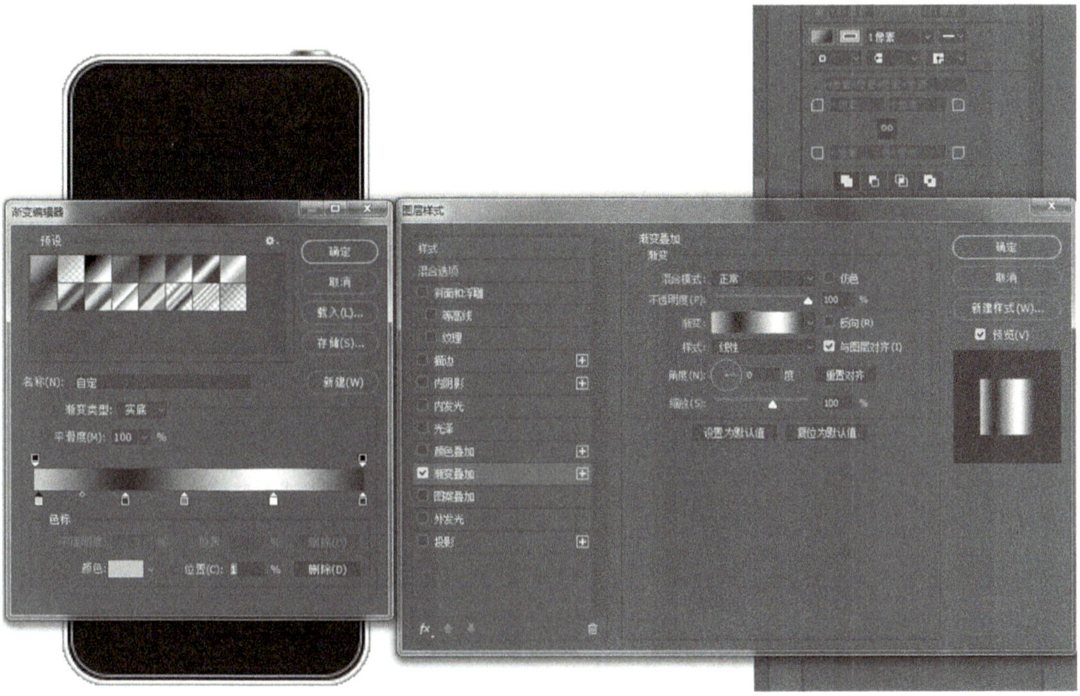

图 5-31

6）继续在手机左侧创建按钮，并添加渐变及描边样式。这次注意渐变的角度为-90度，如图5-32所示。

图 5-32

7）在按钮下方再创建一个小按钮，并添加渐变及描边样式。将小按钮按住<Alt>键向下拖动复制出另一个，摆放到合适位置，如图5-33所示。

8）利用多边形套索工具，按住<Alt>键将左半部分选区减去，剩下类三角区域，如图5-34所示。

图　5-33

图　5-34

9）在最上方新建图层，填充成白色。然后将其填充度设置为0，双击图层为其添加渐变叠加。此时屏幕的高光便制作出来了，如图5-35所示。

图　5-35

10）接下来开始创建“摄像头”。在手机上部利用椭圆工具按住<Shift>键创建出一个正圆形，并添加渐变叠加样式，如图5-36所示。

图 5-36

11）创建“听筒”。利用圆角矩形工具，圆角半径为30像素，创建如图5-37所示的形状。

图 5-37

12）为“听筒”添加图层样式。添加“描边”，大小为2像素，位置为“外部”，混合模式为“正常”，不透明度为100%，并填充渐变，如图5-38所示。再添加“渐变叠加”，混合模式为“正常”，不透明度为100%，渐变设置如图5-39所示。

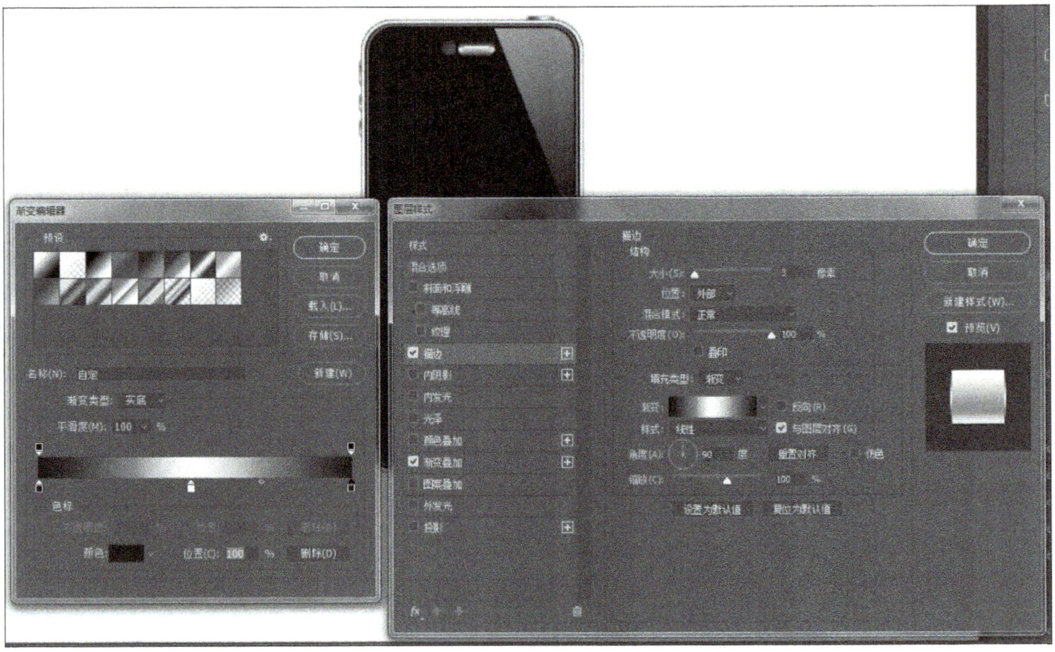

图　5-38

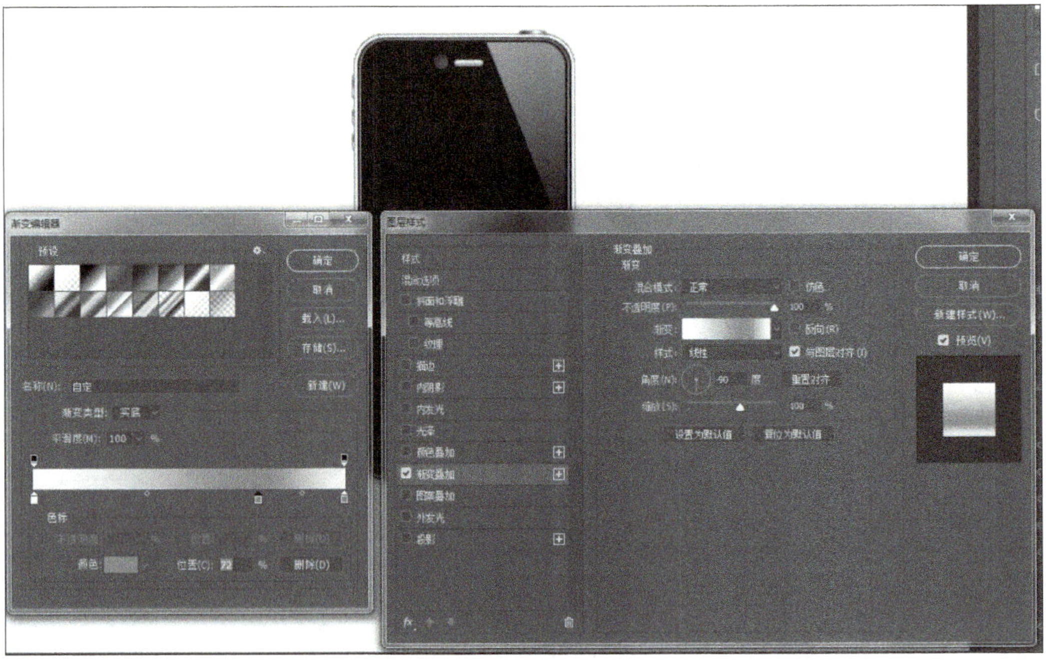

图　5-39

13）接下来创建“Home键”。利用椭圆工具按住<Shift>键创建出正圆形，并为其添加渐变叠加，如图5-40所示。

图 5-40

14）将屏幕素材文件拖入文档中，调整好大小与位置，如图5-41所示。

图 5-41

项目评价

在这一项目中，通过学习理解Photoshop CC的基本概念，理解工作界面的应用范围。同时选取制作“绘制酒瓶”和“绘制智能手机”两个任务来了解Photoshop软件的基本知识点，并通过对本项目的学习，做出项目评价和自我评价。

项目8　产品造型设计	很满意	较满意	有待改进	不满意
项目设计的评价				
项目的完成情况				
知识点的掌握情况				
与本组成员协作情况				
客户对项目的评价				
自我小结				

项目9 书刊装帧设计 <<<

学习目标

知识目标：掌握蒙版和通道的编辑与应用，掌握添加、复制、移动与删除图层蒙版的方法，掌握颜色通道的运用。

技能目标：能使用Photoshop软件制作出完整的文件并输出打印。

情感目标：培养学生的任务操作能力和团队协作能力。

任务1 设计婚纱杂志封面

任务情境

深圳天长地久婚纱摄影公司是一家专门拍摄婚纱照的公司。随着公司业务的发展，为了更好地宣传公司产品、传达公司理念，需要自己定制一本婚纱杂志，请为其设计一个婚纱杂志封面。

杂志封面的设计要求：围绕主题，积极向上，创新设计。

任务分析

书籍装帧是书籍存在和视觉传递的重要形式，书籍装帧设计是指通过特有的形式、图像、文字色彩向读者传递书籍的精神和气质的一门艺术。杂志封面的设计风格应根据杂志的内容、定位以及消费群体等的不同而有所区别。婚纱杂志封面设计主要针对即将走进结婚殿堂的年轻男女，通过人物微表情、整个画面的色调，体现出婚纱摄影轻松、愉快、甜蜜的氛围。

任务最终效果如图5-42所示。

必备知识

进行本任务之前，需要具备以下知识：掌握添加、复制、移动与删除图层蒙版的方法；掌握颜色通道的运用。

基本知识

蒙版和通道是Photoshop中十分强大的功能，“通道是核心，蒙版是灵魂”，是Photoshop用户从初级向中级迈进的重要门槛。本任务主要学习蒙版与通道的编辑应用方法。

图　5-42

◆ 任务实施

1. 新建文档

新建文档，设置宽度为15厘米，高度为22厘米，分辨率为300像素，背景内容选择白色，标题栏输入“婚纱杂志封面”，如图5-43所示。

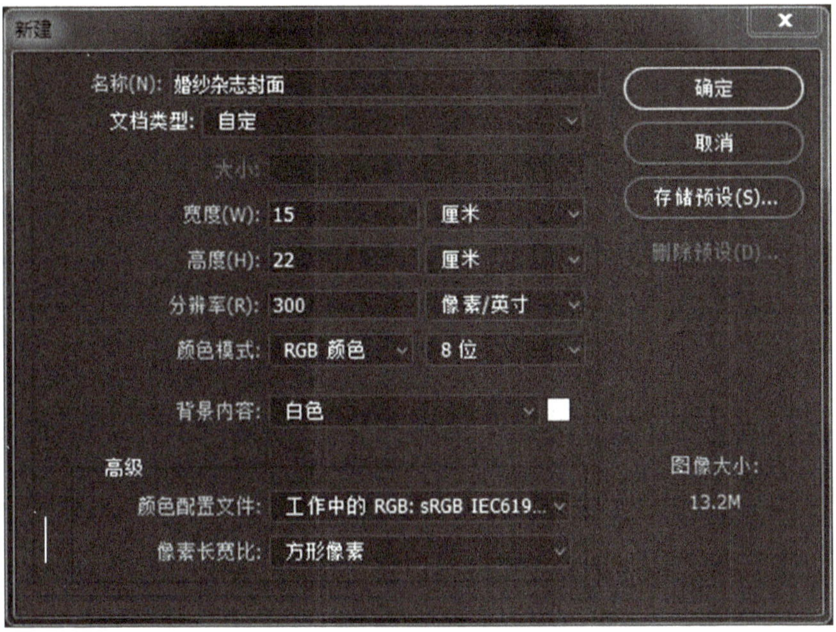

图 5-43

2. 导入素材

1）素材准备好以后，在Photoshop中分别打开素材1、素材2两个文件，如图5-44所示。

图 5-44

2）对素材1进行图像处理，使用颜色通道调整图像颜色。选择“模式”→“Lab颜色”命令，将图像转换为Lab模式，如图5-45和图5-46所示。

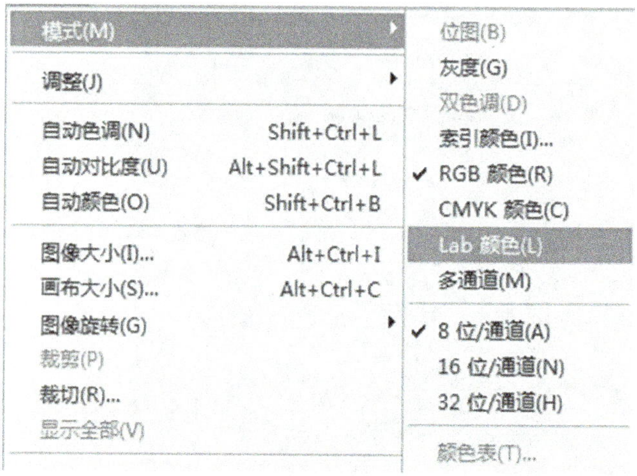

图 5-45

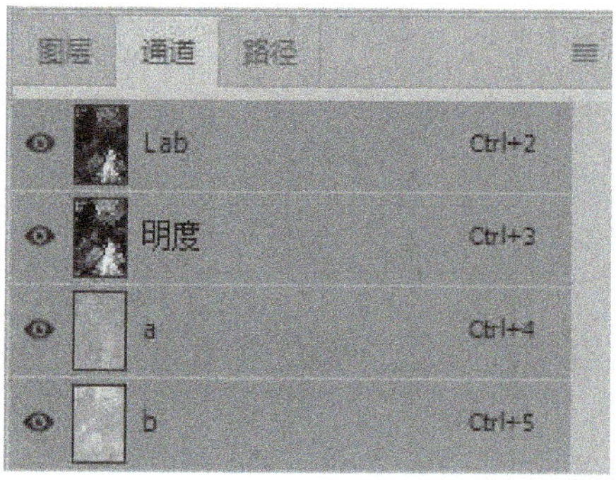

图 5-46

3）在“通道”面板中选择a通道，按<Ctrl+A>组合键全选图像，按<Ctrl+C>组合键复制图像，如图5-47所示。选择b通道，按<Ctrl+V>组合键粘贴图像，按<Ctrl+D>组合键取消选区，如图5-48所示。按<Ctrl+2>组合键显示Lab通道，即可得到调整后的图像效果，如图5-49所示。

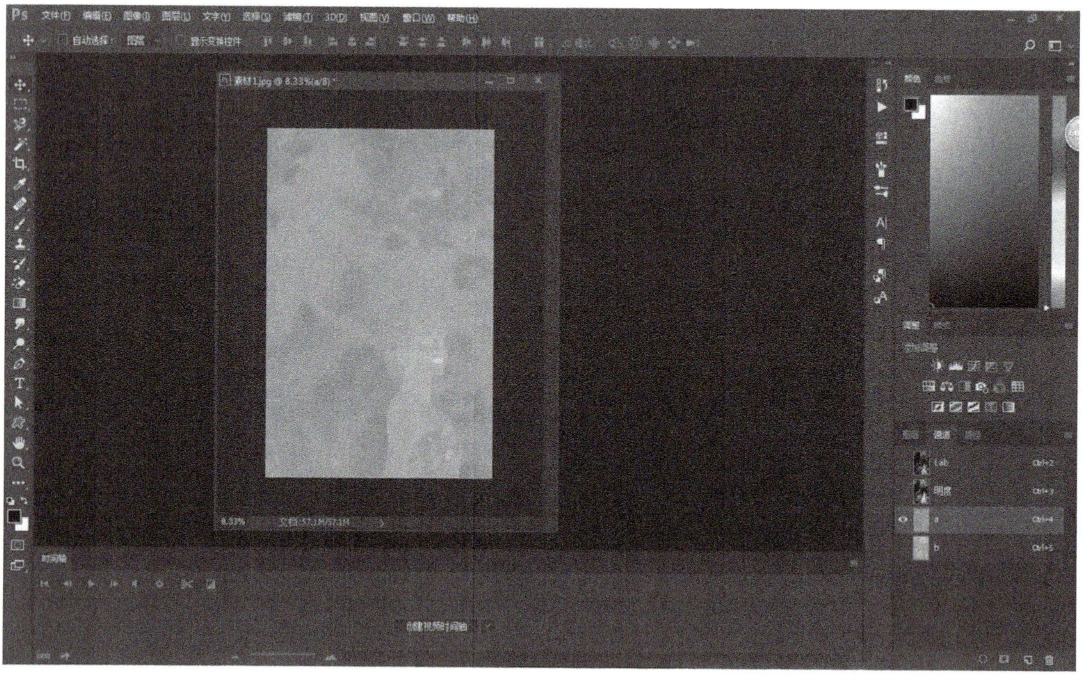

图 5-47

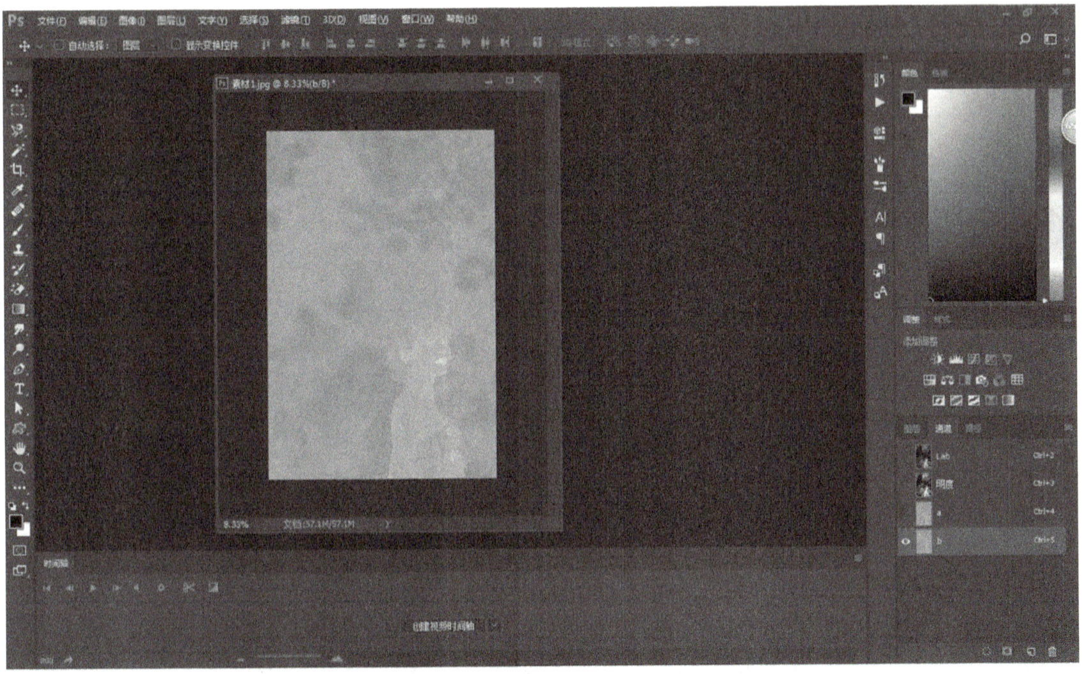

图 5-48

图 5-49

小提示

在Photoshop中，通道是用于保存图像颜色和选区信息的重要功能之一。通道的功能主要有两种，一种是储存和调整图层颜色，另一种是储存选区。

颜色通道用于保存图像的基本信息，对图像色彩的编辑具有重要的意义。每个图像都有一个或多个颜色通道，图像中默认的颜色通道取决于其颜色模式。

3. 设计制作

1）分别将素材1和素材2拖动到新建的文档中，并调整好位置。将“素材1”图层命名为“图层1”，放到适当的位置，如图5-50所示。

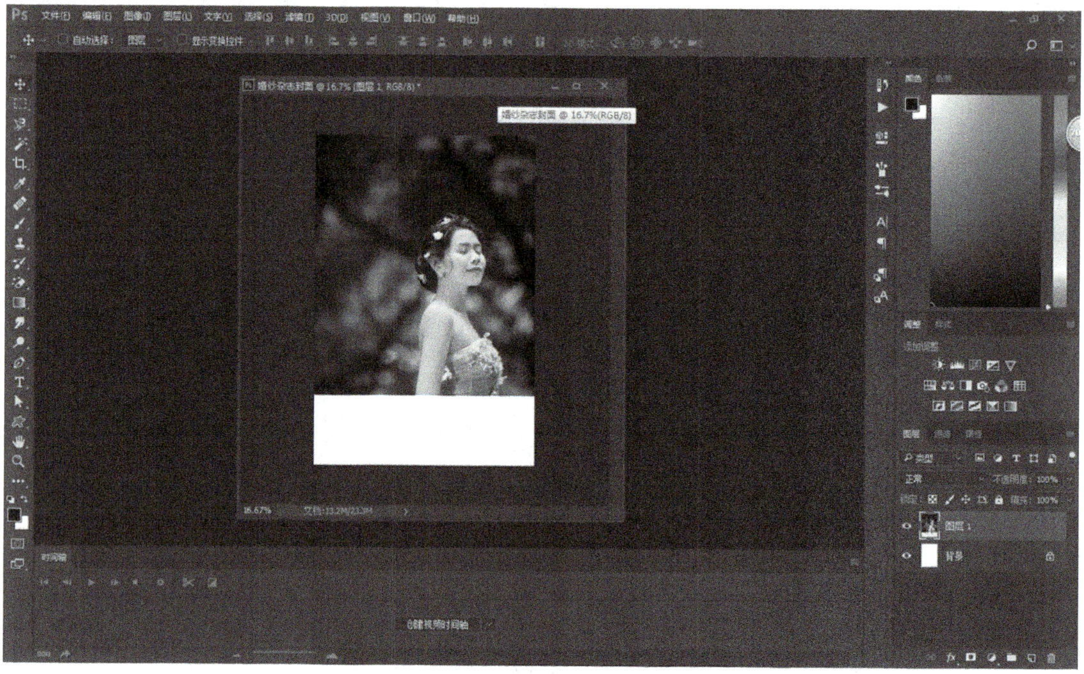

图 5-50

2）新建“图层2”，将图层填充为白色。选择椭圆选框工具，绘制圆形并将大小设置为（1200×1200）像素，保持住选区，添加蒙版，将圆填充为黑色，如图5-51所示。

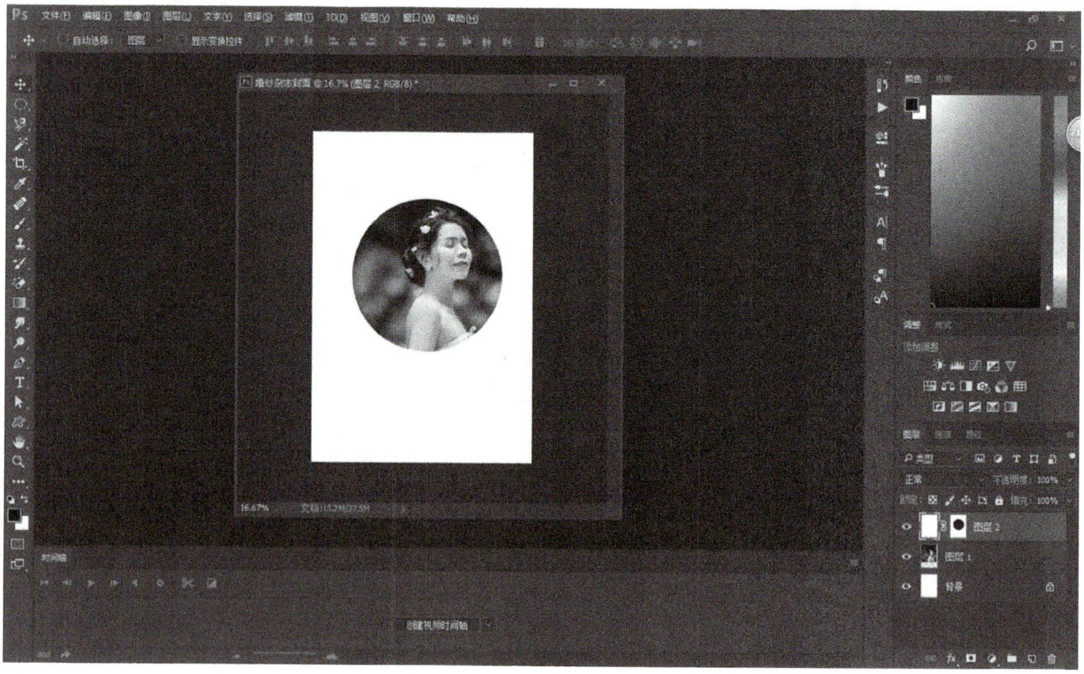

图 5-51

3）将素材2图片拖动到文档中，并命名为“图层3”。复制“图层2”的图层蒙版到“图层3”，并将图层不透明度设为20%，如图5-52所示。

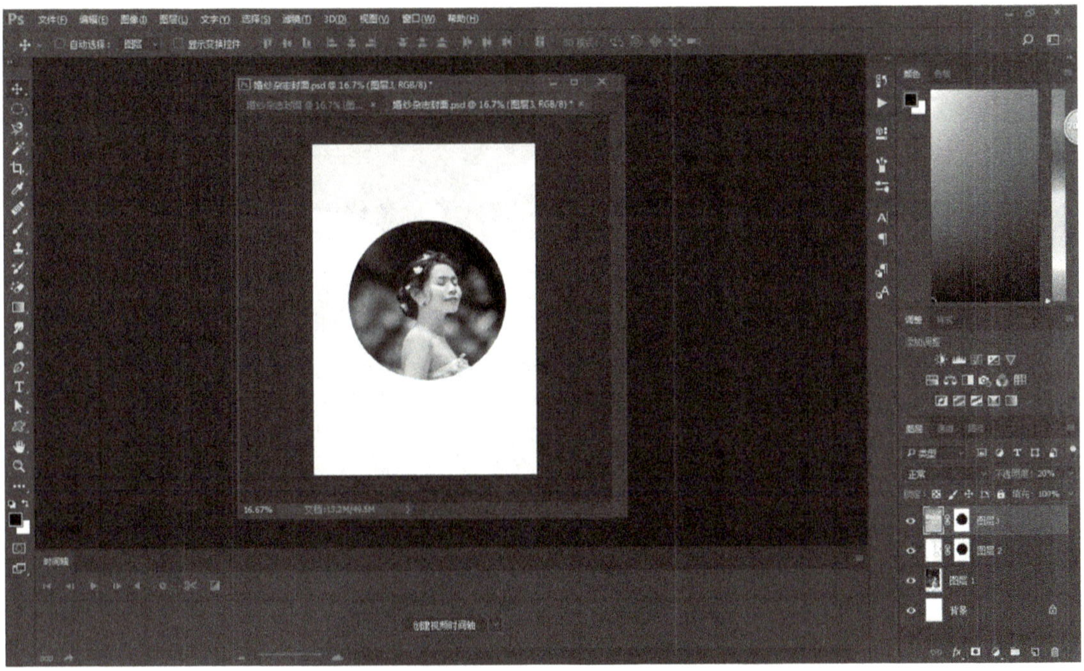

图 5-52

基本知识

在使用Photoshop处理图像时，当对图像的某一特定区域运用颜色变化、滤镜和其他效果时，应用蒙版的区域就会受到保护和隔离而不被编辑。

图层蒙版就是对某一个图层起遮盖效果，在蒙版中出现的黑色表示在操作图层中的这块区域不显示；白色表示显示这块区域；介于黑色与白色之间的灰色表示这块区域以半透明的方式显示。

添加图层蒙版，在图层面板中选择要添加蒙版的图层，然后单击“添加图层蒙版”按钮。

复制图层蒙版，在拖动图层蒙版的同时按住<Alt>键，可以复制图层蒙版。

4. 最后调整

单击工具箱中的横排文字工具，添加杂志封面文字。先添加英文单词“Marry”，文字工具设置如图5-53所示。继续添加英文单词“WOMEN”，文字工具设置如图5-54所示。最后添加一段中文，文字工具设置如图5-55所示。

图 5-53

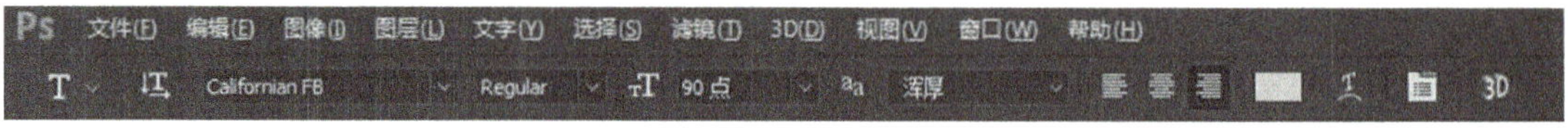

图 5-54

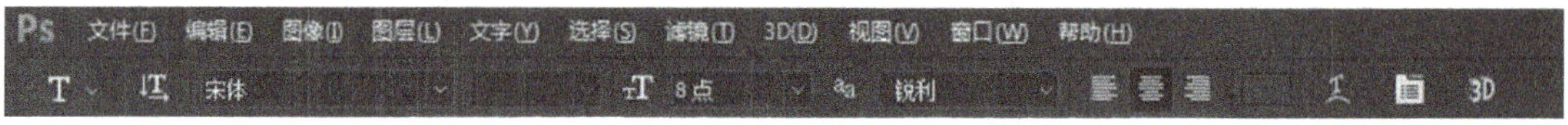

图 5-55

最终得到效果如图5-56所示，保存为PSD格式，以备修改。

图 5-56

任务2 设计旅游书籍插图

任务情境

旅游书籍设计的设计要求：围绕主题，积极向上，创新设计。设计要求：围绕主题进行图像处理和版式设计。

任务分析

前期需要了解颜色填充、框选、分层等知识点。通过本项目，前期素材收集后交给设计组进行挑选和图像后期处理，从而设计版式。通过本项目，学生能理解平面设计的构图方式，包括摄影构图和设计构图；制作过程中能掌握Photoshop的图像基本操作以及版面调整，从而进一步熟悉软件的整个操作界面及应用范围。

任务最终效果如图5-57所示。

图 5-57

必备知识

进行本任务之前，需要具备以下知识：拍摄人像和取景之间的基本构图，平面设计基本要领，Photoshop软件安装和基本界面操作能力。

◆ 任务实施

1）新建文档，设置宽度为21厘米，高度为29.7厘米，分辨率为100像素/英寸，背景内容选择白色，如图5-58所示。

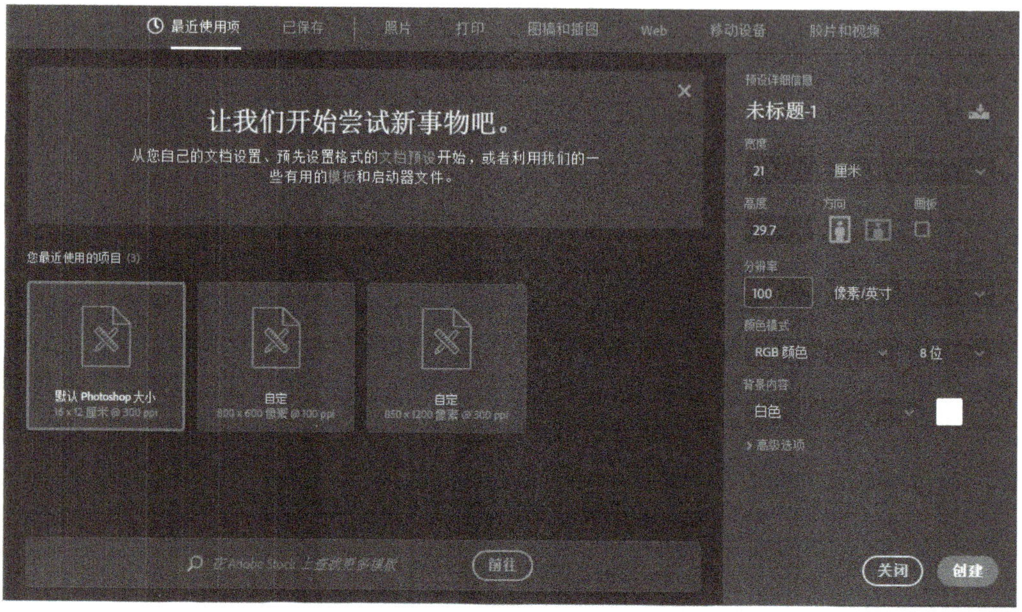

图 5-58

2）使用套索工具勾出不规则形状，注意需要新建图层，如图5-59所示。

图 5-59

3）继续使用套索工具勾出其他形状，注意分图层，如图5-60所示。

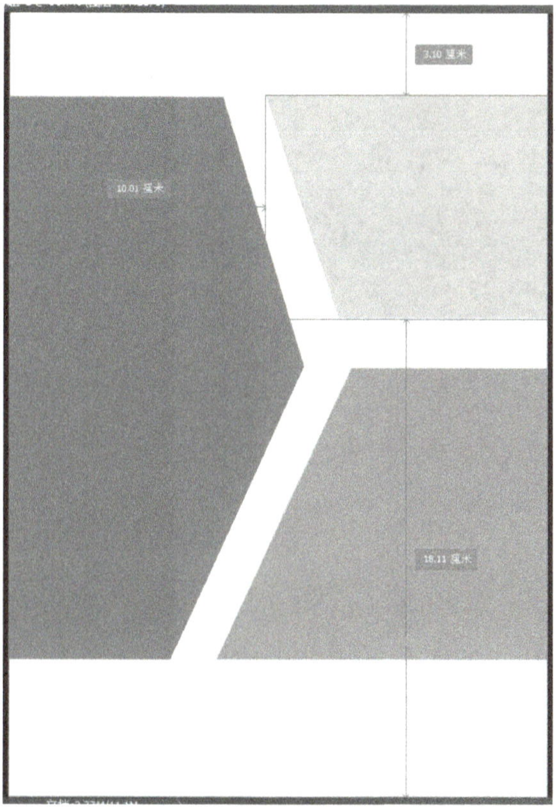

图　5-60

4）打开素材，如图5-61所示。

图　5-61

5）按<Alt>键进行图层置入，如图5-62所示。

图　5-62

6）创建文字“2018”并编辑，如图5-63所示。

图　5-63

7）导入素材图形，如图5-64所示。

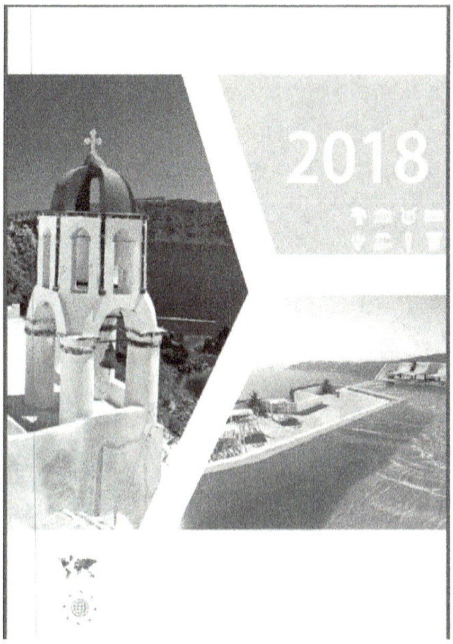

图 5-64

8）创建文字“Greece Tour”并编辑，如图5-65所示。

图 5-65

9）使用框选工具绘制长方形并进行复制，如图5-66所示。

图 5-66

10）添加剪贴蒙版并编辑渐变效果，如图5-67和图5-68所示。

图 5-67

图 5-68

项目评价

在这一项目中，通过蒙版和通道的编辑与应用，掌握添加、复制、移动与删除图层蒙版的方法，掌握颜色通道的运用。同时选取制作“设计婚纱杂志封面”和“设计旅游书籍插图”两个任务来了解书刊装帧设计的相关知识，掌握Photoshop软件基本知识点并通过对本项目的学习，做出项目评价和自我评价。

项目9　书刊装帧设计	很满意	较满意	有待改进	不满意
项目设计的评价				
项目的完成情况				
知识点的掌握情况				
与本组成员协作情况				
客户对项目的评价				
自我小结				

第6单元

文字与滤镜、动作与动画

项目10　POP广告设计

学习目标

知识目标：了解文字工具、文字蒙版工具的功能，了解文字工具与文字蒙版工具的区别。

技能目标：学会使用文字工具，学会使用文字的属性面板。

情感目标：提高鉴赏能力，培养自学能力与创新精神。

任务1　设计龙须面美食广告

任务情境

深圳市第三职业技术学校第二食堂的传统美食档口“龙须面”开张了，需要制作宣传海报一张，现面向所有相关专业的班级公开“招标”。

要求：图文并茂，主题明确，“凭借学生证享受折扣”等字体醒目，并注明活动时间等。

任务分析

海报属于“瞬间”艺术，具有艺术表现力丰富、远视效果强烈的特点，性价比高且费用低。该海报主要是以其自身的内容吸引同学的注意，作用是宣传对龙须面的促销信息，同时扩大大家对店面的认知度。通过本项目，学生可以理解宣传海报的构图方式，在实践过程中可以掌握Photoshop的基本操作以及对于文字工具的使用，从而达到进一步熟悉软件的效果。

任务最终效果如图6-1所示。

图　6-1

必备知识

进行本任务之前，需要具备以下知识：点文字、段落文字工具的使用及排版，钢笔路径的使用，Photoshop基本界面操作的能力。

基本知识

文字是数学方式定义的形状矢量图形，描述了字母、数字与各种符号。可用于多种格式，最常用的格式有Typel（又称PostScript）、True Type和Open Type。

Photoshop可制作矢量文字路径；可生成与分辨率无关的清晰文字边缘；可缩放文字、调整字体大小、存储PDF或EPS文件，打印时保持图形的品质。

也可制作选区轮廓，或将文字路径栅格化为点阵文字，字符由像素组成，与图像文件具有相同的分辨率，字符放大后会显示锯齿状边缘。

◆ 任务实施

1．新建文档

启动Photoshop CC软件，新建文档，设置宽度为709像素，高度为1247像素，分辨率为72像素/英寸，颜色模式为“RGB颜色”，背景选择黑色，如图6-2所示。

2．背景制作

1）背景层添加杂色，选择“滤镜”→“杂色”→“添加杂色”命令，设置为“单色”，选择“平均分布”，数量值为12.5%，如图6-3所示。

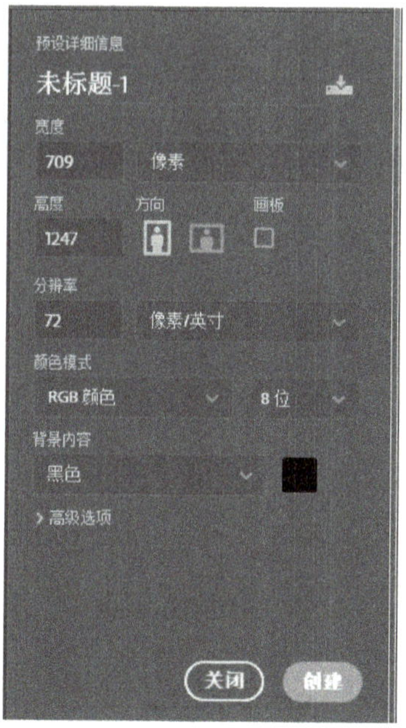

图 6-2

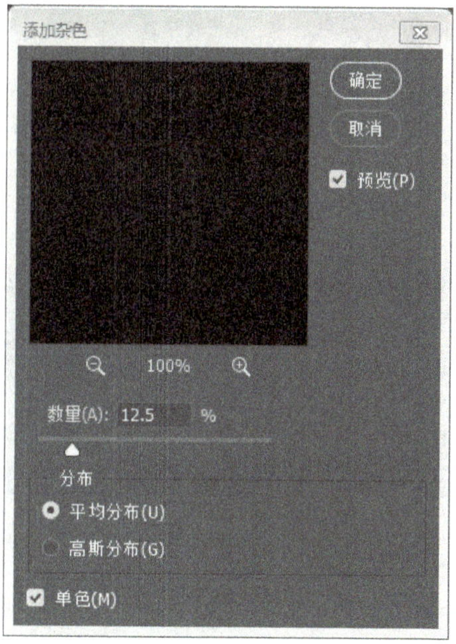

图 6-3

小提示

在输入每个数值的时候，可以尝试观察输入不同数值所产生的变化，最终选定最佳效果的数值。

2）打开素材2，将素材2拖入当前操作的文档区，如图6-4所示。素材2图片会形成一个新的图层，给当前图层加“图层蒙版”，图层蒙版效果设置为黑白径向渐变效果，如图6-5所示。

图　6-4

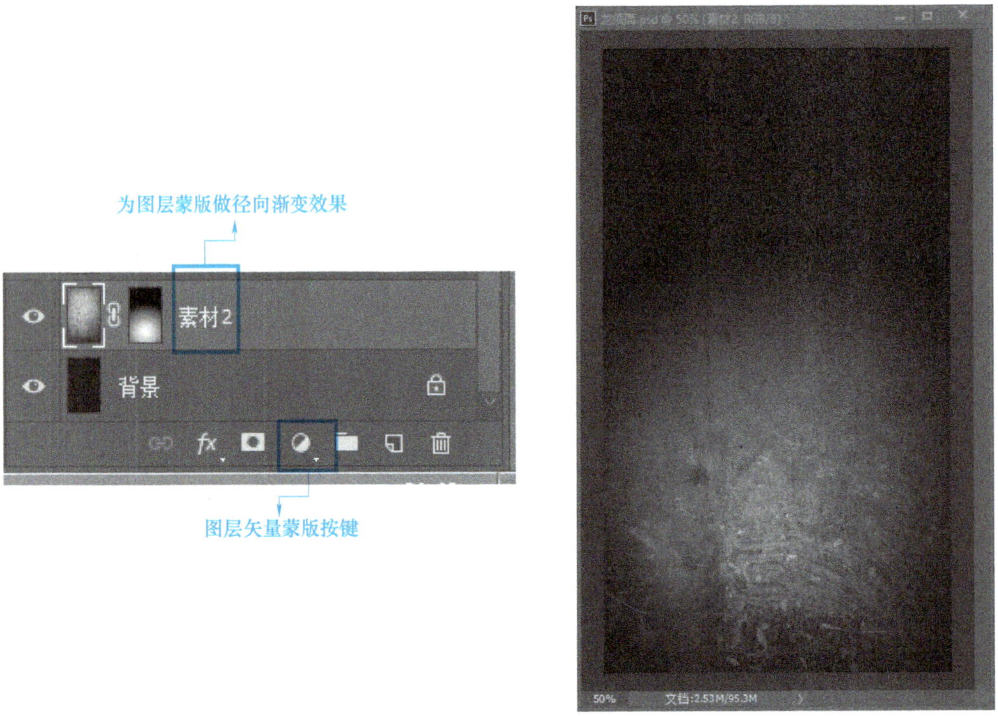

图　6-5

3. 素材导入

1）打开素材3，将素材3拖入当前操作的文档区，并放置在合适位置，调整好大小，如图6-6所示。

图 6-6

2）打开素材1，将素材1拖入当前操作的文档区，放置在合适位置，并调整好大小，如图6-7所示。

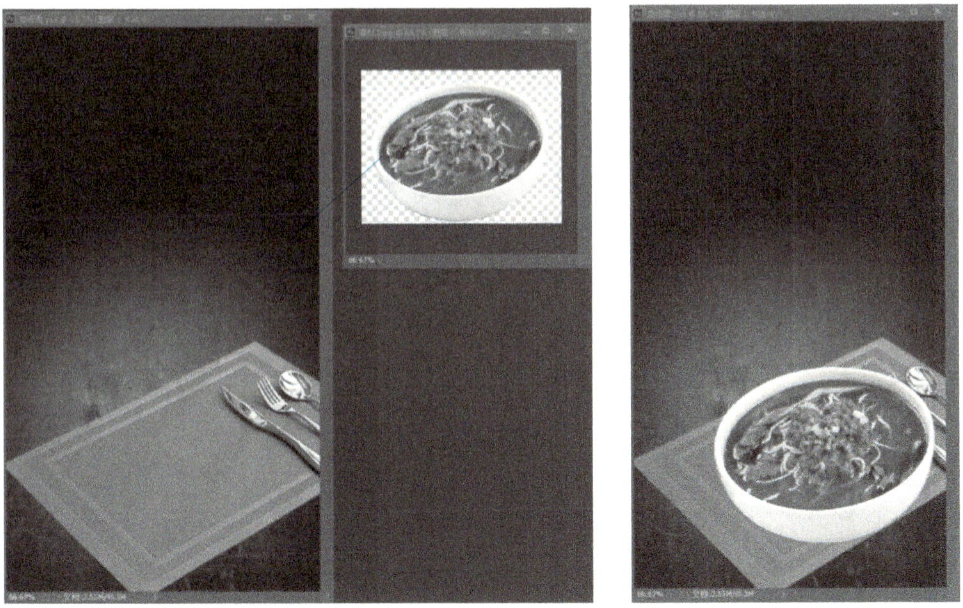

图 6-7

3）使用和以上相同的方法，打开其他素材，拖入文档区，调整好大小，并放置在合适位置，效果如图6-8所示。

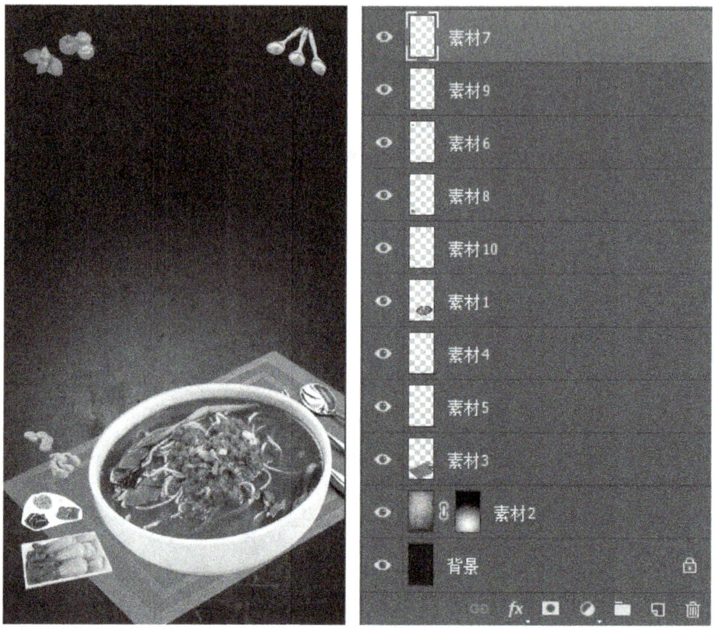

图 6-8

4. 输入文字

1）使用文本工具中的横排文字工具，输入文字“龙须面”，在文字属性栏中修改为“方正姚体”大小为110点，文字颜色为“#f5d899”，完成后单击选项栏中的确定按钮或按<Enter>键，如图6-9所示。效果如图6-10所示。

图 6-9

图 6-10

基本知识

图像中可以直接创建横排文件或直排文字。根据使用文字工具的不同方法，可以输入点文字或段落文字。点文字对于输入一行字或一行字符很方便，输入点文字方式时，每行文字都是独立的，行的长度自动增加或缩短，但不能自动换行。在文件中单击，为文字设置插入点，进入点文字方式输入状态，输入文本内容，设置文本字体、大小和颜色等。输入完成后，单击选项栏中的确定按钮或按<Enter>键确定文字，同时在“图层”面板中自动建立一个新的文本图层，如果单击取消按钮或按<Esc>键，则取消本次输入文本的操作。

2）使用文本工具中的横排文字工具，单击文档区在“龙须面”下方输入点文字“LONG XU MIAN”，并在文字属性栏中修改字体为“方正超粗黑简体”，大小为18点，文字颜色为“#f5d899”，完成后单击选项栏确定按钮或按<Enter>键，如图6-11所示。

图 6-11

3）为文字“龙须面”做轮廓效果。

① 使用“椭圆选框工具”，并固定大小为140像素，绘制3个正圆形，分别和3个文字“龙须面”居中对齐，并使用“添加到选区”的方式绘制。可按<Ctrl+R>组合键打开标尺，拉出辅助线作为参考线，效果如图6-12和图6-13所示。

图 6-12

图 6-13

② 新建图层描边，可选择“编辑”→“描边”命令来完成，或直接在文档区域右击并选择“描边”，在弹出的窗口中，设置描边宽度为2像素，颜色为“#f5d899”，位置选择居中，单击“确定”按钮完成设置，并取消选区。描边窗口如图6-14所示。

③ 选择“矩形选框工具”，框选现在外描边的下方，按<Delete>键删除小部分。效果如图6-15所示。

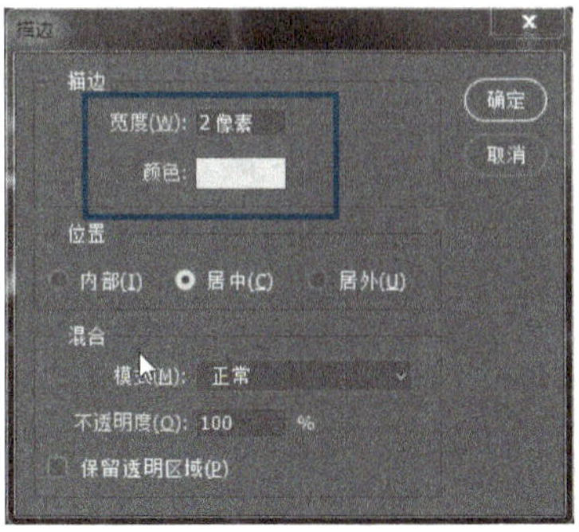

图 6-14

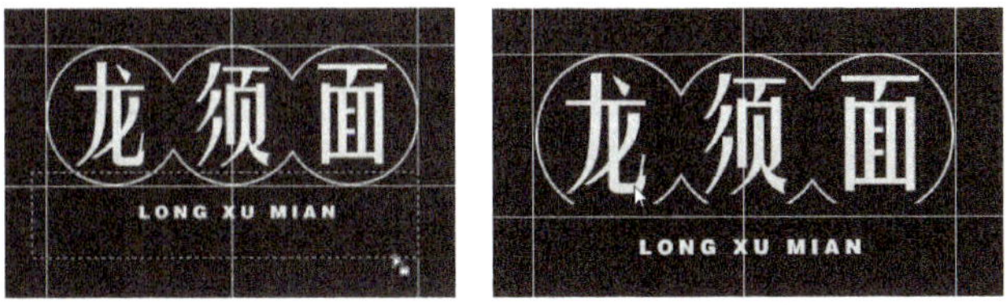

图 6-15

④ 使用直线工具，在新图层中绘制一条水平直线，修改属性为“像素”，粗细为2像素，位置在文字“龙须面”下方，效果如图6-16所示。

图 6-16

4）输入文字“凭学生证可享满20立减5优惠”，并在文字属性栏中修改字体为“方正综艺简体”，大小为36点，文字颜色为“#f5d899”，如图6-17所示。

图 6-17

5）输入段落文字：“龙须面”是我国北方传统风味筵席面点品种之一，是从山东抻面演变出来的精品，至今已有300多年的历史。龙须面为汉族面食，流行于北方广大地区。是一种又细又长、形似龙须的面条。农历二月二龙抬头，有吃龙须面之俗。今已为居民普通食品，常年食用。字体为“方正仿宋简体”，大小为14点，文字颜色为“#f5d899”，如图6-18所示。打开段落面板把首行缩进调整为25点，如图6-19所示，段落文字效果最终如图6-20所示。

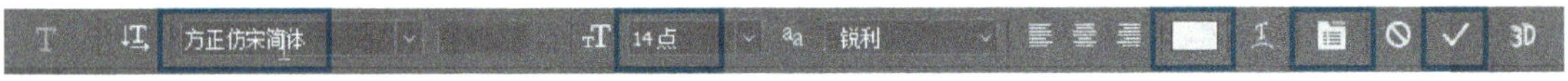

图 6-18

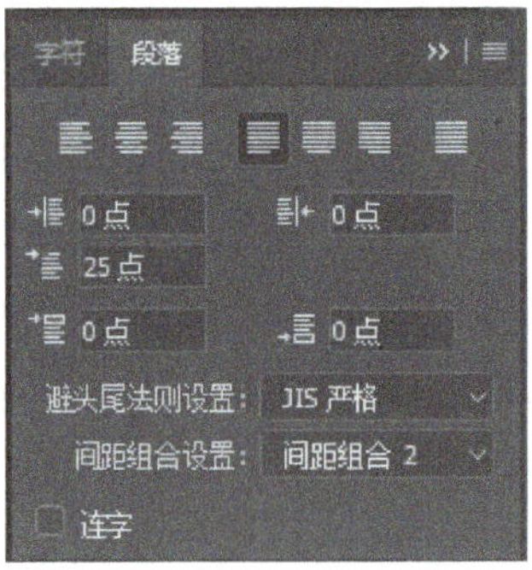

图 6-19

图 6-20

基本知识

段落文字适合于一个或多个段落的形式，输入段落文字时，文字基于定界框的尺寸自动换行；可输入多个段落并选择段落对齐选项；可以调整定界框的大小，也可以使用定界框旋转、缩放和斜切文字；可以通过段落面板设置格式，如左右缩进等。

6）输入点文字：“正宗龙须面、开业特惠”“活动时间：6月1日至6月15日”“色泽雪白，细如发丝，易于消化”，字体为“汉仪菱心体简”，字号为18点，文字颜色分别为“#000000”“#f5d899”“#f5d899”，完成后单击选项栏中的确定按钮✓或按<Enter>键，如图6-21所示。

图 6-21

5. 细节处理

1）在文字“正宗龙须面、开业特惠”下一层添加新图层并绘制矩形，颜色为“#f5d899”。

2）使用矩形选框工具绘制矩形，并创建描边为3像素，调整各图层位置并垂直居中对齐，效果如图6-22所示。

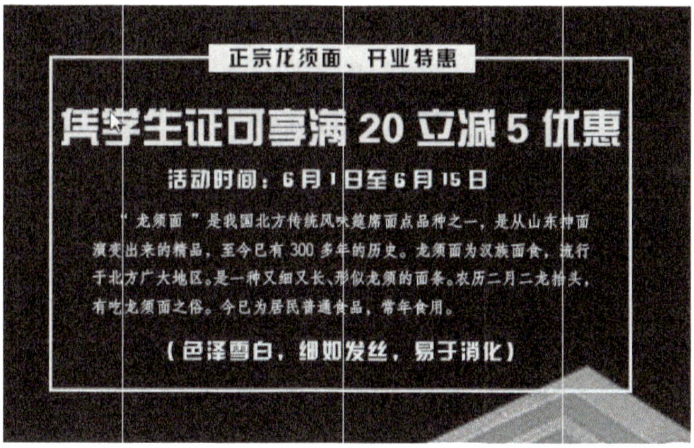

图 6-22

小提示

对齐操作：步骤1，选中需要对齐的图层；步骤2，选择工具栏中的移动工具（选择工具），在出现的属性栏中可以进行调整，如图6-23所示。可以把图标中的方块看作图层中的对象，把线看作对齐的位置。

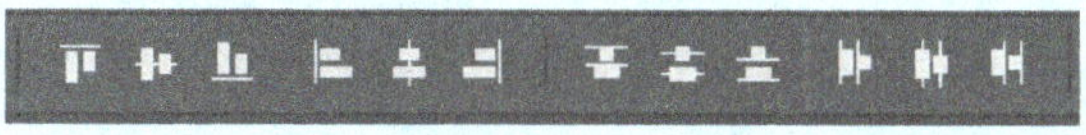

图 6-23

3）对文字“凭学生证可享满20立减5优惠”做进一步修饰，右击当前文字层，选择“栅格化文字”，使用矩形选框工具把数字“0”“5”的右下角选中并按<Delete>键删除，效果如图6-24所示。

图 6-24

4）在数字“0”和“5”的缺角处，输入点文字“元”。字体为“汉仪菱心体简”，字号为18点，颜色为“#f5d899”，如图6-25所示。

图 6-25

小提示

对于创建相同内容，可以不用重复操作，复制即可。例如，输入一个点文字“元”，另外一个“元”可以用鼠标拖动该图层到图层面板下面的“创建新图层”按钮后松手，达到复制的目的；或者按快捷键<Ctrl+J>复制；第三种复制方法是单击移动工具，按住<Alt>键，并拖动图层“元”达到复制效果。

5）在画面边缘绘制粗细为2像素的边框线。

6. 最终效果

最终效果如图6-26所示。

图 6-26

7. 导出和保存项目

选择“文件”→“保存”命令，将项目文件进行保存。

任务2　设计ABC商场圣诞节广告

任务情境

学校附近的转角处新开了一家ABC商场，为了迎接圣诞节，给商场营造节日气氛，需要张贴圣诞节广告，同学们为了锻炼专业能力，纷纷参与制作。商场要求如下：以喜庆色为主，设计创新，能烘托出节日气氛。

任务分析

在中国，圣诞节看电影、搞促销、大酬宾、大甩卖等是一种商业的狂欢。通过为ABC商场设计圣诞节广告项目，可以锻炼学生的Photoshop使用能力，也可以锻炼学生迅速抓住设计主题的能力。

必备知识

点文字工具的使用、图层样式的使用、画笔调整等。

任务最终效果如图6-27所示。

图　6-27

任务实施

1. 新建文档

新建文档，设置宽度为40厘米，高度为21厘米，分辨率为72像素/英寸，颜色模式为RGB颜色，背景为红色（#ff0008），如图6-28所示。

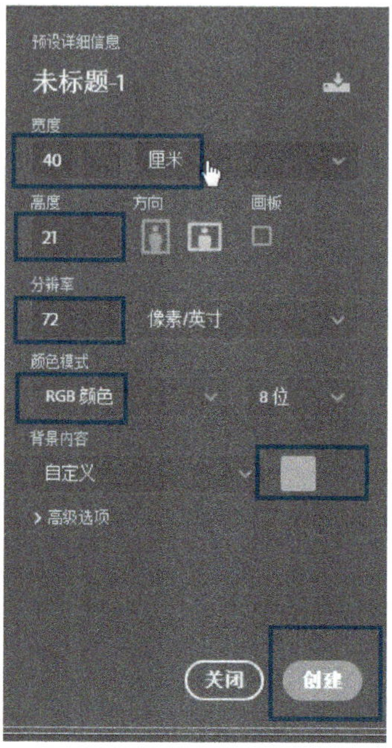

图 6-28

2. 文字效果

1）画面中心使用点文字工具输入“MERRY CHRISTMAS!”，第二个单词换行并居中，字体为“Showcard Gothic”，大小为100点，颜色为白色，如图6-29所示。行间距为120点，如图6-30所示。文字效果如图6-31所示。

图 6-29

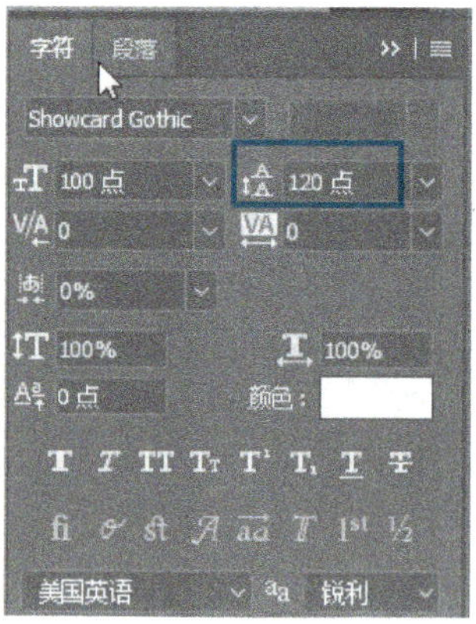

图 6-30

图　6-31

2）使用工具箱“魔棒工具”

选中字母“M”，选出选区后，新建图层，在新图层内给“M”选区填充黄色（#f0ff00），如图6-32所示。

图　6-32

3）为其他字母做相同的操作，每个文字用魔棒选出选区后，在单独的图层填充黄色，如图6-33所示。

图　6-33

4）为每个文字做“自由变换”的旋转操作，选择“编辑”→“自由变换”命令，“MERRYCHRISTMAS!”的原始文字层可以隐藏或删除，效果如图6-34所示。

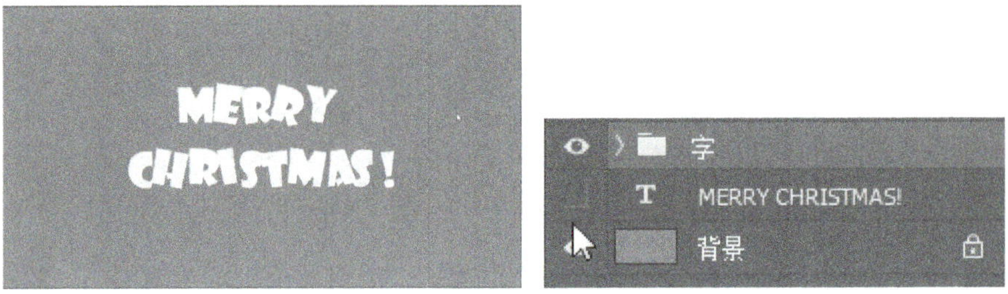

图 6-34

5）为每个文字做图层样式效果，以“M”为例，双击“M”图层的空白处，打开图层样式窗口，勾选“斜面和浮雕”“外发光”效果，设置参数如图6-35和图6-36所示。效果如图6-37所示。

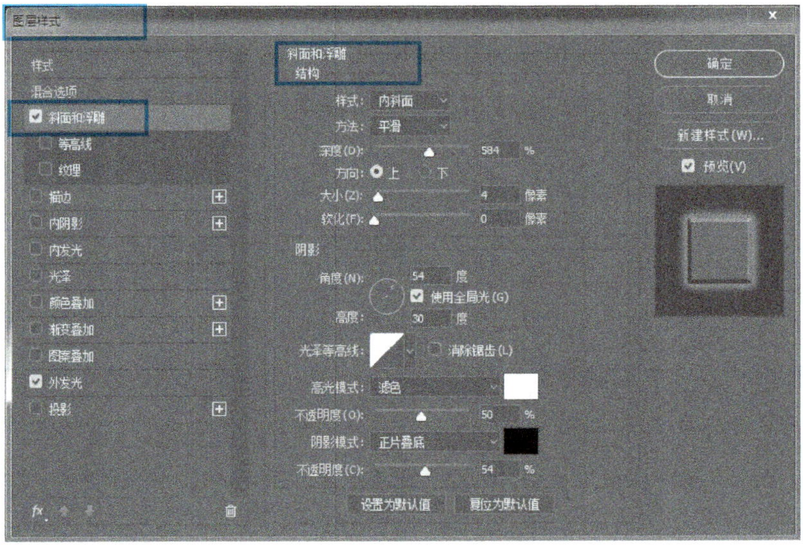

图 6-35

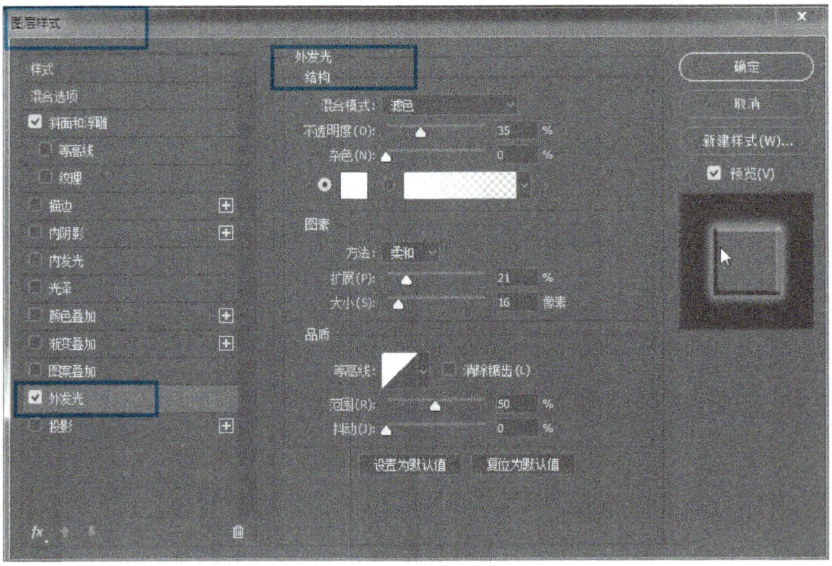

图 6-36

图　6-37

小提示

图层使用相同的图层样式效果，无需重复操作，只需将做好的效果复制粘贴即可。设置了图层样式效果的图层右侧会产生一个“fx”标志，右击该标志，在弹出的菜单中选择“拷贝图层样式”命令，然后在需要复制效果的图层右侧右击，在弹出的菜单中选择“粘贴图层样式”命令，如图6-38所示。

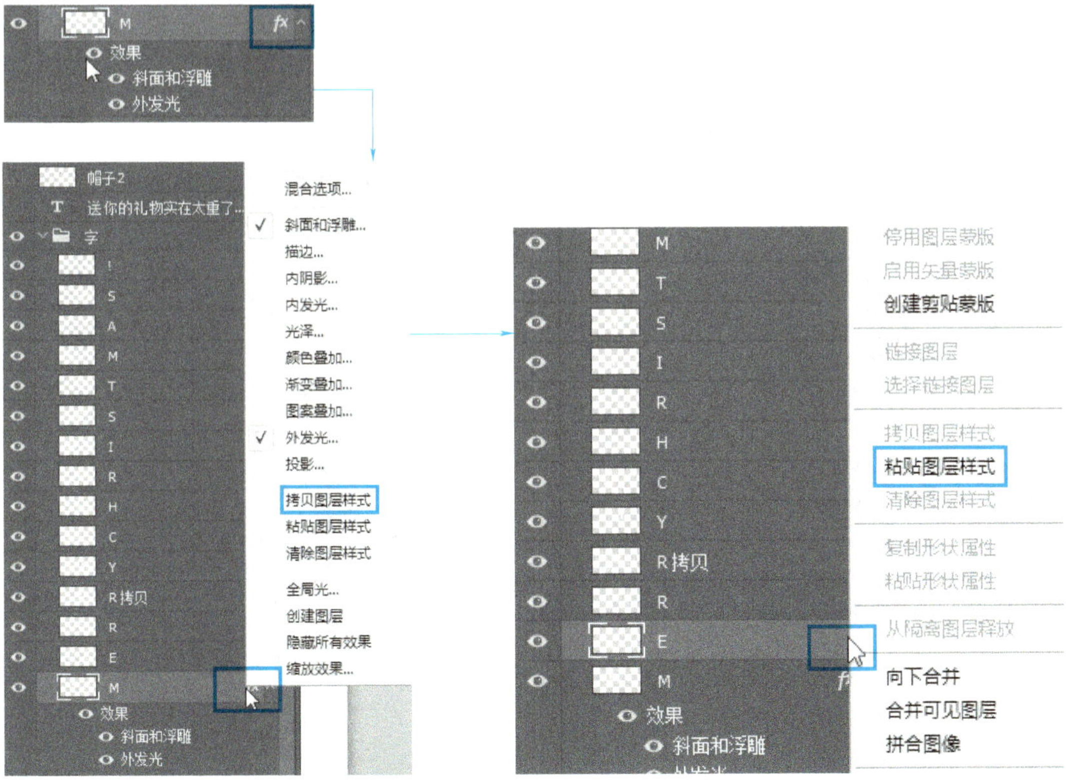

图　6-38

6）在画布左上角输入文字“送你的礼物实在太重了，鹿车拉不动，只好亲自送了，记得等着我，等着我说……”，字体为“方正综艺简体”，字号分别为16点、20点和24点，颜色为“#f0ff00”。使用大小不同的文字可以给画面不单调的感觉。效果如图6-39所示。

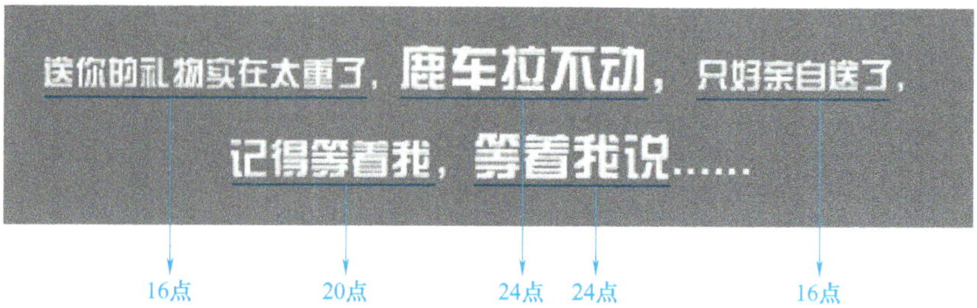

图 6-39

7）画面中心输入文字“祝您平安夜，享平安！”，使用字体“方正综艺简体”，字号为30点，再输入文字“ABC商场部分店铺5.8折起，活动归属权归商场所有”，使用字体“仿宋”，字号为15点，颜色均为“#f0ff00”，两行文字和画面垂直居中对齐，如图6-40所示。

图 6-40

3．导入素材

1）将素材1导入文档，使用移动工具将圣诞铃铛移动到右上角，如图6-41所示。

图 6-41

2）将素材2导入文档，使用移动工具将圣诞小挂件放置到画面下方并复制，如图6-42所示。

图 6-42

3）将素材3导入文档，使用移动工具将两个圣诞帽分别放置到中间字母“R”“C”上，并通过自由变换调整位置，如图6-43所示。

图 6-43

4）将素材4导入文档，将3片雪花降低透明度放置在画面中，如图6-44所示。

图 6-44

4. 细节点缀

1）为文字“祝您平安夜，享平安！”绘制矩形边框，描边粗细为2像素，颜色为“#f0ff00”，如图6-45所示。

图 6-45

2）在画面中心的文字图层下方使用画笔工具绘制雪花效果，选中画笔工具，打开画笔面板（或按快捷键<F5>打开画笔面板），设置硬度为0%，间距为100%，形状动态中大小抖动为100%，散布为1000%，如图6-46所示。

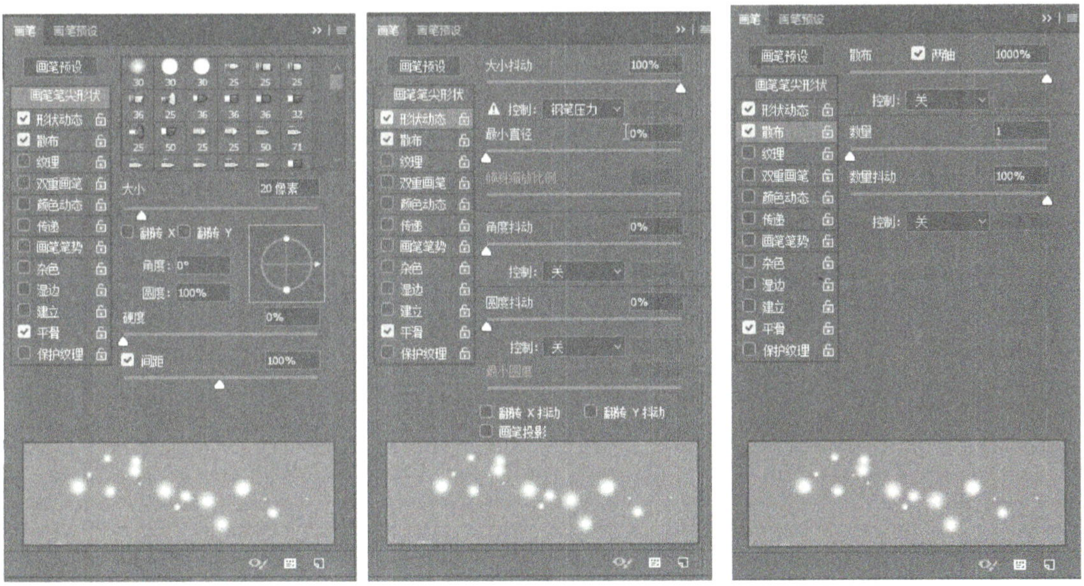

图 6-46

5．最终效果

最终效果如图6-47所示。

图　6-47

6. 导出和保存项目

选择“文件”→“保存”命令，将项目文件进行保存。

项目评价

在这一项目中，通过学习理解Photoshop CC的基本概念，理解文字工具的应用范围。同时选取制作“设计龙须面美食广告”“设计ABC商场圣诞节广告”这两个任务了解设计制作的流程，对Photoshop软件的其他基本知识点有了进一步的掌握，并通过对本项目的学习，做出项目评价和自我评价。

项目10　POP广告设计	很满意	较满意	有待改进	不满意
项目设计的评价				
项目的完成情况				
知识点的掌握情况				
与本组成员协作情况				
客户对项目的评价				
自我小结				

项目11　DM单设计

学习目标

知识目标：认识Photoshop CC的滤镜工具。

技能目标：掌握滤镜的使用方法、使用原则和相关技巧。

情感目标：培养任务操作能力和团队协作能力。

任务1　设计房地产DM单

任务情境

本项目为国际家园房地产责任有限公司的DM单设计，主打城市花园，开启都市生活新天地。

设计要求：围绕主题，吸引眼球，创新设计。

内容要求：

主标：城市花园

副标：开启都市生活新天地

电话：028-696969999

任务分析

本任务是为国际家园房地产责任有限公司进行的DM单设计，整个设计明确针对房地产进行宣传，其设计简洁、色块分明、页面大方美观，使人心情愉悦且便于阅读，同时起到房地产形象和产品信息的宣传作用。DM单是区别于报纸、电视、广播、互联网等的广告发布载体。

任务最终效果如图6-48所示。

必备知识

进行本任务之前，需要具备以下知识：使用滤镜对图像进行编辑，如锐化、模糊照片。在本任务中主要将结合具体的图像，学习各种类型的滤镜操作应用，重点需要掌握处理图像时常用的模糊、杂色等滤镜。

图 6-48

基本知识

Photoshop的滤镜主要有五个方面的作用：优化印刷图像、优化Web图像、提高工作效率、提供创意滤镜和创建三维效果。滤镜的出现，极大地增强了Photoshop的功能，通过滤镜可以创造出十分“专业”的艺术效果。

滤镜分为内置滤镜和外挂滤镜两大类。内置滤镜是Photoshop自身提供的各种滤镜，外挂滤镜是由其他厂商开发的滤镜，它们需要安装在Photoshop中才能使用。本任务主要介绍内置滤镜。

Photoshop的所有滤镜都在“滤镜”菜单中，其中“滤镜库”“镜头校正”“液化”和“消失点”等是特殊滤镜，被单独列出，而其他滤镜都依据其主要功能被放置在不同类别的滤镜组中。

Photoshop的内置滤镜主要有两种用途。第一种用于创建具体的图像特效，此类滤镜的数量最多，且绝大多数都在“风格化”“画笔描边”“扭曲”“素描”“纹理”“像素化”“渲染”“艺术效果”等滤镜组中。除“扭曲”以及其他少数滤镜外，基本上都是通过“滤镜库”来管理和应用的。

第二种用于编辑图像，如减少图像杂色、提高清晰度等。这些滤镜在“模糊”“锐化”“杂色”等滤镜组中。“液化”“消失点”“镜头校正”也属于此类滤镜。这三种滤镜比较特殊，它们功能强大，并且有单独的工具盒及操作方法，更像是独立的软件。

◆ 任务实施

1. 新建文档

启动Photoshop CC软件，选择“文件”→“新建”命令，在打开的“新建”对话框中设置名称为“房地产DM单设计”，并对其他选项进行设置，如图6-49所示。

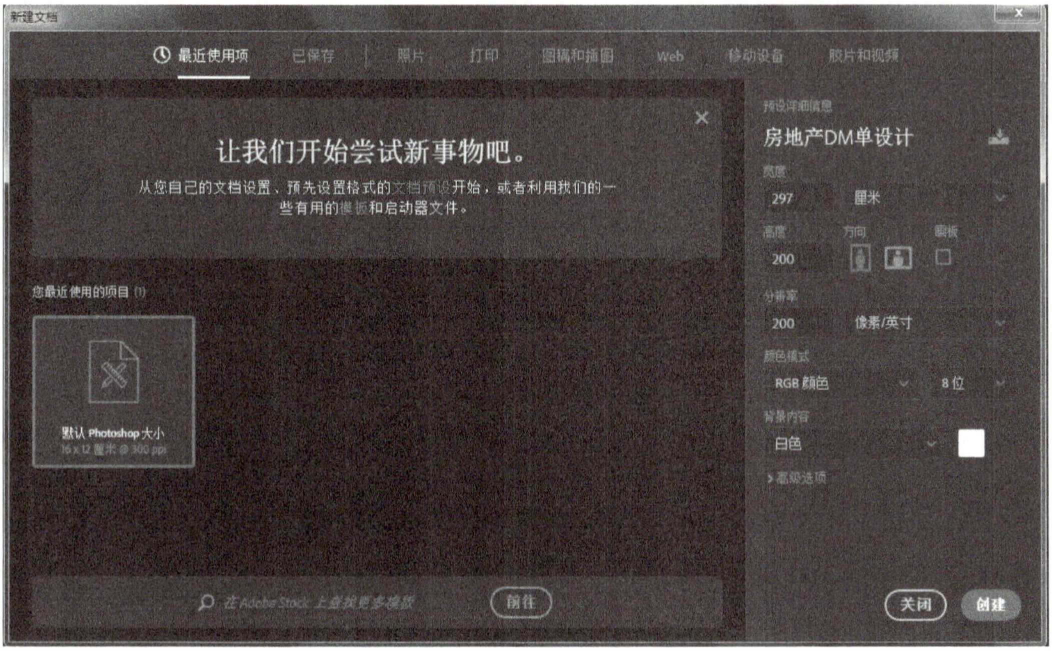

图 6-49

2. 导入素材

在“图层”面板中新建图层，得到“图层1”。打开“项目11/任务1/素材1.jpg”文件，将其复制到“图层1”中，适当调整素材文件的大小和位置，如图6-50～图6-52所示。

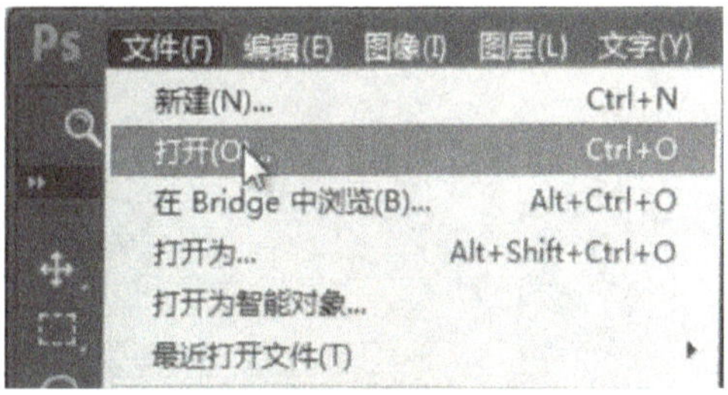

图 6-50

图 6-51

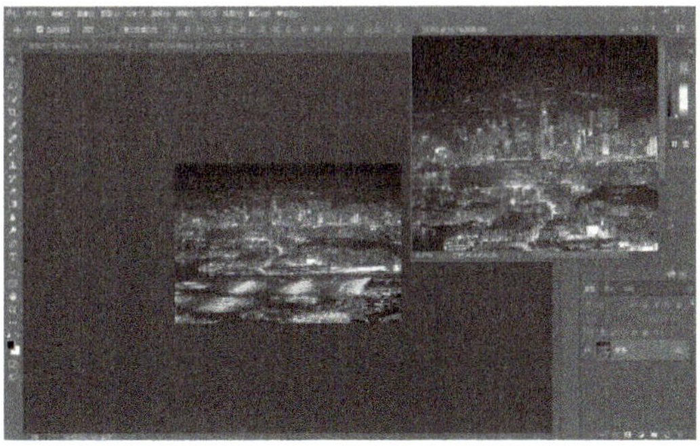

图 6-52

3. 添加“黑白”调整图层

1）创建“黑白”调整图层，在打开的“属性”面板中勾选“色调”复选框，并对各个选项的参数进行设置，如图6-53～图6-56所示。

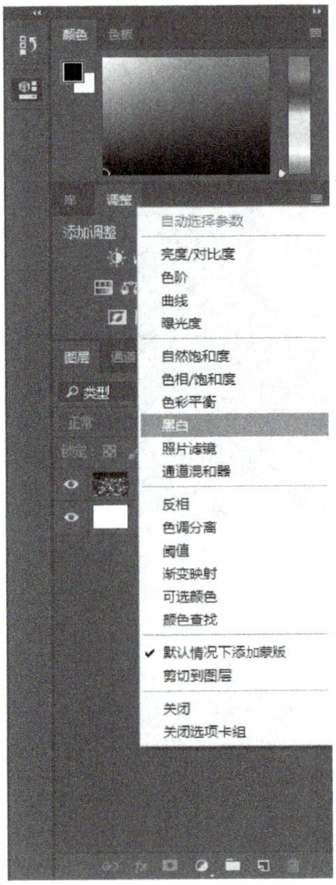

图 6-53

图 6-54

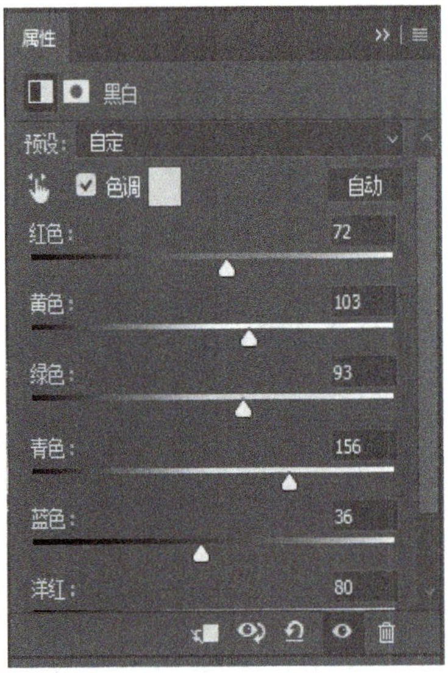

图 6-55

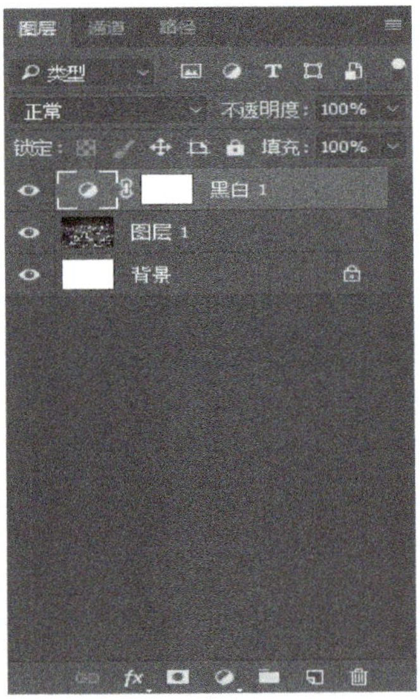

图 6-56

2）完成“黑白”调整图层的创建和编辑后，画面中的图像将转换为单色调的图像效果，使整体的颜色更为统一，如图6-57所示。

图 6-57

4．添加高斯模糊

选择“图层1”执行“滤镜”→“模糊”→“高斯模糊”命令，在打开的“高斯模糊”对话框中设置半径为5像素，对图像进行模糊处理，处理完成后单击“确定”按钮，如图6-58和图6-59所示。

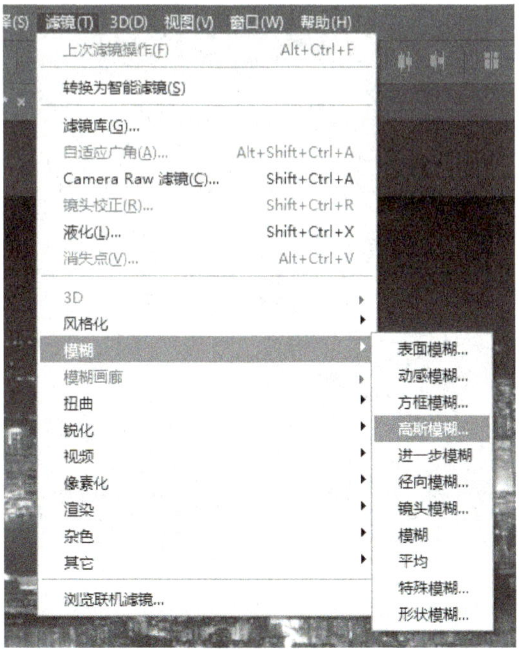

图 6-58

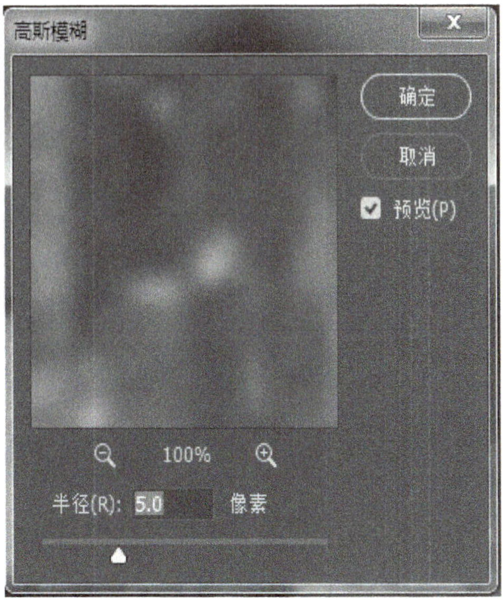

图 6-59

基本知识

“高斯模糊”滤镜可以通过“半径”选项来调节像素的模糊程度，让画面形成难以辨识的朦胧效果。执行“滤镜”→“模糊”→“高斯模糊”命令，可以打开“高斯模糊”对话框（见图6-59）。半径选项用于控制模糊的程度，参数越大，图像模糊效果越明显，参数越小，模糊的程度越轻微，其设置范围为0.1～1000像素。

小提示

使用滤镜处理某一图层中的图像时，需要选择该图层，并且图层必须是可见的。

如果创建了选区，滤镜只处理选区中的图像；如果未创建选区，则处理当前图层中的全部图像。

5. 添加光线文件

1）在图层面板中新建图层，得到“图层2”图层，打开“项目11/任务1/素材2.jpg”文件。将其复制到“图层2”中，并调整大小放置在合适的位置，使其铺满整个图像窗口，如图6-60所示。

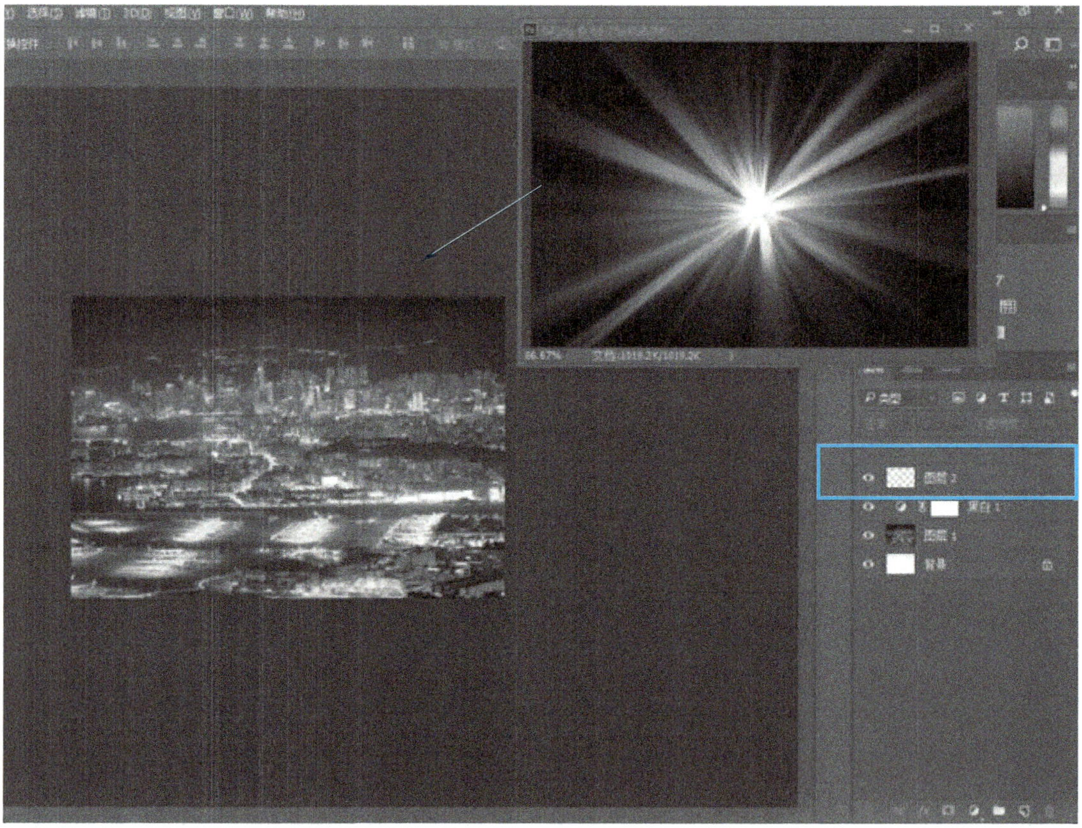

图 6-60

2）在“图层”面板中将“图层2”的混合模式设置为滤色（见图6-61），不透明度为80%，使素材与整个图像自然融合，如图6-62所示。

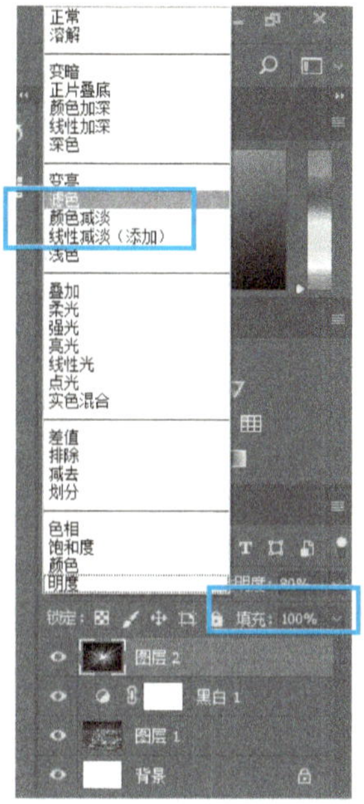

图 6-61

图 6-62

6. 添加素材文件

1）在“图层”面板中新建图层，得到“图层3”图层。打开“项目11/任务1/素材3.jpg”文件，将其复制到“图层3”中（见图6-63），并为其添加“图层蒙版”进行编辑，在图像窗口中可以看到添加建筑物后的效果，如图6-64所示。

2）按<Ctrl+J>组合键复制“图层3”图层，得到“图层3副本”图层，适当调整该图层的位置和大小，得到的效果如图6-65所示。

图 6-63

图 6-64

图 6-65

7. 调整局部曝光度

将建筑体创建为选区，为其创建“曝光度”调整图层，在打开的“属性”面板中设置“曝光度”为+0.82，“位移”为-0.0192，“灰度系数矫正”为0.79，如图6-66所示。得到的效果如图6-67所示。

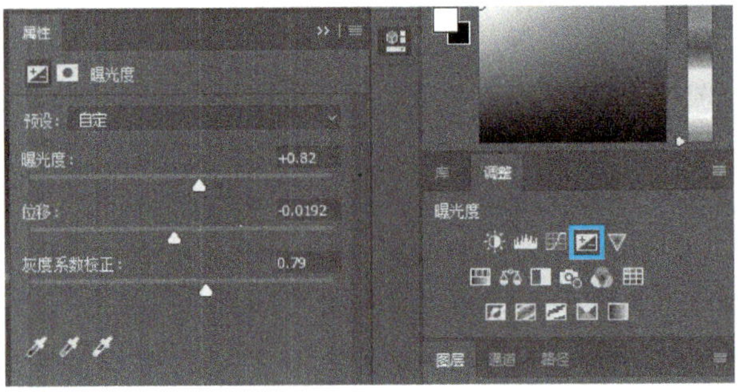

图 6-66

图 6-67

8. 添加草地素材

在“图层”面板中新建图层，得到“图层4”图层，打开“项目11/任务1/素材4.jpg”文件，将其复制到“图层4”中，并为该图层添加图层蒙版进行编辑，如图6-68所示。

图 6-68

9. 设置图案填充对话框

使用“多边形套索工具”创建选区（见图6-69），为选区创建图案填充图层，在打开的“图案填充”对话框中设置“图案”为“纤维纸2”，“缩放”为150%（见图6-70），效果如图6-71所示。

图 6-69

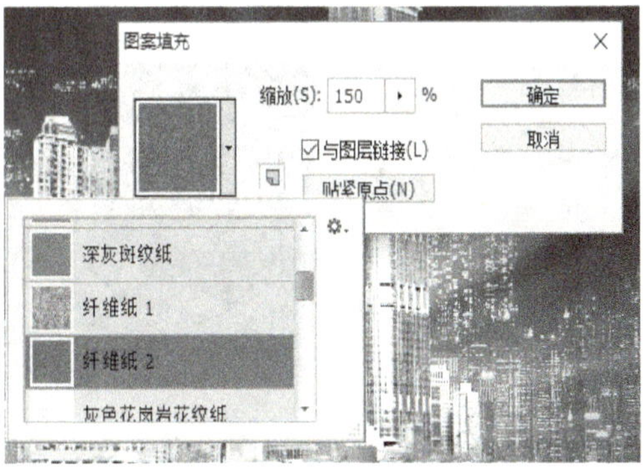

图 6-70

图 6-71

10. 添加影调

创建“曲线”调整图层，在打开的“属性”面板中对曲线的形态进行设置（见图6-72），并将该调整图层的蒙版填充为黑色，选择工具箱中的“画笔工具”，设置前景色为白色，使用不透明度较低的画笔在建筑体和纹理上进行涂抹。得到的效果如图6-73所示。

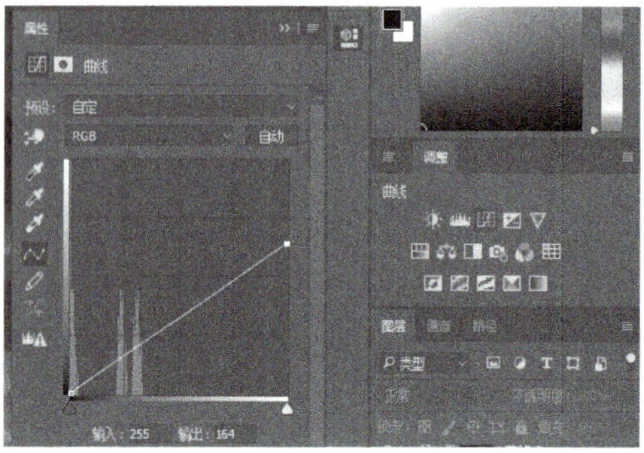

图 6-72

图 6-73

11. 为整体画面添加晕影

创建颜色填充图层，设置填充色为黑色，然后使用“椭圆选框工具”对该填充图层的蒙版进行编辑，在画面四周添加上黑色的晕影效果，如图6-74所示。

图 6-74

12. 创建选区

1）选择工具箱中的“矩形选框工具”，在该工具的选项栏中设置羽化为0像素，创建矩形选区，如图6-75所示。

图 6-75

2）将创建的矩形选区进行反向选取，然后为编辑的选区创建颜色填充图层，设置填充色为黑色，如图6-76所示。

图 6-76

3）双击“颜色填充3”图层，打开“图层样式”对话框，在其中勾选“描边”复选框，并设置描边色为R255、G204、B153，同时对其余的参数进行调整，如图6-77所示。

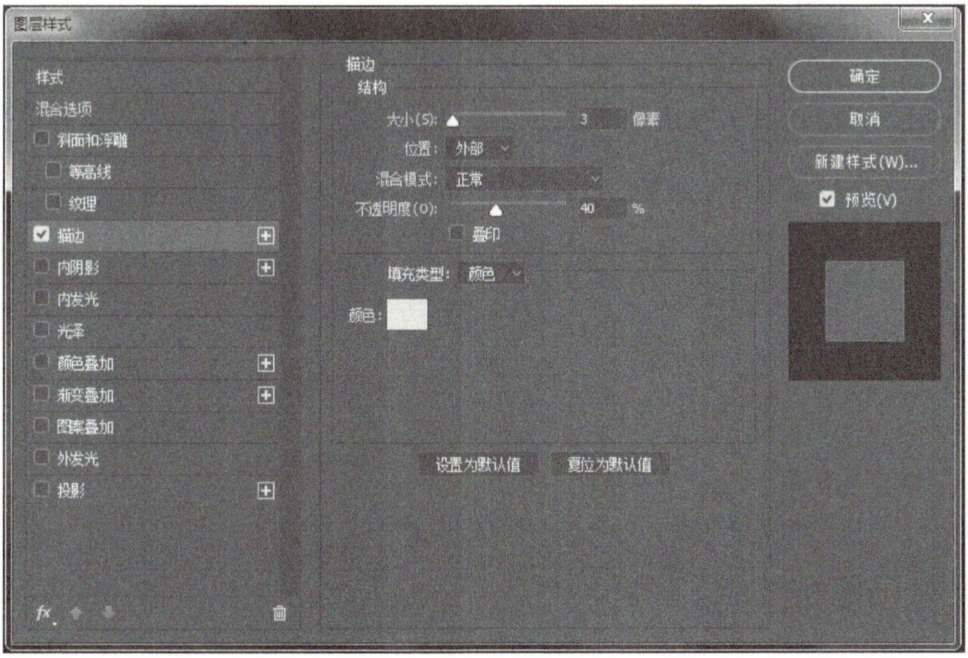

图 6-77

13．添加边线

新建图层，得到“图层5”图层，选择工具箱中的“矩形选框工具”，利用该工具创建矩形选区，并填充上适当的颜色，然后再次创建比之前矩形选区略小的选区，将选区的图像删除，为画面的四周添加上边线，如图6-78所示。

图　6-78

14. 输入文字

选择工具箱中的“横排文字工具”，在图像窗口中单击并输入所需的主题文字，并通过“字符”和“段落”面板对文字的属性进行设置，如图6-79所示。

图　6-79

15. 应用“描边”“渐变叠加”和“投影”样式

双击主题文字图层，打开“图层样式”对话框，在其中勾选“描边”“渐变叠加”和“投影”复选框，并对其相应的选项进行设置，为文字添加上描边、渐变填充和投影效果，如图6-80～图6-82所示。效果如图6-83所示。

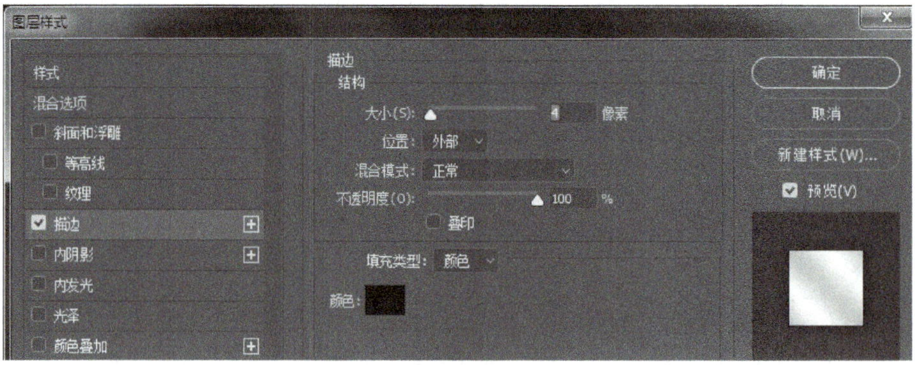

图　6-80

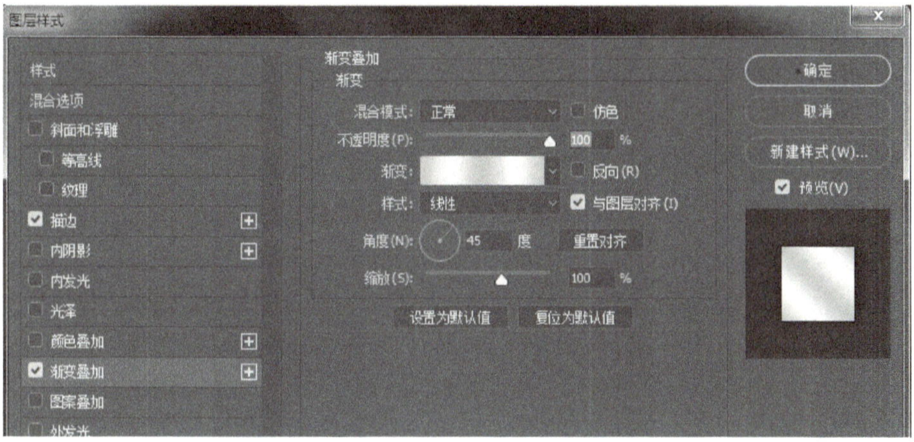

图 6-81

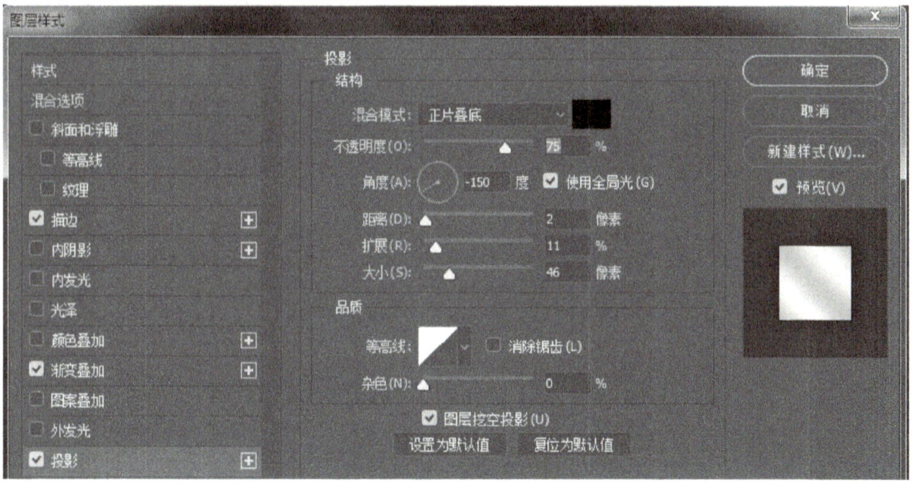

图 6-82

图 6-83

16. 执行“减少杂色”命令

按<Ctrl+Shift+Alt+E>组合键盖印可见图层，得到“图层6”图层，执行“滤镜”→“杂色”→“减少杂色”命令（见图6-84），在打开的减少杂色对话框中进行设置，调整各个选项的参数（见图6-85），最终效果如图6-86所示。

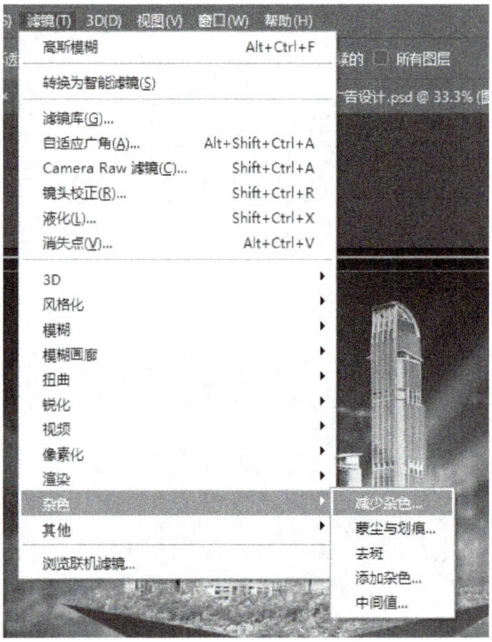

图 6-84

图 6-85

图 6-86

小提示

“减少杂色”命令可以去除影响图片质量的杂色，通过调整“减少杂色”和“保留细节”等滑块来让图像更符合要求。

17. 导出和保存项目

选择“文件”→“保存”命令，将文件进行保存。

任务2 设计宠物店DM单

任务情境

本项目是为宠物店进行的DM单设计，主打萌宠世界。

设计要求：围绕主题，吸引眼球，创新设计。

内容要求：主标为“萌宠世界”。

任务分析

本任务将宠物狗图像和彩带、圆环等素材结合在一起，制作成一幅极富创意效果的画面。在本任务的制作过程中，使用图层蒙板、图层混合模式、调色命令、通道技术和滤镜等来为画面添加一个背景，最后再为画面添加主题文字和一些其他的装饰图像，从而完成本任务的设计。

任务最终效果如图6-87所示。

图 6-87

◆ 必备知识

进行本任务之前，需要具备以下知识：使用滤镜和通道等技术制作画面的背景，使用滤镜和调色命令等技术为画面添加宠物狗主体图像以及主题文字和装饰图像。

◆ 任务实施

1. 导入素材

打开“项目11/任务2/素材1.psd”文件，图像效果和图层面板如图6-88所示。

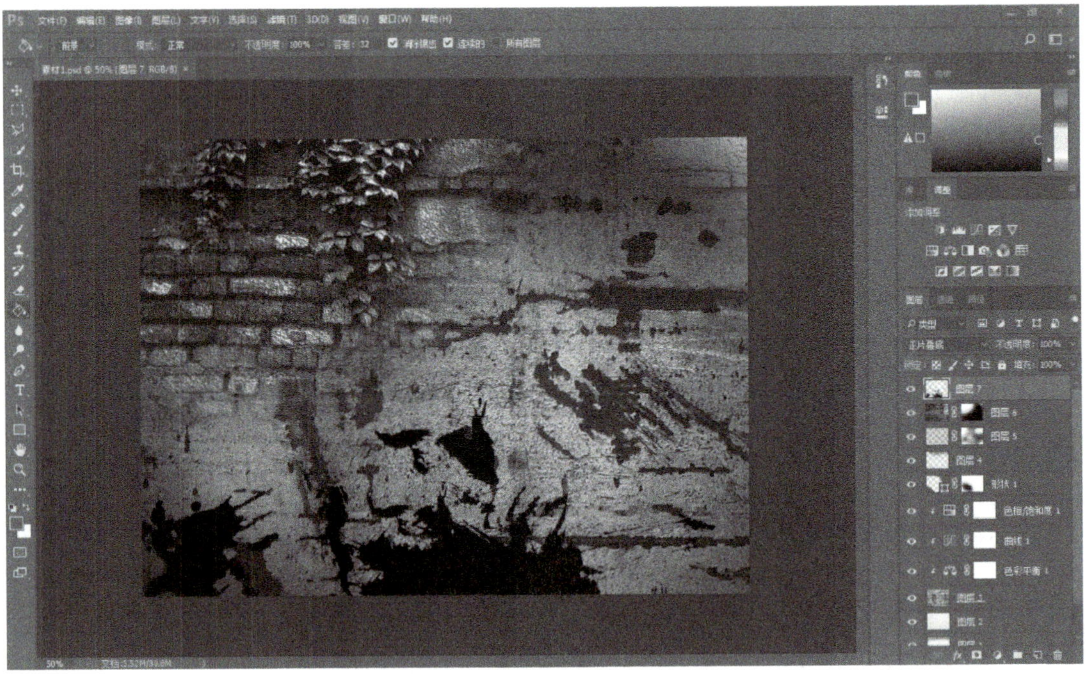

图 6-88

2. 创建通道

按住<Ctrl>键单击“图层7”，载入其选区。切换到通道面板，单击面板底部的“创建新通道”按钮，新建一个通道“Alpha1”。设置前景色为白色，按快捷键<Alt+Delete>填充选区，按快捷键<Ctrl+D>取消选区，得到如图6-89所示的效果。

图 6-89

3. 添加“高斯模糊”滤镜

选择通道“Alpha1”，执行“滤镜”→“模糊”→“高斯模糊”命令，在打开的“高斯模糊”对话框中设置半径为54像素，对图像进行模糊处理，处理完成后单击“确定”按钮，如图6-90和图6-91所示。

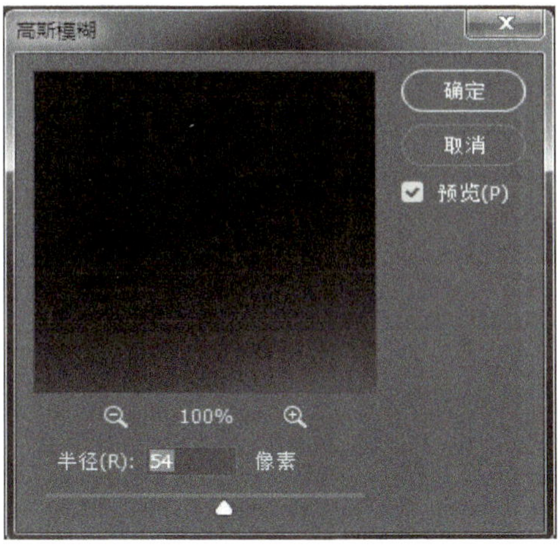

图 6-90

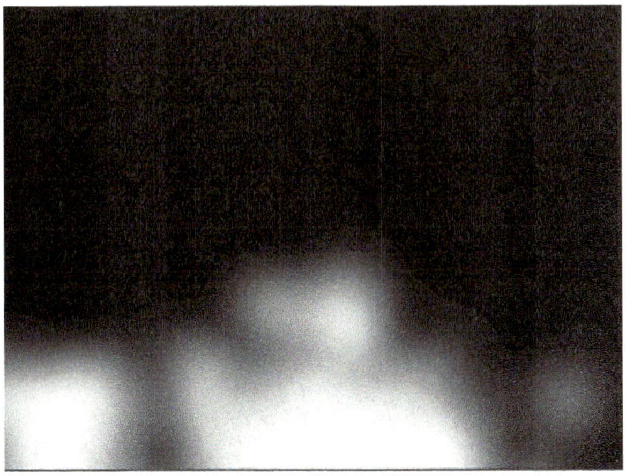

图 6-91

4. 添加“彩色半调”滤镜

1）按快捷键<Ctrl+I>，执行“反相”操作。选择“滤镜”→“像素化”→“彩色半调”命令（见图6-92），在打开的对话框中进行参数设置（见图6-93），单击“确定”按钮，得到如图6-94所示的效果。

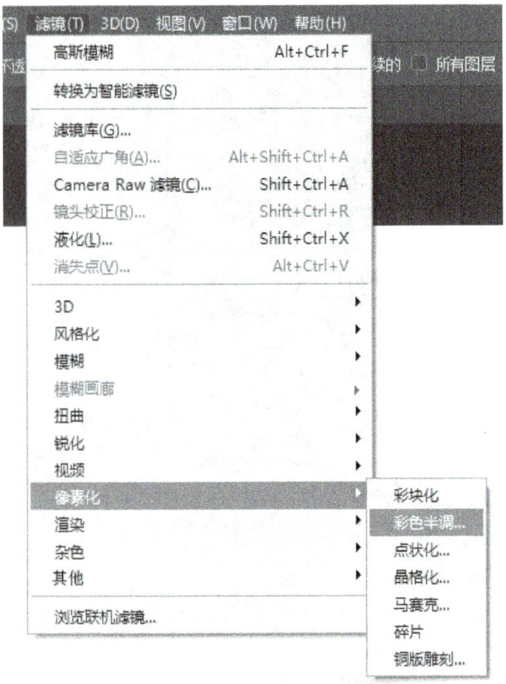

图 6-92

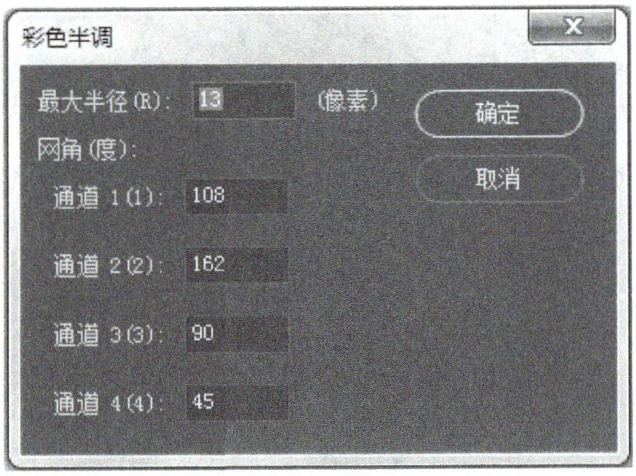

图 6-93

图 6-94

基本知识

“彩色半调”滤镜会将图像划分为矩形，再逐渐变化为与矩形大小等比例的圆点，以此模拟出持续的色调，再把这些小圆点混合成平滑的色调。选择“滤镜”→“像素化”→“彩色半调”命令，可以打开如图6-93所示的对话框。

1）最大半径：为半调网点的最大半径定义一个以像素为单位的值，设置范围为4～127像素。值越大，半调网点就越大。

2）网角选项组：为一个或多个通道输入网角值，即网点与实际水平线的夹角。对于灰度图像，只使用通道1；对于RGB颜色模式的图像，使用通道1、2和3，分别对应红色、绿色和蓝色通道；对于新CMYK颜色模式的图像，使用所有四个通道，对应于青色、洋红、黄色和黑色通道。

2）按住<Ctrl>键单击通道“Alpha1”，载入其选区，切换到“图层”面板，设置前景色为黑色，新建一个图层，得到“图层8”。按快捷键<Alt+Delete>用前景色填充选区，按快捷键<Ctrl+D>取消选区，得到的效果如图6-95所示。

图　6-95

小提示

按住<Ctrl+Shift>组合键并单击通道，可在当前选区中增加该通道所保存的选区。按住<Ctrl+Alt>组合键并单击通道，可在当前选区中减去该通道所保存的选区。按住<Ctrl+Shift+Alt>组合键并单击通道，可得到当前选区与该通道所保存选区重叠部分的选区。

5. 打开素材文件

1）打开“项目11/任务2/素材2.psd”文件，新建“图层9”，将其复制到“图层9”中，并适当调整素材文件的大小和位置，如图6-96和图6-97所示。

图 6-96

图 6-97

2）单击“添加图层蒙版”按钮，为“图层9”添加图层蒙版。设置前景色为黑色，使用“画笔工具”，设置适当的画笔大小和不透明度后，在图层蒙版中涂抹，得到如图6-98所示的效果。

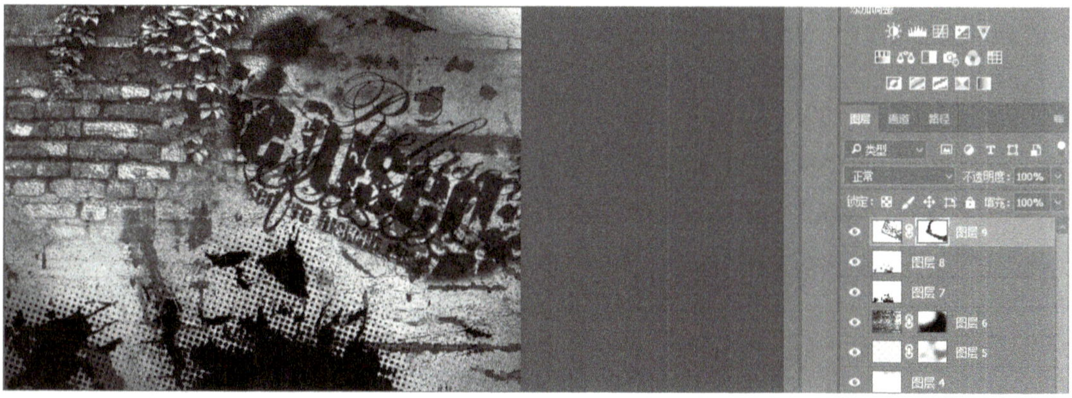

图 6-98

3）打开“项目11/任务2/素材3.psd”文件，新建“图层10”，将其复制到“图层10”中，并适当调整素材文件的大小和位置。设置“图层10”的图层混合模式为“叠加”，如图6-99所示。

图 6-99

4）打开“项目11/任务2/素材4.psd”文件，新建“图层11”，将其复制到“图层11”中，并适当调整素材文件的大小和位置。设置“图层11”的图层混合模式为“叠加”，如图6-100和图6-101所示。

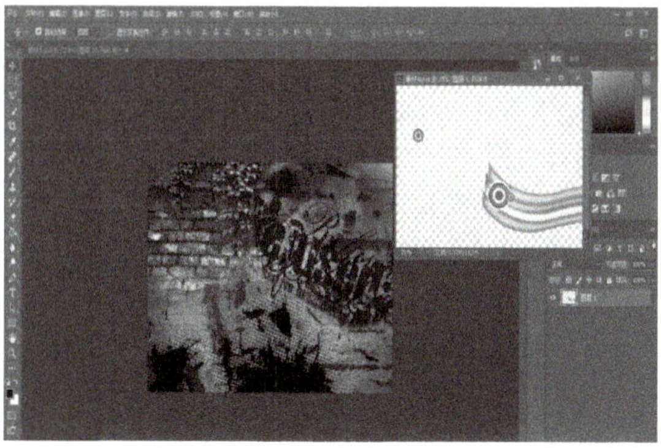

图 6-100

图 6-101

6．添加“铜版雕刻”滤镜效果

打开“项目11/任务2/素材5.jpg”文件，新建“图层12”，将其复制到“图层12”中，并适当调整素材文件的大小和位置。选择“滤镜”→“像素化”→“铜版雕刻”命令（见图6-102），在打开的对话框中，将“类型”设置为“中等点”（见图6-103），单击“确定”按钮，得到的效果如图6-104所示。

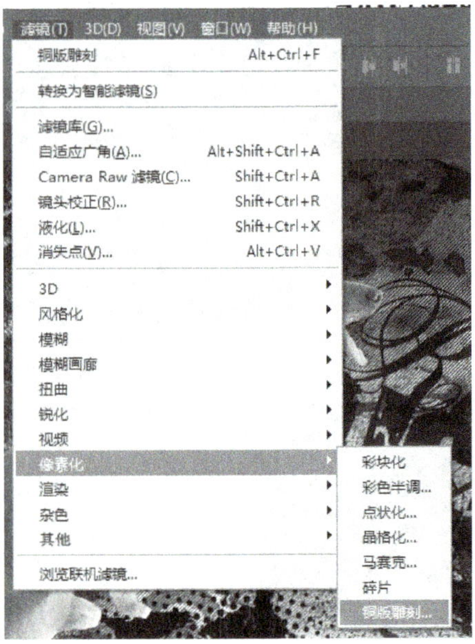

图 6-102

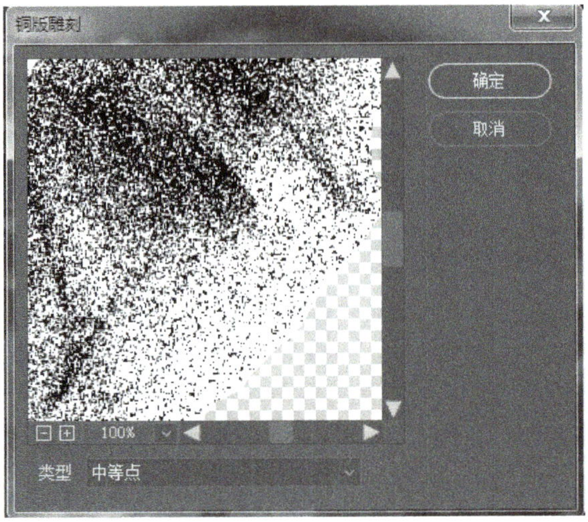

图 6-103

图 6-104

基本知识

“铜版雕刻”滤镜使用点状、短线、长线和长边等多种类型，将图像制作成在铜版上雕刻的效果。

铜版雕刻的类型设置包括“精细点”“中等点”“粒状点”“粗网点”“短线”“中长直线”“长线”“短描边”“中长描边”“长边”10种类型，选择不同的类型将有不同的效果。

7. 添加文字

新建4个图层，分别输入“萌”“宠”“世”“界”4个字，选择合适的字体和颜色并调整大小和位置。设置文字图层的混合模式为“溶解”。最终效果如图6-105所示。

图 6-105

8. 导出和保存项目

选择“文件”→“保存”命令，将文件进行保存。

项目评价

在这一项目中，通过“设计房地产DM单”和“设计宠物店DM单”两个任务，学会使用“模糊”“杂色”“彩色半调”和“铜版雕刻”滤镜等命令，并通过对本项目的学习，做出项目评价和自我评价。

项目11　DM单设计	很满意	较满意	有待改进	不满意
项目设计的评价				
项目的完成情况				
知识点的掌握情况				
与本组成员协作情况				
客户对项目的评价				
自我小结				

项目12 QQ表情设计<<<

学习目标

知识目标：掌握使用Photoshop制作GIF动画的一般流程。

技能目标：能使用Photoshop软件完成动作录制、批处理及动画操作。

情感目标：培养学生的创造性思维和任务操作能力。

任务1 设计《阿～打》QQ表情

任务情境

绘本《吉祥和超人》已完成了全面绘制，主人公“吉祥”作为一个独立的卡通IP形象急需提升熟知度。在这个信息爆炸的时代，微信、QQ等社交手段已经完全融入日常生活，人们的交流已经不再局限于文字，QQ表情成为更活泼、自由的交流方式。因此将“吉祥”与QQ表情进行对接，完成一系列表情包的制作，给该IP形象注入持续发展的动力。

“吉祥”是一个内心善良、性格直率、爱憎分明的小女孩，因此在制作QQ表情时需要表现出“吉祥”豪放的性格。立足绘本《吉祥和超人》中的《床单大侠》篇，制作出“吉祥”身披床单、惩恶扬善的动态表情。

任务分析

QQ表情要依据于该IP形象的性格特点，展现出“吉祥”可爱逗趣的模样。制作前期，应仔细阅读绘本，分析角色形象特征，选取合适内容并思考相关动作。根据《床单大侠》篇，主要刻画“吉祥”化身大侠后教训坏孩子的动态，动作鲁莽的同时又不失呆萌，作为表情有较广泛的应用范围。

制作前先在纸上勾勒出大致的动画效果，确认好动画效果后，再在纸上拆解动画的元素，分析这些动画的图层逻辑顺序，哪些动画效果需要逐帧实现，哪些需要把图层转换为智能对象等。

通过本项目，学生能了解动作分层的相关知识，掌握制作PS动画的技能，进而能创造性地对图片素材进行动画创意设计。

任务最终效果如图6-106所示。

图 6-106

必备知识

进行本任务之前，需要具备以下知识：数位板绘制能力、运动规律基本理论、图层的相关知识点。

基本知识

GIF（Graphics Interchange Format）的原义是“图像互换格式”，可以存多幅彩色图像，多幅图像逐幅显示就可以构成一种最简单的动画，因此GIF格式是QQ表情常用的图像格式。

Photoshop是用于制作GIF格式的QQ表情的最便捷手段之一。随着Photoshop版本的不断升级，其功能也不断优化和增加，不再仅有逐帧制作方式，也可以用时间轴对动画进行编辑。

时间轴动画将各动画项目独立出来，例如，位置、变换、不透明度、样式等，对其中一个项目的修改并不会影响其他项目。选定某个项目后，可以通过增加关键帧的方式记录变化，不同的关键帧之间会自动生成动画。

关键帧相当于二维动画中的原画，指角色、物体运动或变化中的关键动作所处的帧。关键帧与关键帧之间的动画可以由软件自动生成，被称为过渡帧或者中间帧。

任务实施

1. 打开素材

打开Photoshop CC，按<Ctrl+O>组合键，导入素材文件，如图6-107所示。

图 6-107

2. 绘制图像

1）新建图层，使用数位板分层绘制吉祥的身体及头部、披风、手臂、腿部、皇冠、扫把的线稿，如图6-108所示。

图 6-108

2）在披风图层的上方新建一个图层，绘制披风和身体部分变化的线稿，如图6-109所示。

图 6-109

3）在对应图层完成线稿上色，如图6-110所示。

图 6-110

4）调整图层位置关系并关闭背景层显示，完成图像绘制准备。

小提示

QQ表情的背景通常是透明的，所以制作时需要隐藏背景。

3. 打开“时间轴”面板

1）执行“窗口”→“时间轴”命令，打开“时间轴”面板，如图6-111所示。选择“创建视频时间轴”命令，如图6-112所示。打开视频模式的“时间轴”面板，如

图6-113所示。

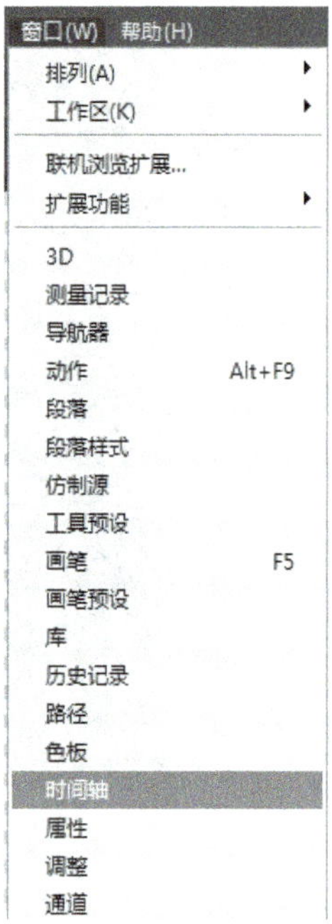

图 6-111

图 6-112

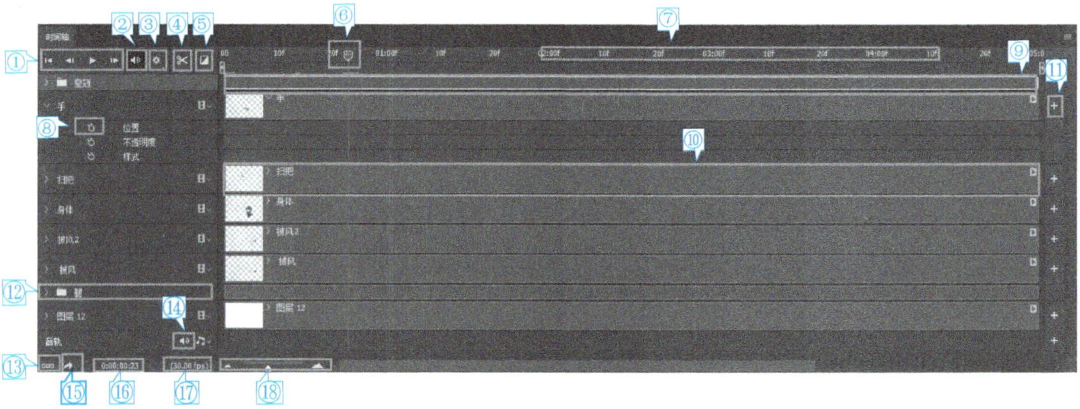

图 6-113

基本知识

图6-113中视频模式“时间轴”面板各选项含义如下：

① 播放控件；

② 音频控制按钮；

③ 设置回放选项；

④ 在播放头处拆分；

⑤ 过渡效果；

⑥ 当前时间指示器；

⑦ 时间标尺；

⑧ 时间变化秒表；
⑨ 工作区域指示器；
⑩ 图层持续时间条；
⑪ 向轨道添加媒体/音频；
⑫ 视频组；
⑬ 转换为帧动画；
⑭ 音轨；
⑮ 渲染视频；
⑯ 当前显示时间；
⑰ 帧速率；
⑱ 控制时间轴变化比例。

2）单击“时间轴”面板右上角的按键，在弹出的菜单中选择“设置时间轴帧速率”命令，如图6-114所示。打开“时间轴帧速率”对话框，设置“帧速率”为12，如图6-115所示。

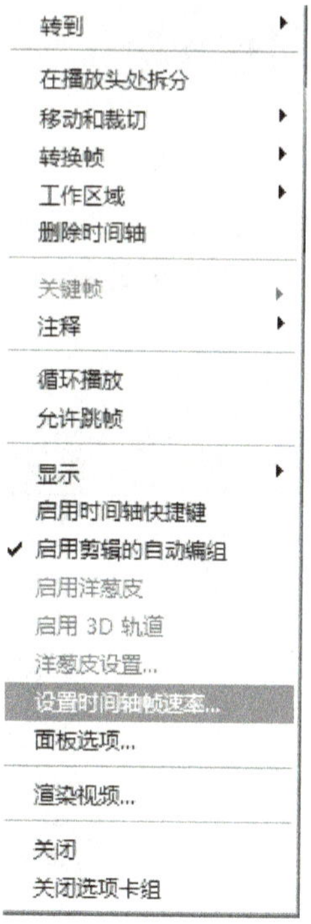

图 6-114

图 6-115

小提示

帧速率（Frames per Second，FPS），单位为帧/秒，是指每秒刷新的图片帧数，对动画而言，帧速率指每秒所显示的静止画面数。每秒的帧数越多，所显示的动作就越流畅，帧速率一般不小于8帧/秒。

3）单击“时间轴”面板右上角的按钮，在弹出的菜单中选择“面板选项”命令，如图6-116所示。打开“面板选项”对话框，设置“时间轴单位”为“帧号”，如图6-117所示。

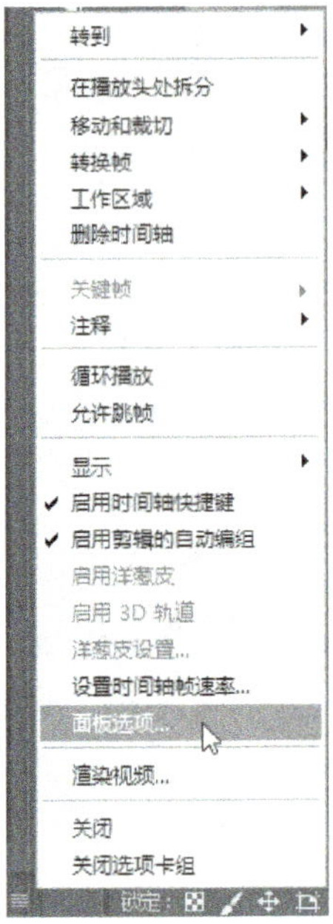

图 6-116

图 6-117

4）将“当前时间指示器”移动到6帧处，如图6-118所示。单击“时间轴”面板右上角的按钮，在弹出的菜单中选择“工作区域”→“在播放头处设置结尾”命令，如图6-119所示。

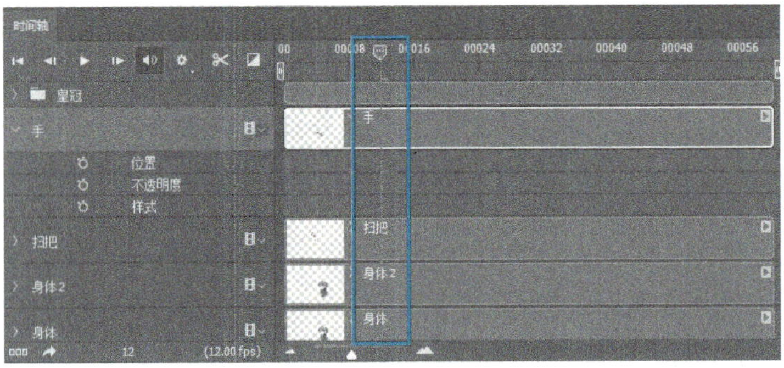

图 6-118

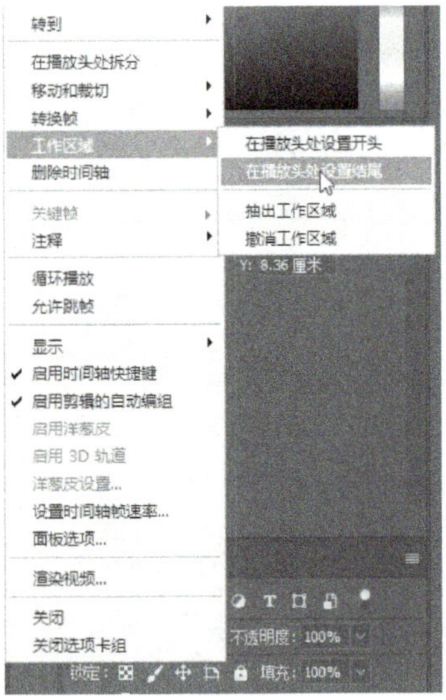

图 6-119

5）拖动缩放滑块，可以将时间轴放大或缩小显示，向左拖动滑块，效果如图6-120所示。

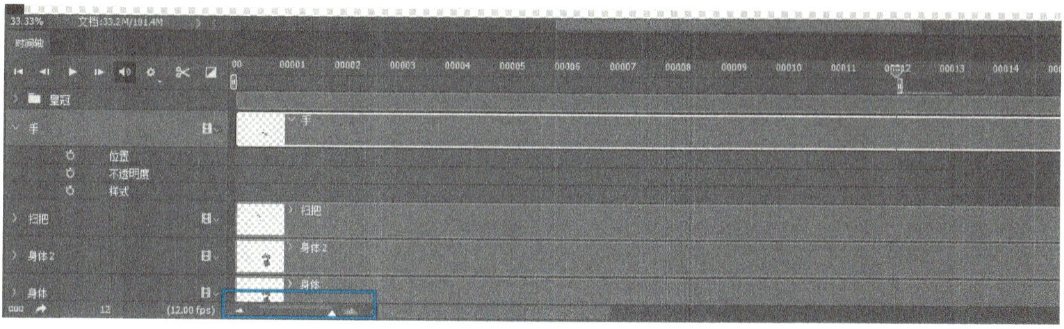

图 6-120

4. “时间轴”动画制作

1）右击“图层”面板中的“手”图层，在弹出的菜单中选择“转换为智能对象”命令，如图6-121所示。展开“时间轴”面板中的“手”图层，把“当前时间指示器”移动到第2帧处，单击“位置”左侧的按钮，在第2帧处创建一个关键帧，如图6-122所示。再把“当前时间指示器”向后移动1帧，单击左侧按钮，创建一个关键帧，如图6-123所示。按<Ctrl+T>组合键，移动“手”的旋转中心，并旋转一定角度，按<Enter>键确认，如图6-124所示。

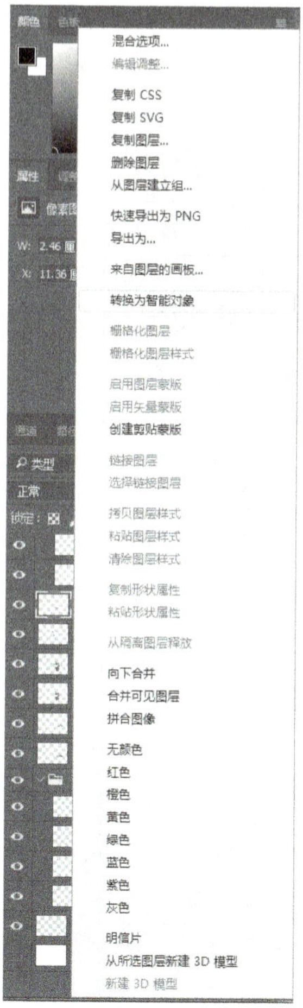

图 6-121

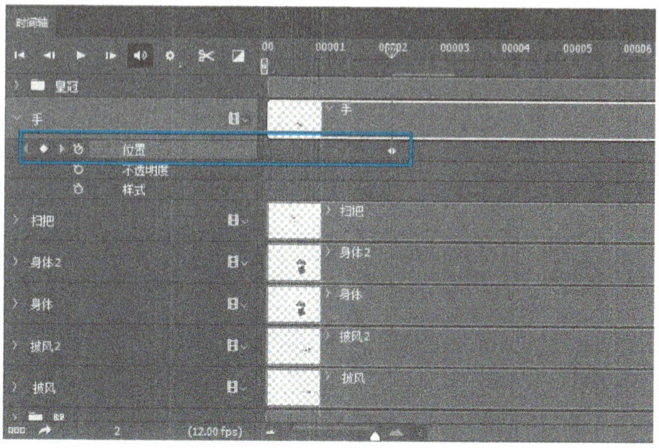

图 6-122

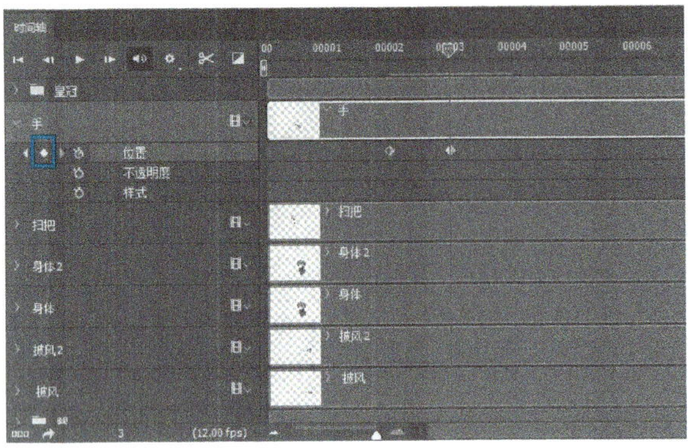

图 6-123

图 6-124

小提示

智能对象是Photoshop中的重要功能之一，它可以保护栅格或矢量图像的原始数据，防止破坏性编辑。当前形状转换为智能对象后，它最大的形状会被固定，如果转换为智能对象后再放大，可能会失真，所以在绘制素材时应尽可能画得大一些，转换智能对象缩小后再次放大也不会失真。

2）在“时间轴”面板中选择“手”层的两个关键帧，单击该面板右上角的按钮，选择“关键帧”→“拷贝”命令，如图6-125所示。移动“当前时间指示器”到第4帧位置，选择“关键帧”→“粘贴”命令，如图6-126所示。移动“当前时间指示器”到第6、8、10帧位置，重复粘贴操作3次，如图6-127所示。

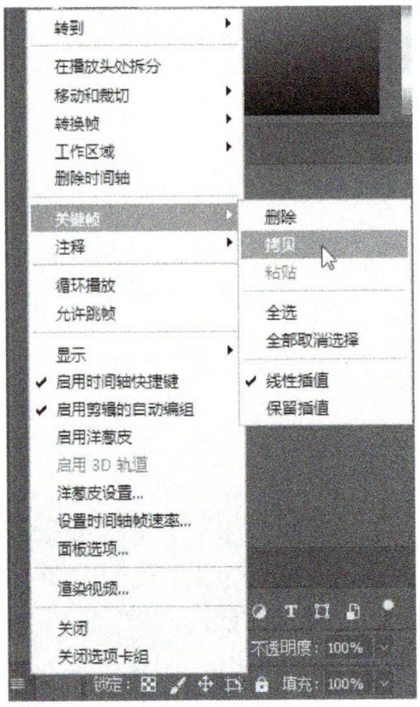

图 6-125

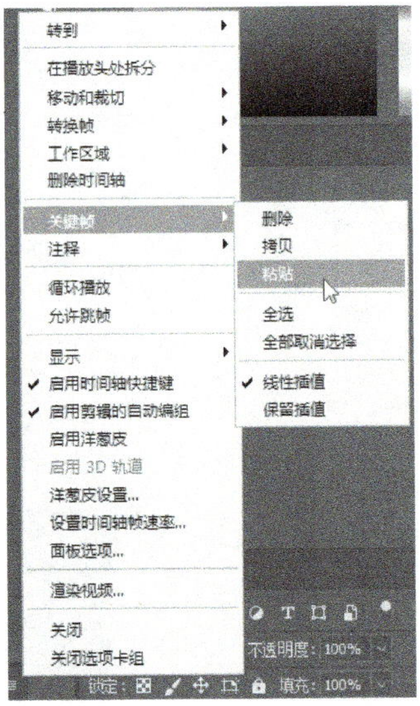

图 6-126

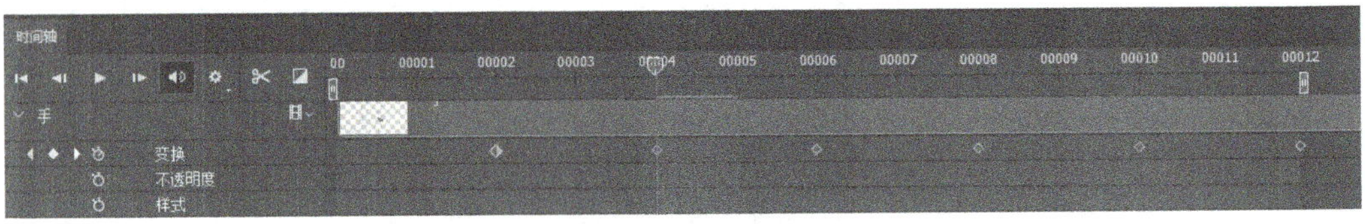

图 6-127

3）对“扫把”层执行上述相同操作，如图6-128所示。

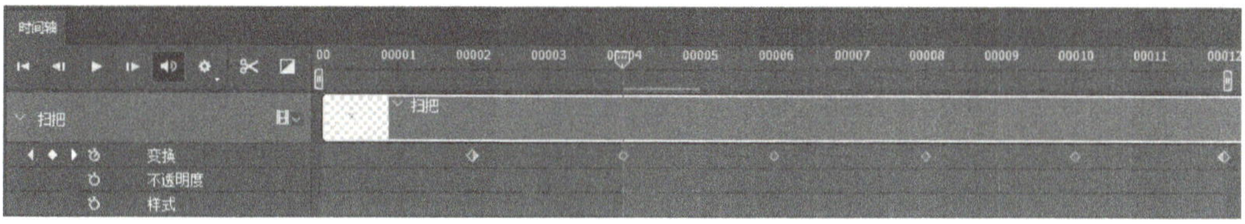

图　6-128

4）首先展开“时间轴”面板中的“皇冠”视频组，接着单击展开“皇冠1”图层，把“当前时间指示器”移动到开始处，单击“位置”左侧的按钮，在开始处创建一个关键帧，如图6-129所示。再把“当前时间指示器”向后移动两帧，在画面中使用移动工具，移动皇冠圆点位置，时间轴面板自动在该帧处创建一个关键帧，如图6-130所示。

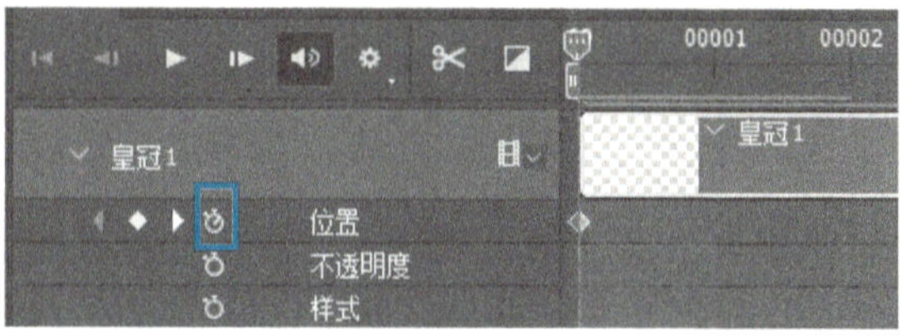

图　6-129

图　6-130

5）在“时间轴”面板中选择“皇冠1”层的两个关键帧，单击该面板右上角的按钮，选择“关键帧”→“拷贝”命令，移动“当前时间指示器”到第4帧位置，选择“关键帧”→“粘贴”命令。移动“当前时间指示器”到第8帧位置，重复粘贴操作，如图6-131所示。对“皇冠”视频组中的其他图层执行上述相同操作，如图6-132所示。皇冠圆点变化位置应呈间隔相反方向移动，如图6-133所示。

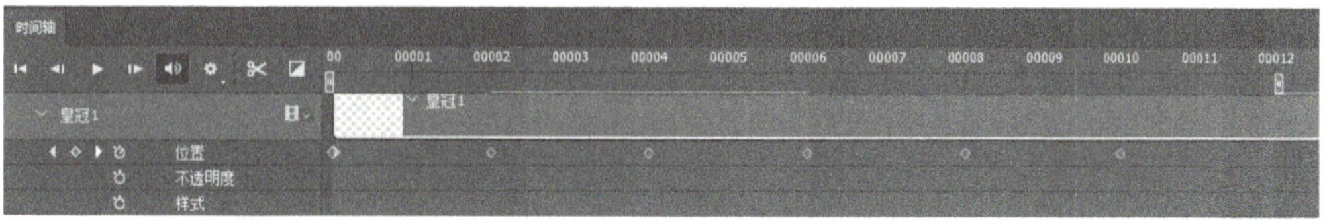

图　6-131

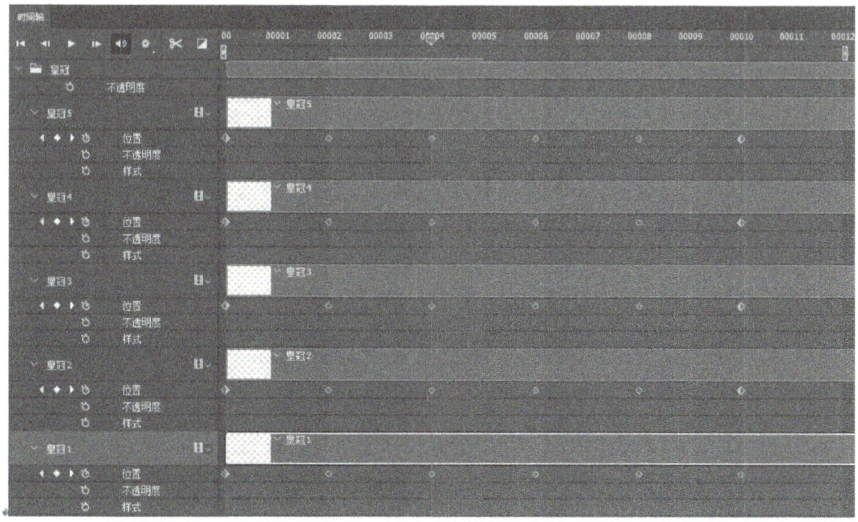

图　6-132

图 6-133

6）分别右击“图层”面板中的“腿”图层组下的各图层，在弹出的菜单中选择“转换为智能对象”。展开“时间轴”面板中的“腿”视频组，接着单击展开“腿1”图层，把“当前时间指示器”移动到开始处，单击“位置”左侧的按钮，在开始处创建一个关键帧，再把“当前时间指示器”向后移动两帧，单击左侧按钮，创建一个关键帧，如图6-134所示。按<Ctrl+T>快捷键，在画面中对该图像进行缩放，并对位置进行微调，按<Enter>键确认，如图6-135所示。

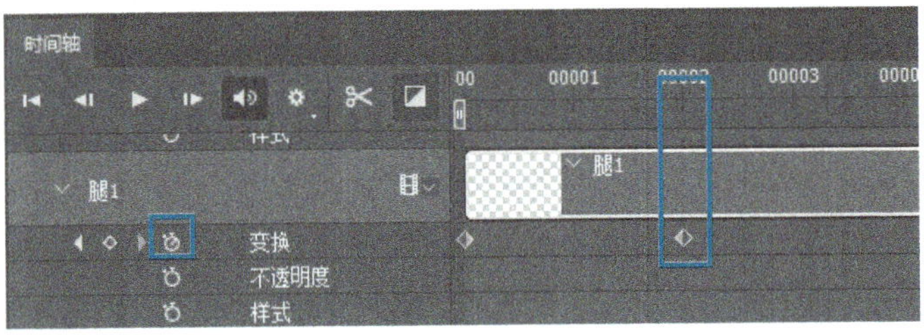

图 6-134

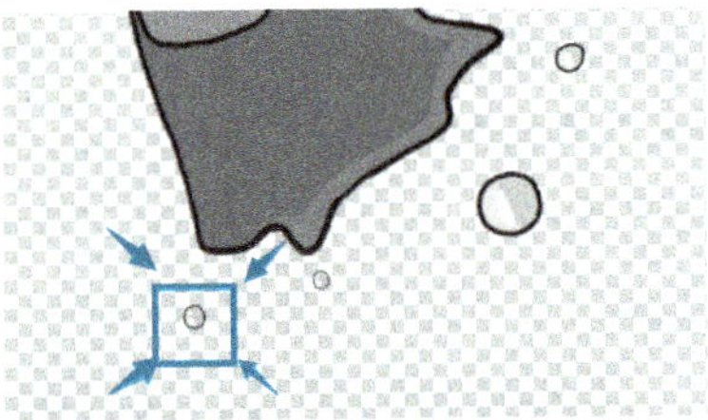

图 6-135

7）在“时间轴”面板中选择“腿1”层的两个关键帧，单击该面板右上角的按钮，选择“关键帧”→“拷贝”命令，移动“当前时间指示器”到第4帧位置，选择“关键帧”→“粘贴”命令。移动“当前时间指示器”到第8帧位置，重复粘贴操作，如图6-136所示。

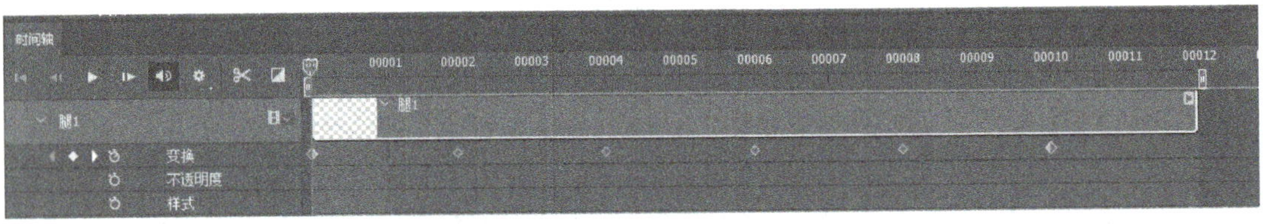

图 6-136

8）对“腿”视频组中的其他图层执行上述相同操作，如图6-137所示。腿部圆点大小变化应呈间隔相反变化，如图6-138所示。

9）单击“身体”的图层持续时间条，当光标变成⇹时，拖动“当前时间指示器”的结束点到第2帧处，如图6-139所示。用同样的方法，将“身体2”持续时间结束点移动到第2帧处，如图6-140所示。

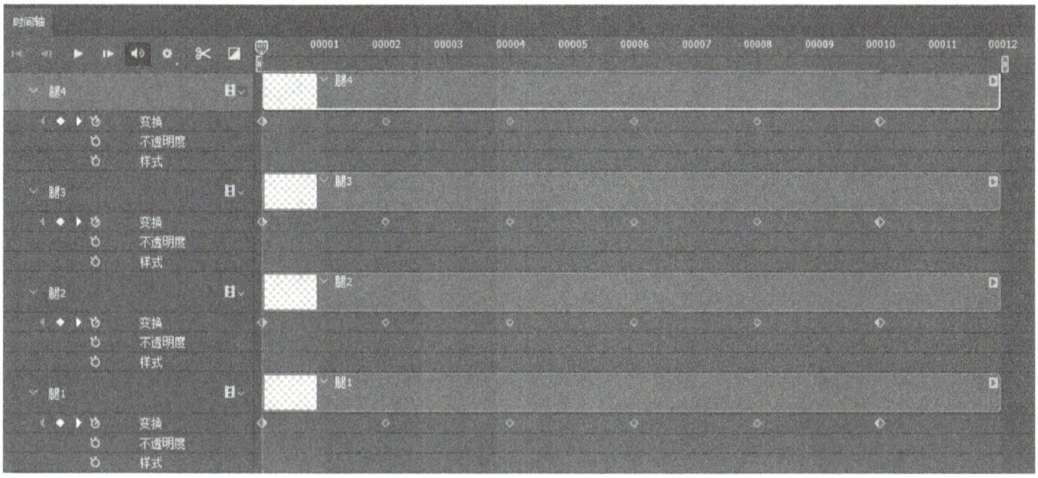

图 6-137

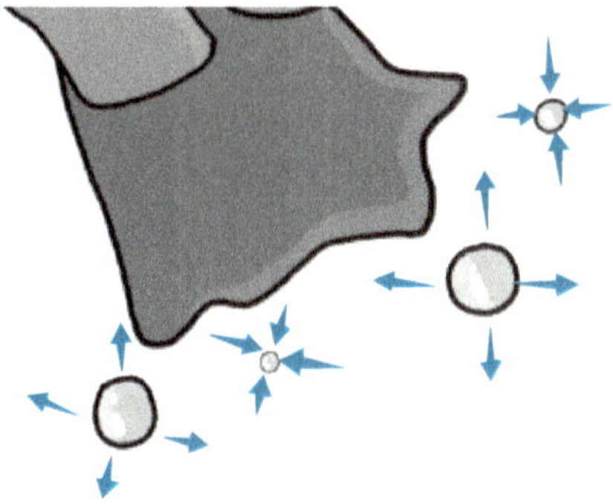

图 6-138

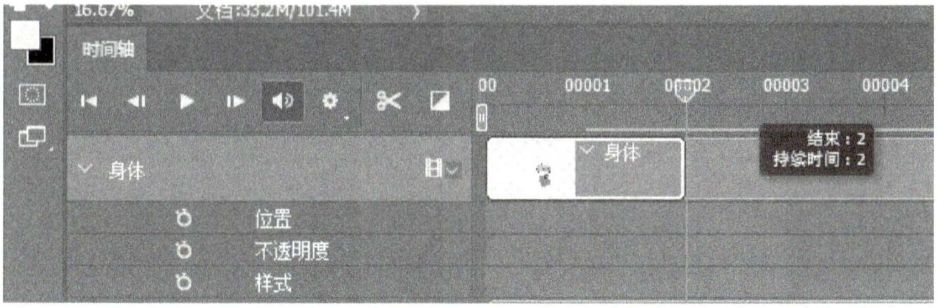

图 6-139

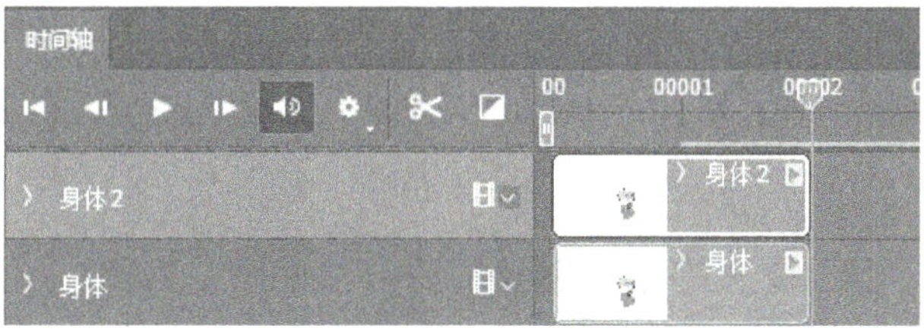

图 6-140

10）选择“身体2”，按住鼠标向“身体”图层时间条尾部拖动，使其左端与

“身体”图层时间条结尾处对齐，如图6-141所示。

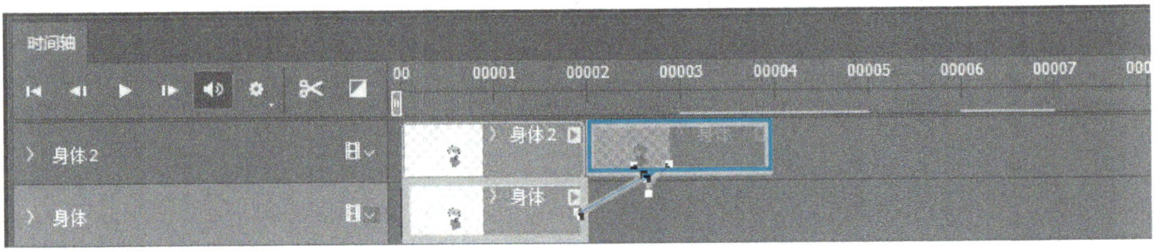

图 6-141

11）在“图层”面板，双击新建成的“视频组1”文字部分，对该视频组进行重命名，改为“身体-总”，如图6-142所示。同时选择“身体”和“身体2”两个图层，按快捷键<Ctrl+J>，复制这两个图层，重复操作一次，如图6-143所示。此时在“时间轴”面板中，可以看到已经形成依次连接的时间条，如图6-144所示。

图 6-142

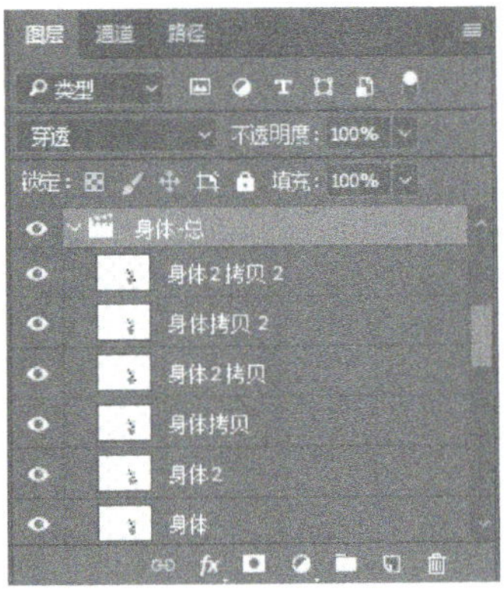

图 6-143

图 6-144

12）对“披风”和“披风2”层执行上述相同操作，形成“披风-总”视频组，如图6-145所示。

图 6-145

13）在“图层”面板依次选择“皇冠”组、“手”“扫把”“身体-总”组、“披风-总”组、“腿”组，右击并在弹出的菜单中选择“转换为智能对象”，如图6-146所示。双击新建成的“皇冠”图层文字部分，对该视频组进行重命名，改为“吉祥”，如图6-147所示。

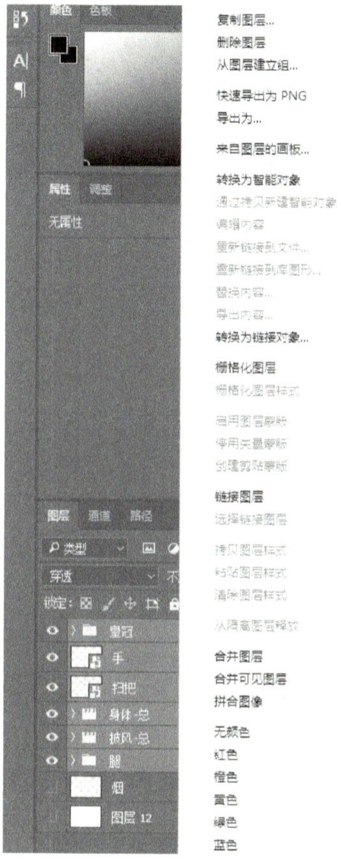

图 6-146

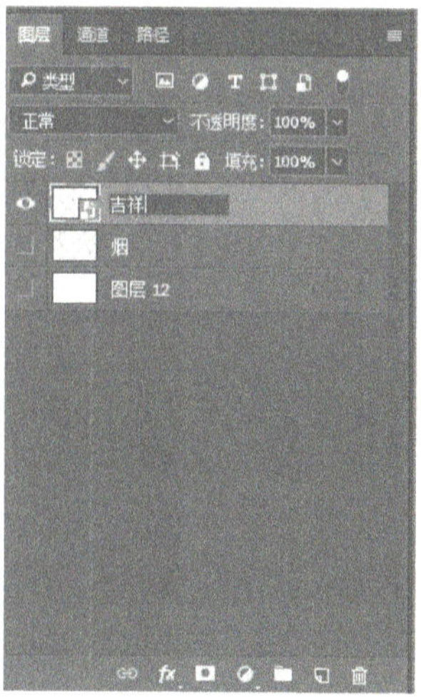

图 6-147

小提示

编辑一个智能对象，所有的智能对象都会被一起编辑。如果将若干个图层转换为智能对象，然后对其整体进行编辑处理，则其内部的几个图层都会发生相同的变化，这样可以比较容易处理图层较多的图片。

14）把“当前时间指示器”移动到第1帧处，单击展开“吉祥”时间条，单击“位置”左侧的按钮，在此处创建一个关键帧，再把“当前时间指示器”移动到第11帧，在画面中使用移动工具，移动“吉祥”图像位置，如图6-148所示。时间轴面板自动在该帧处创建一个关键帧，如图6-149所示。

图 6-148

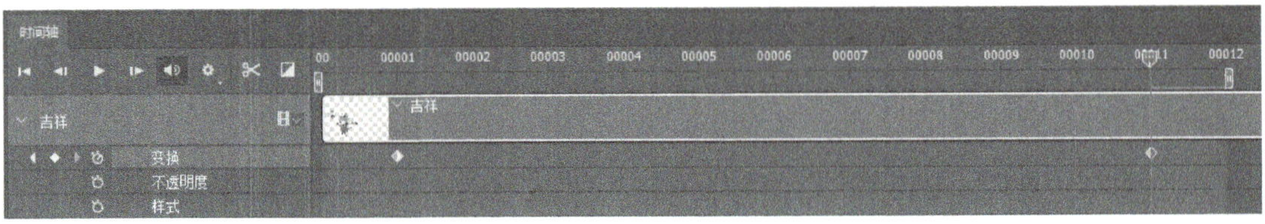

图 6-149

小提示

使用移动工具的同时，按住<Shift>键，可以保证图像水平移动。

15）对“烟”层执行上述相同操作，如图6-150所示。

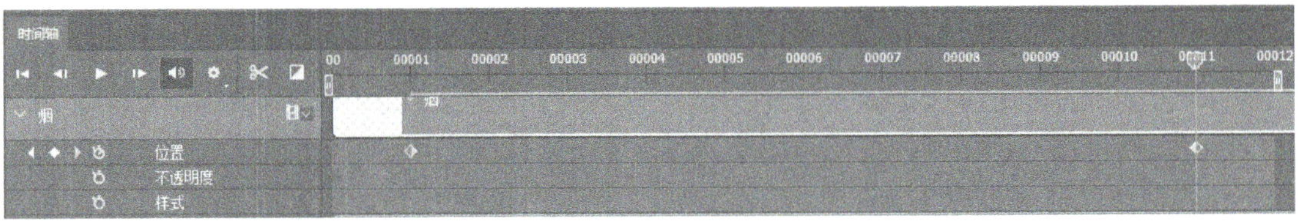

图 6-150

16）单击“时间轴”面板中的“播放动画”按钮，可以在文件窗口观看动画效果。单击“停止播放”按钮，可以停止正在播放的动画。单击面板的左上角按钮，在弹出的菜单内选择“循环播放”命令，可以实现动画的循环播放，如图6-151所示。

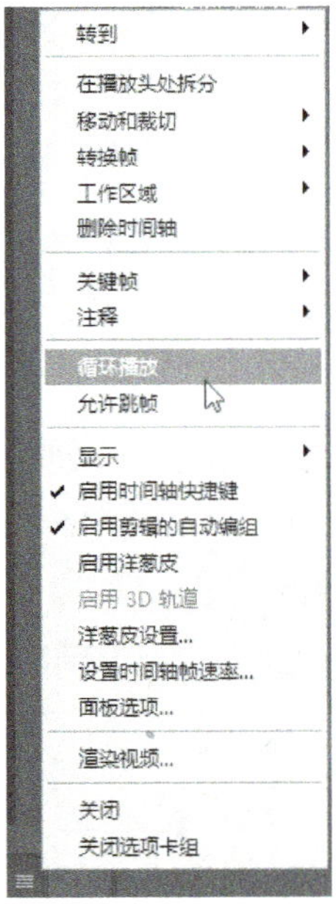

图 6-151

5．存储为GIF格式

1）执行“图像”→“图像大小”命令，或按快捷键<Alt+Ctrl+I>，打开“图像大小”对话框，如图6-152所示。设置宽度为500像素，高度为322像素，分辨率为300像素/英寸，单击“确定”按钮，如图6-153所示。

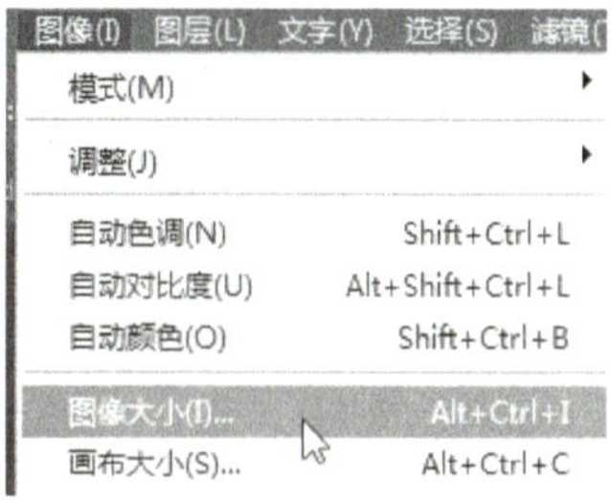

图 6-152

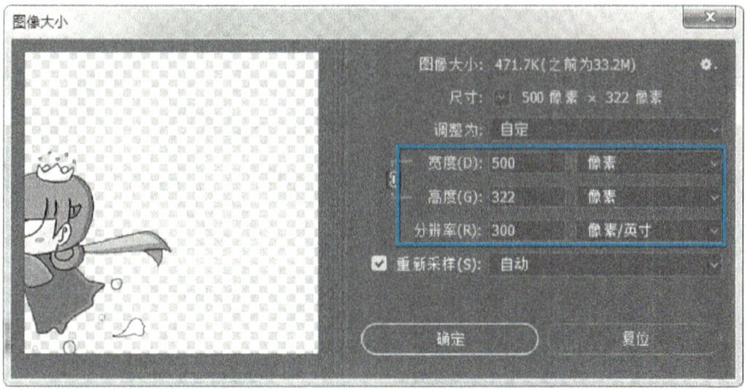

图 6-153

2）执行“文件”→“导出”→“存储为Web所用格式”命令，或按快捷键<Shift+Ctrl+Alt+S>，打开“存储为Web所用格式”对话框，如图6-154所示。

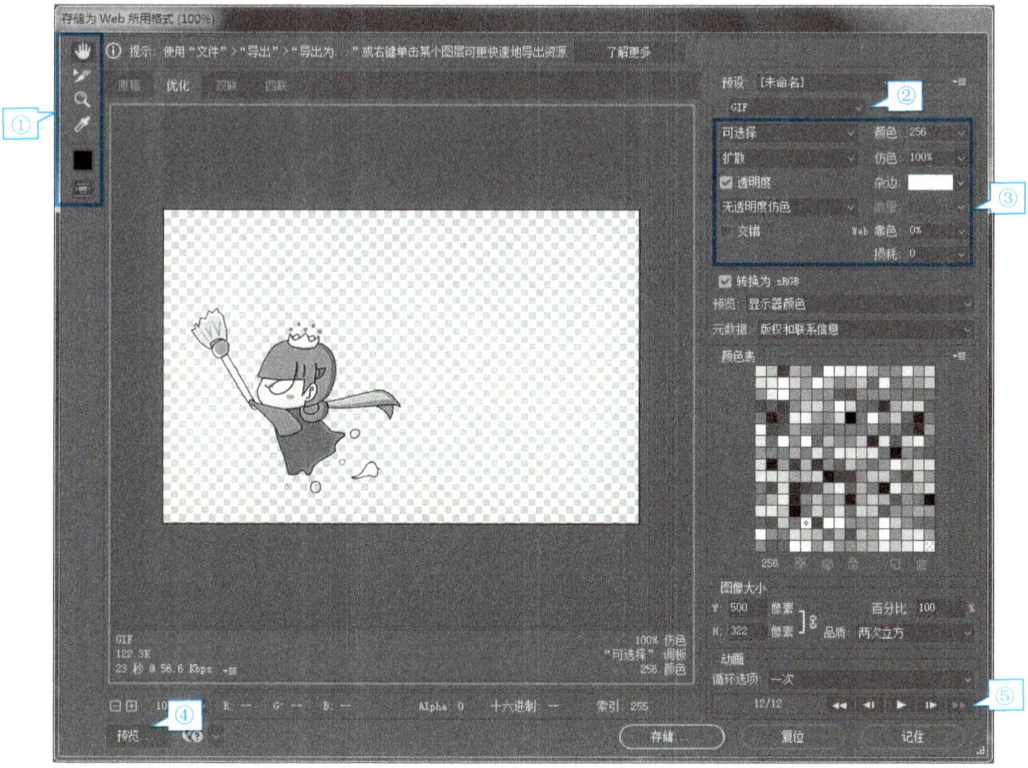

图 6-154

基本知识

在图6-154中“存储为Web所用格式”面板各选项含义如下：

① 工具；

② 优化文件格式；

③ 优化设置；

④ 预览；

⑤ 动画播放。

3）在“优化文件格式”的下拉列表中选择“GIF”格式，设置“格式”为“仅限图像”，“颜色”为256，“循环选项”为“永远”，如图6-155所示。设置完毕，单击“存储”按钮，弹出“将优化结果存储为”对话框，选择存储位置后，在“格式”下拉列表中选择“仅限图像”，如图6-156所示。单击“保存”按钮，会弹出一个警告对话框，如图6-157所示，单击“确定”按钮即可。

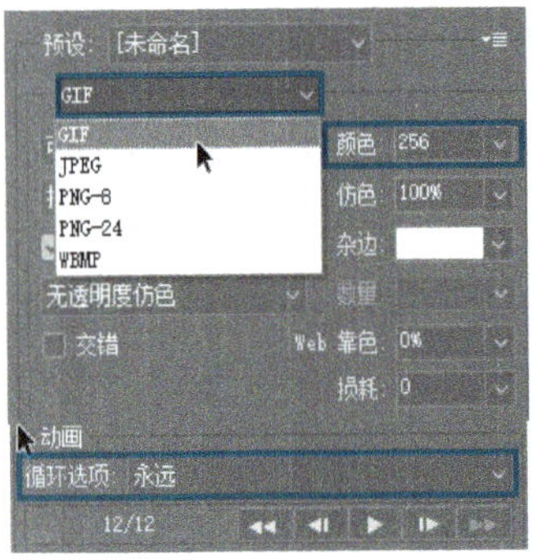

图　6-155

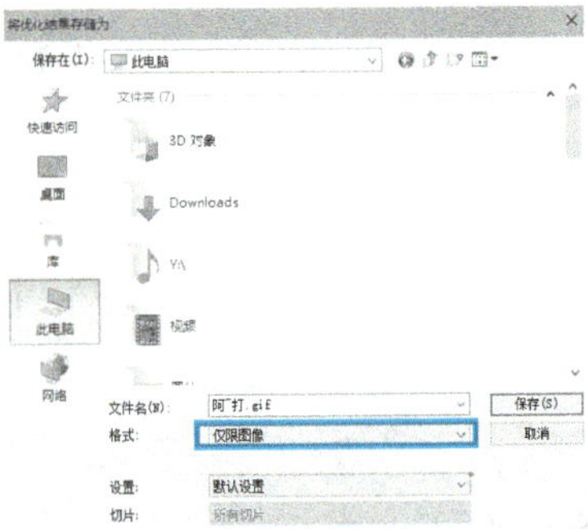

图　6-156

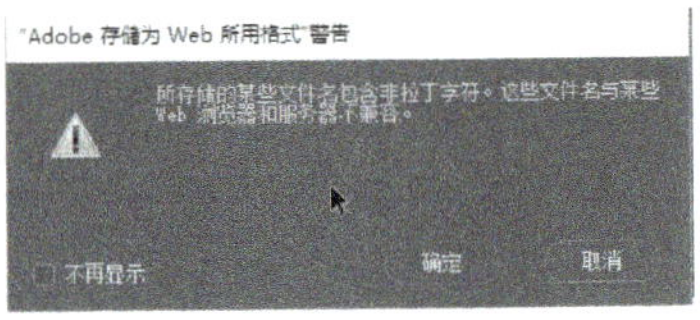

图　6-157

小提示

调整GIF导出的参数，文件大小会发生对应的变化，而动画的质量也跟随变化。颜色256是最高值，仿色的设置对文件的大小影响尤其明显，数值越高，颜色精确度越好（导出的GIF质量越好），而文件的大小则越大，因此需要结合实际情况设置数值。

任务2　设计《路过》QQ表情

◆ 任务情境

《吉祥和超人》QQ表情《阿~打》一经推出，得到了同学们的广泛认可，成为QQ、微信聊天中使用率颇高的图片。可爱、憨厚的“吉祥”越来越受关注，QQ表情的高频率曝光成了“吉祥”这一IP卡通形象最快速的推广方式。“表情用户”的激增，各软件中表情包的更新速度越来越快，需提供的表情包也越来越多，《吉祥和超人》日常表情包系列急需推出。

《吉祥和超人》QQ表情系列属于该绘本的衍生产品，绘本是基础与根本，衍生是转移与提升。QQ表情设计主要由设计组负责，前期手绘组已基本完成了绘本的绘制工作，因此设计组需要与手绘组沟通、合作，整理相关素材，策划创意设计点。根据绘本《吉祥和超人》的不同篇章，挑选在聊天中涉及较多的语录及图片，通过对图片素材的合理加工，创作出更多具有吸引力的QQ表情。

◆ 任务分析

经过反复筛选，选择《吉祥和超人》中“吉祥”行走的动画形式。行走是动画中最为普遍的运动形态，但是不同人物的走路方式大相径庭。走路形式是角色内在性格外化的关键，这种外化必须比较明显地让用户感觉到。IP形象“吉祥”是一个大大咧咧的女孩子，有点调皮又有点胆小，走起路来蹦蹦跳跳，活泼可爱，因此在设计制作过程中需要紧扣该形象的性格特点，设计出独特且具有代表性的走路动态。

通过本项目，学生能根据任务的要求，剖析QQ表情设计与处理的基本步骤，了解行走运动规律的相关知识，掌握制作PS动画的技能，并学会评价作品。

任务最终效果如图6-158所示。

图　6-158

必备知识

进行本任务之前，需要具备以下知识：数位板绘制能力，运动规律基本理论，Photoshop基本界面操作能力。

基本知识

Photoshop中的动作命令是用于处理单个或一批文件的一系列命令。动作是多个操作的集合，具有重复执行的功能。例如，通过动作将图像处理过程记录下来，然后执行该动作命令，就可以自动对其他图像进行相同处理。

批处理是指将动作应用于所有的目标文件，主要设置包括制定动作、处理后的文件位置及文件命名方式等。通过批处理来完成大量相同的、重复性的操作，节省大量的操作时间，实现图像处理的高效和快捷。

动画是将静止的画面变为动态的艺术，在一段时间内显示的一系列图像，利用视觉暂留原理，当后一帧较前一帧有轻微变化时，连续、快速地显示时就会产生运动或其他变化的视觉效果。

“帧”是动画中的最小单位，一帧就是一副静止的画面，连续的帧就形成动画。最标准的动画是24帧/秒，根据科学研究证明，人的眼睛1秒之内能最多能捕捉24张图片组成的影像，所以在这个帧速率下人眼观看的动画是最流畅的。

◆ 任务实施

1. 扫描线稿

使用扫描仪或相机将手绘的“吉祥行走”图载入计算机，并放置于文件夹“原图”内，如图6-159所示。

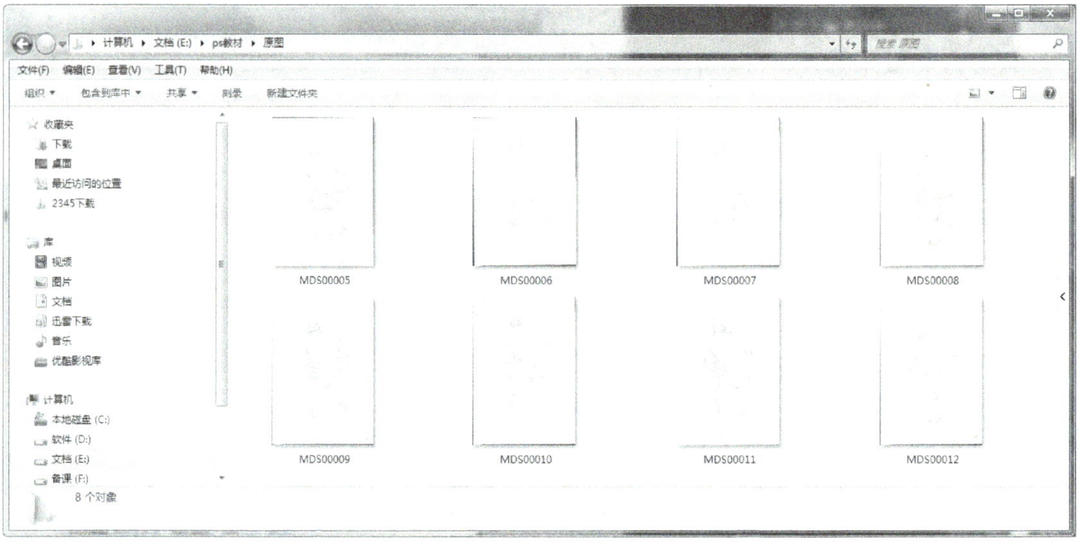

图 6-159

2. 批处理图像

1）按快捷键<Ctrl+O>打开一幅扫描图，如图6-160所示。

图 6-160

2）执行“窗口”→“动作”命令或按快捷键<Alt+F9>，打开“动作”面板，如图6-161所示。

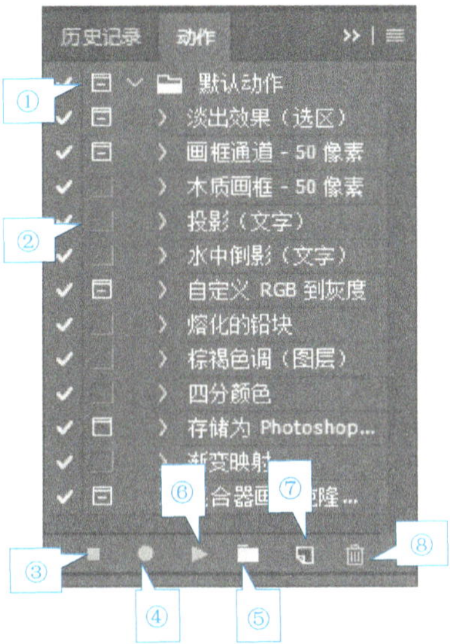

图 6-161

基本知识

如图6-161所示，“动作”面板各选项含义如下：

① 切换对话开关；

② 切换项目开关；

③ 停止播放记录；

④ 开始记录；

⑤ 播放选定的动作；

⑥ 创建新组；

⑦ 创建新动作；

⑧ 删除。

3）单击“新建动作”按钮，在弹出的“新建动作”对话框中输入名称为“扫描图批处理”，如图6-162所示。单击“记录”按钮，面板中的“开始记录”按钮变成红色，如图6-163所示。

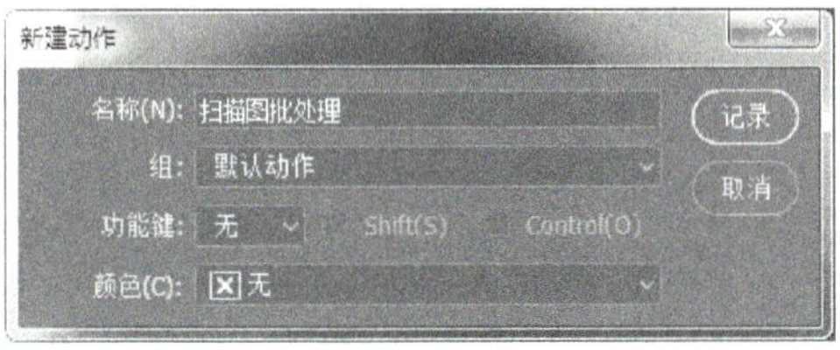

图 6-162

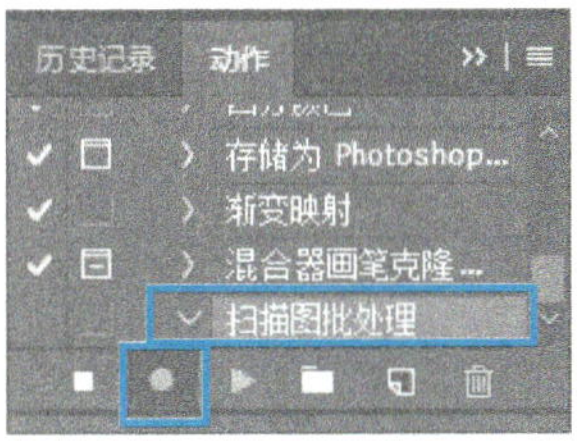

图 6-163

4）选择工具箱中的“剪裁工具”，在图像上单击并拖出一个裁剪框，调整裁剪框的位置和大小，如图6-164所示。按<Enter>键确定裁剪区域。“裁剪”命令被录制到“动作”面板中，如图6-165所示。

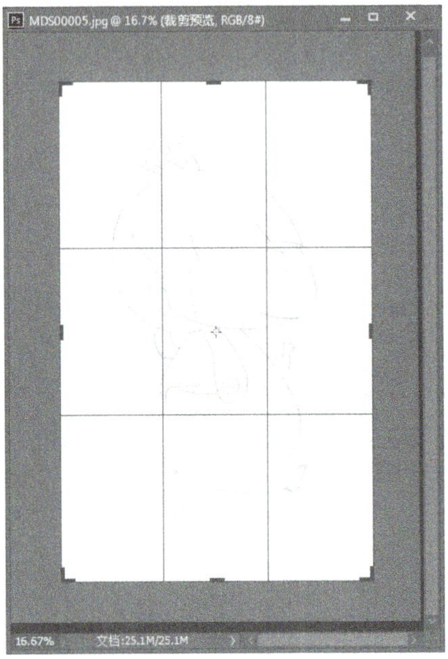

图 6-164

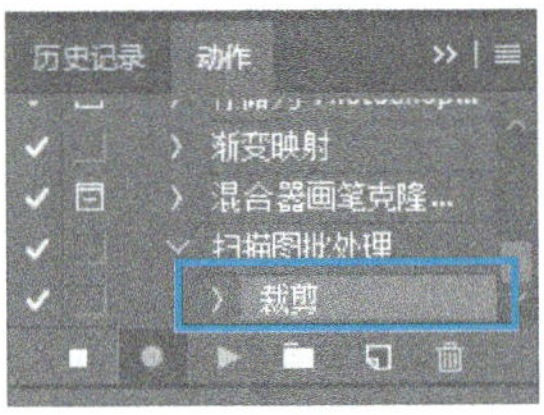

图 6-165

5）执行“图像”→“调整”→“曲线”命令，在弹出的“曲线”对话框中单击“自动”按钮，然后单击“确定”按钮，增强图像对比度，如图6-166所示。“色阶”命令被录制到“动作”面板中，如图6-167所示。

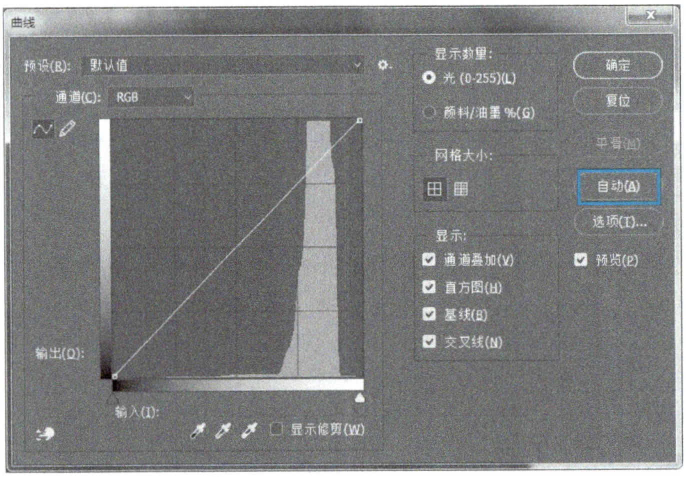

图 6-166

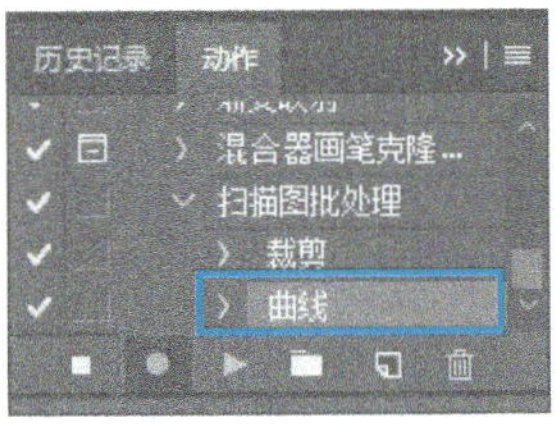

图 6-167

6）执行“图像”→“图像大小”命令，在弹出的“图像大小”对话框中设置“宽度”为532像素，“高度”为800像素，并单击约束长宽比按钮，接着单击“确定”按钮，如图6-168所示。“图像大小”命令被录制到“动作”面板中，如图6-169所示。

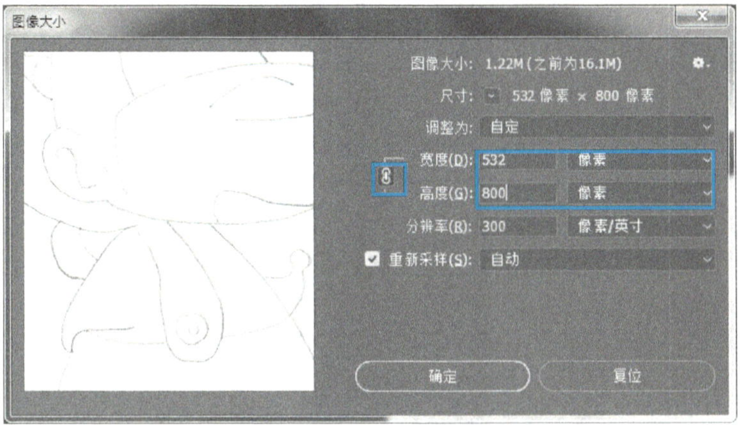

图 6-168

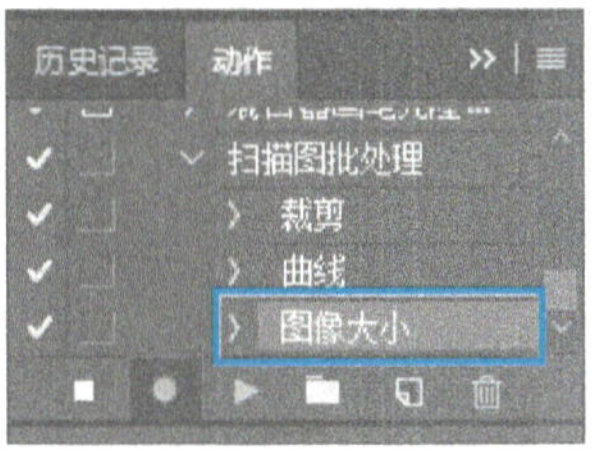

图 6-169

小提示

在记录动作的过程中，无法对使用“绘画工具”“调色工具”以及“视图”和“窗口”菜单下的命令进行记录，可以使用“动作”扩展菜单中的“插入菜单项目”命令，将这些操作插入动作中。

7）单击“动作”面板中“裁剪”命令左侧的“对话开关”按钮，如图6-170所示。然后单击“停止录制”按钮，完成动作的录制，如图6-171所示。

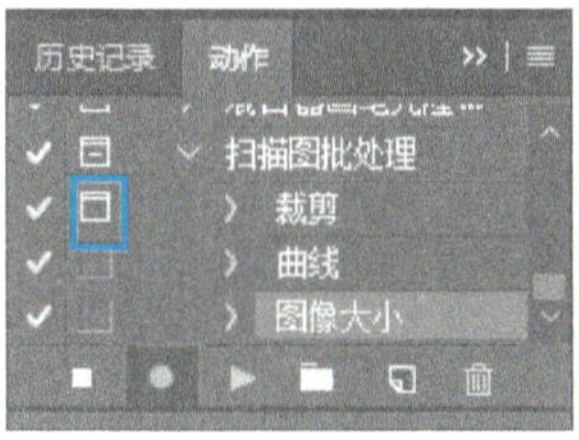

图 6-170

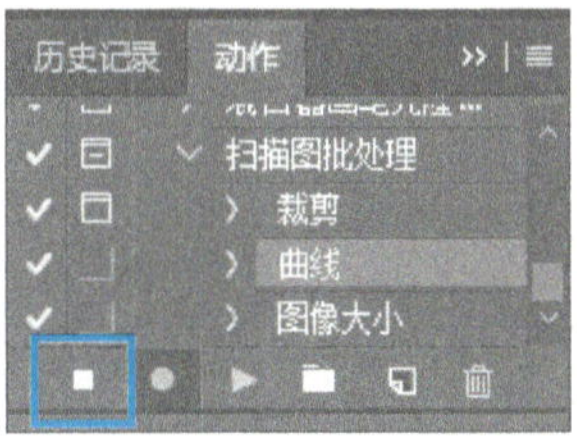

图 6-171

小提示

如果想要动作执行到某个命令时暂停，可以单击该命令的左侧，添加“对话开关”按钮。设置暂停点后，当动作执行到该位置时，能够弹出相应的对话框，就能对不同图做出不同的调整，修改后单击“确定”按钮，可继续执行后面的动作。

8）新建文件夹“walk-线稿”，用于保存批处理后的图像。执行“文件”→“自动”→“批处理”命令，如图6-172所示。弹出“批处理”对话框，“动作”选择刚录制的“扫描图批处理”动作，“源”选择“文件夹”及“原图”文件夹路径，“目标”选择“文件夹”及“walk-线稿”文件夹路径，“文件命名”中设置“文档名称”“1位序列号”“扩展名（小写）”3个项目，“起始序列号”为1，如图6-173所示。

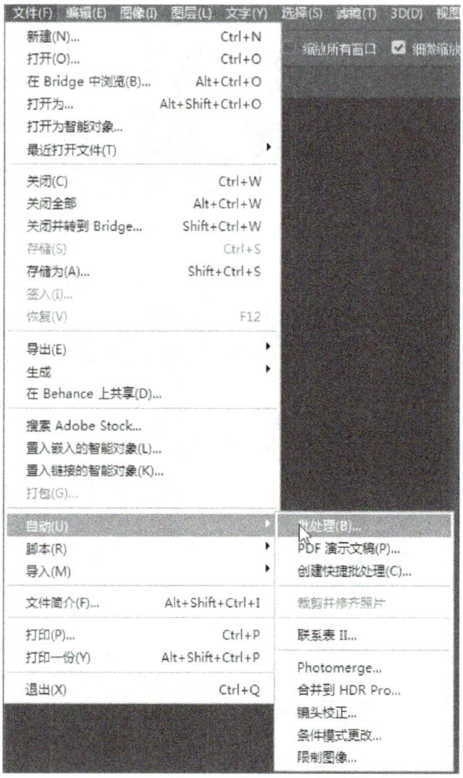

图 6-172

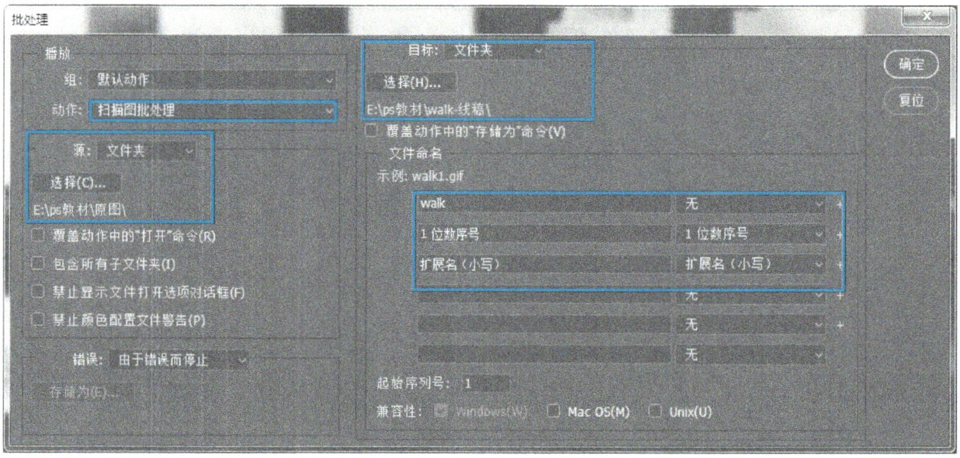

图 6-173

小提示

如果要用批处理后的图像覆盖原图像，则可以在“批处理”对话框中“目标”的下拉列表中选择“存储并关闭”选项。

3. 绘制图像

1）选择“文件”→“新建”命令或按快捷键<Ctrl+N>新建文档，设置“文档名称”为“路过”，设置宽度为800像素，高度为800像素，分辨率为72像素/英寸，如

图6-174所示。

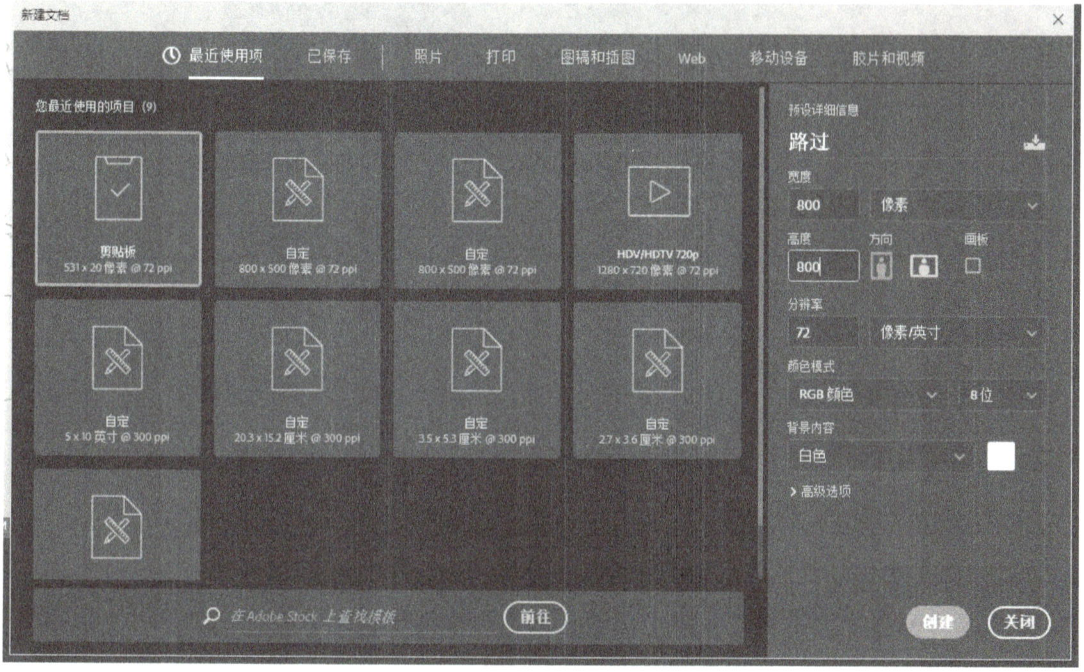

图 6-174

2）打开“walk1-jpg”图片，使用移动工具拖入“路过”图片内，新建“walk1”图层，在“walk1”上绘制线稿，如图6-175所示。重复操作，绘制“walk2”～“walk8”动作的线稿，如图6-176所示。

图 6-175

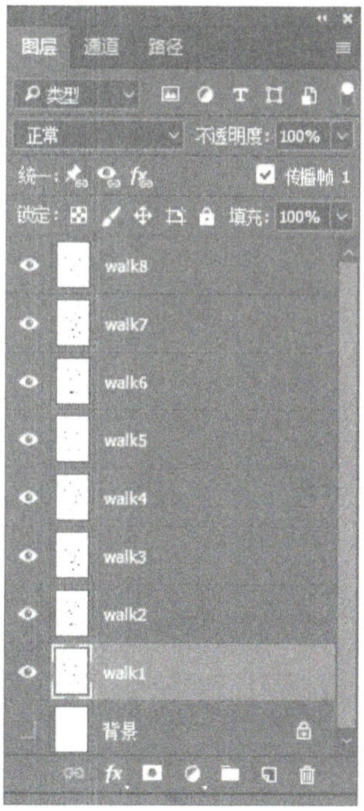

图 6-176

3）将各线稿上色，如图6-177所示。

图　6-177

4）调整图层位置关系并关闭背景层显示，完成图像绘制准备。

4. “时间轴”动画制作

1）执行“窗口”→“时间轴”命令，打开“时间轴”面板，如图6-178所示。单击“创建帧动画”命令，如图6-179所示，打开帧模式的“时间轴”面板，如图6-180所示。

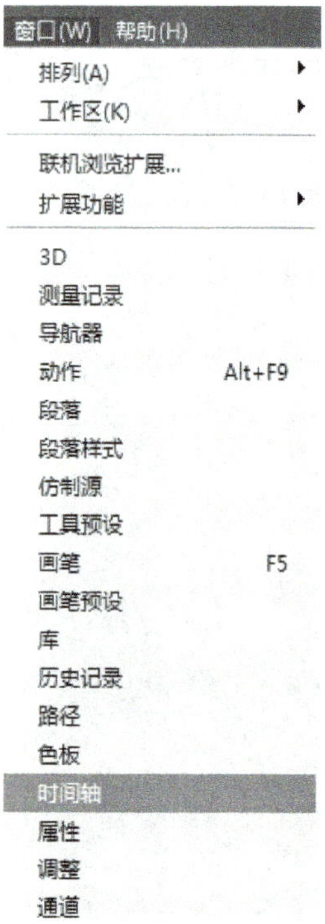

图　6-178

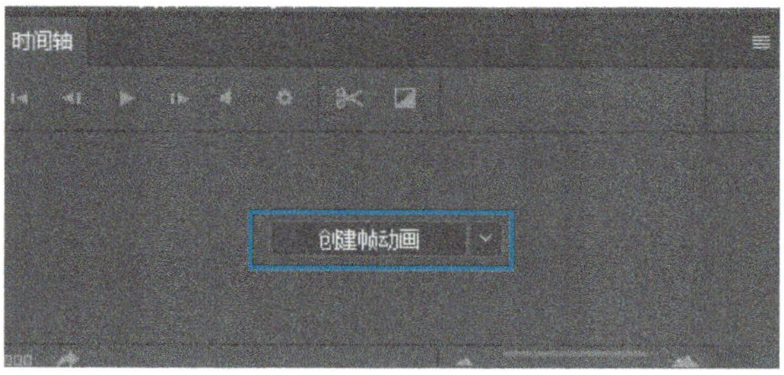

图　6-179

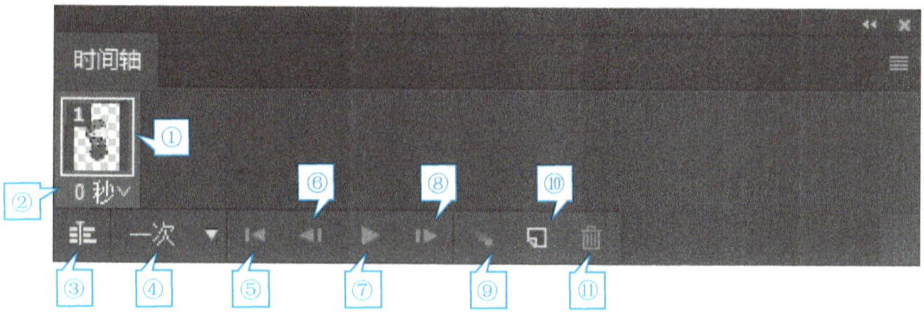

图 6-180

基本知识

如图6-180所示，帧模式“时间轴”面板各选项含义如下：

① 当前帧；

② 延迟时间；

③ 转换为视频时间轴；

④ 循环选项；

⑤ 第一帧；

⑥ 上一帧；

⑦ 播放；

⑧ 下一帧；

⑨ 过渡动画帧；

⑩ 复制所选帧；

⑪ 删除所选帧。

2）单击“时间轴”面板下面的“复制所选帧”按钮 7次，得到与第一帧相同的7帧，如图6-181所示。单击第一帧，在图层面板中显示walk1图像，其余图层显示关闭，如图6-182所示。单击第二帧，在图层面板中显示walk2图像，依次类推。

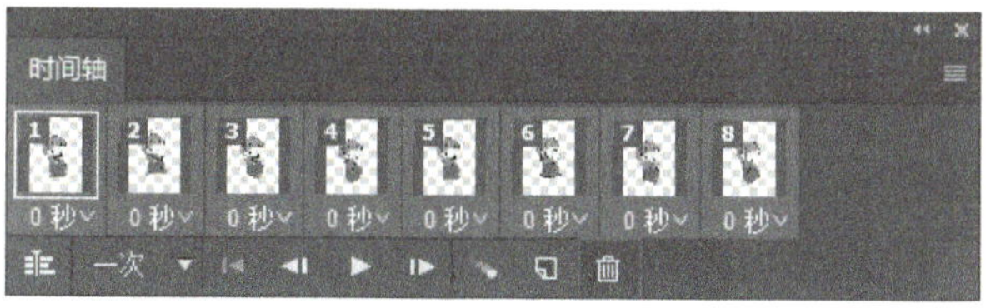

图 6-181

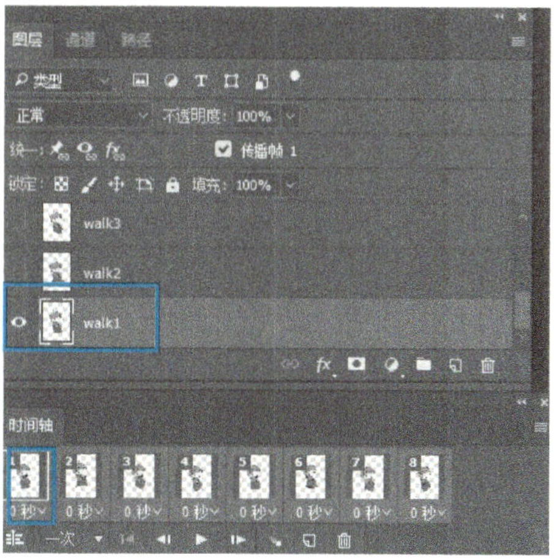

图 6-182

3）单击“时间轴”面板“0秒”后面的三角按钮，在弹出的下拉列表中选择“其他”，弹出“设置帧延迟”对话框中“设置延迟”为0.15秒，如图6-183所示。

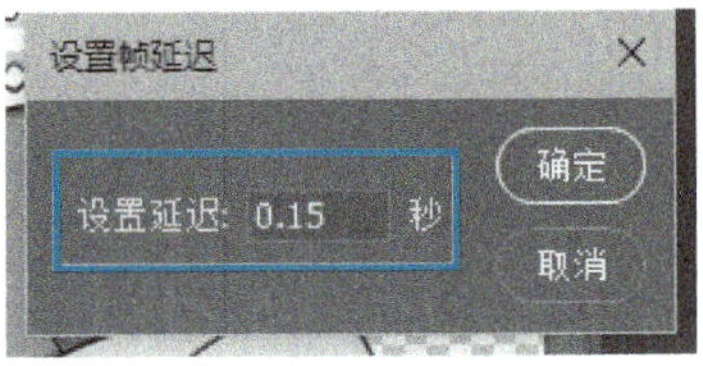

图 6-183

小提示

一般情况下，人物行走节奏可以参考以下数据。

4帧 = 很快地跑步（6步/秒）；

6帧 = 跑步或者快走（4步/秒）；

8帧 = 慢跑或者是卡通中的步行（3步/秒）；

12帧 = 轻快的，普通的步行（2步/秒）；

16帧 = 散步，更加从容不迫（1步 $\frac{2}{3}$ 秒）；

20帧 = 老人或者是很累的人（几乎是1步/秒）；

24帧 = 慢走（1步/秒）。

4）在“选择循环选项”中，单击三角下拉按钮，在其下拉列表中选择“永远”，如图6-184所示。单击“播放动画”按钮▶或按空格键即可预览动画效果。

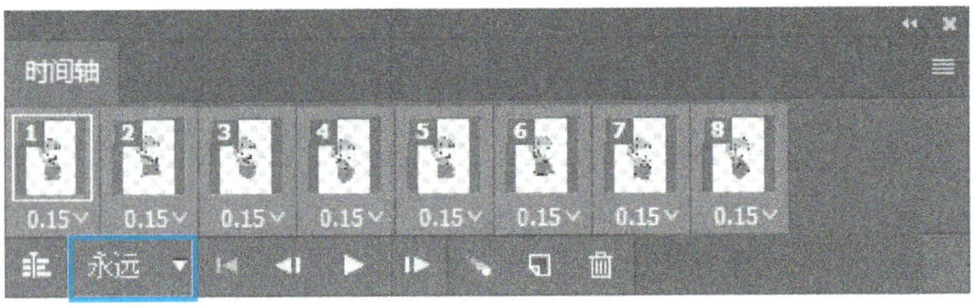

图 6-184

5. 存储为GIF格式

执行“文件”→“导出”→“存储为Web所用格式”命令，或按快捷键<Shift+Ctrl+Alt+S>，打开“存储为Web所用格式”对话框。在“优化文件格式”下拉列表中选择“GIF”格式，设置“格式”为“仅限图像”，“颜色”为256，“循环选项”为“永远”，如图6-185所示。设置完毕，单击“存储”按钮，弹出“将优化结果存储为”对话框，选择存储位置后，在“格式”下拉列表中选择“仅限图像”，如图6-186所示。单击“保存”按钮即可存储图像。

小提示

GIF文件的打开可以通过IE浏览器的方式，这是最简单、最有效的打开GIF图片的方法；也可以使用ACDSee、美图看看等工具打开。

存储为 Web 所用格式 (100%)
提示 使用“文件”>“导出”>“导出为…”或右键单击某个图层可更快速地导出资源
了解更多
原稿
优化
双联
四联
预设: [未命名]
GIF
可选择
颜色 256
扩散
仿色 100%
透明度
杂边
无透明度仿色
交错
Web 靠色 0%
损耗 0
转换为 sRGB
预览: 显示器颜色
元数据: 版权和联系信息
颜色表
图像大小
W: 800 像素
H: 800 像素
百分比: 100 %
品质 两次立方
动画
循环选项 永远
1/8
GIF
189.3K
35 秒 @ 56.6 Kbps
100% 仿色
“可选择” 调板
256 颜色
100%
预览…
存储…
复位
记住

图 6-185

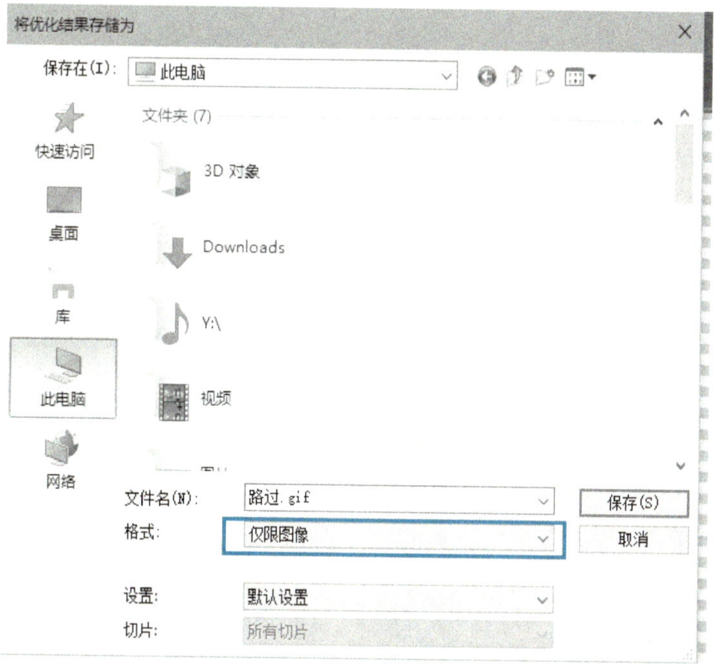
将优化结果存储为
保存在(I): 此电脑
文件夹 (7)
快速访问
3D 对象
桌面
Downloads
库
Y:\
此电脑
视频
网络
文件名(N): 路过.gif
保存(S)
格式: 仅限图像
取消
设置: 默认设置
切片: 所有切片

图 6-186

项目评价

在这一项目中，通过“设计《阿～打》QQ表情”和“设计《路过》QQ表情”两个任务，了解了图片批处理流程以及QQ表情设计流程，掌握了Photoshop CC的时间轴面板——帧模式和视频模式的基本操作，进一步激发学生的求知欲，培养学生的创新精神和设计才能，并通过对本项目的学习，做出项目评价和自我评价。

项目12　QQ表情设计	很满意	较满意	有待改进	不满意
项目设计的评价				
项目的完成情况				
知识点的掌握情况				
与本组成员协作情况				
客户对项目的评价				
自我小结				

第7单元

常用领域应用

项目13　图像领域应用

学习目标

知识目标：掌握Photoshop CC图像领域的应用。

技能目标：能使用Photoshop软件修饰照片、制作风景照水彩效果。

情感目标：培养学生完成任务的操作能力和团队协作能力。

任务1　人像的精细化磨皮修图

任务情境

深圳市第一职业技术学校三年级的王同学在一家影楼实习，已经实习一个月的他，无论是从人际交往还是业务能力和技能方面都提升了很多，今天他的上级分配给他一个任务，给拍摄出的原片进行精细化磨皮修图。

由于主题是冷色调，要求将原本暖色调的照片调成冷色调，还要去掉脸上明显的斑、痣以及皱纹，使整个脸更加有立体感。要求一个小时做完。

任务分析

王同学在学校学习了Photoshop并且在实习期间也学习了不少，他分析出原片的缺陷是皮肤过于粗糙，加上浅景深使脸上的瑕疵已经弱化了，脸部很多区域已被模糊，但依然有很多明显的瑕疵需要修复，利用色相饱和度来调冷色调，使用画笔工具修复脸上的斑、痣以及皱纹，最后增加对比度让暗部更暗、亮部提升使整张脸更加具有立体感。

任务最终效果如图7-1所示。

图　7-1

必备知识

进行本任务之前，需要具备以下知识：掌握修复画笔工具的使用，理解图层柔光模式并会应用，创建并使用曲线、色相/饱和度、色彩平衡、亮度/对比度调整图层。

基本知识

Photoshop中的修复画笔工具：可以去除图像中的杂斑、污迹，修复的部分会自动与背景色相融合。

Photoshop中的图层柔光模式将混合色图层以柔光的方式加到基色图层，当基色图层的灰阶趋于高或低，则会调整图层合成结果的阶调趋于中间的灰阶调，而获得色彩较为柔和的合成效果。形成的结果是图像的中亮色调区域变得更亮，暗色区域变得更暗，图像反差增大类似于柔光灯照射图像的效果。变暗还是提亮画面颜色，取决于混合层颜色信息。产生的效果类似于为图像打上一盏散射的聚光灯。如果混合层颜色亮度高于50%灰，基色层会变亮。如果混合层颜色亮度低于50%灰，基色层会变暗。

Photoshop中的曲线下面有两个滑块，黑滑块在左边，白滑块在右边，表示左边暗，右边亮。

曲线的左端点代表黑场，提高这个点，头发、眼珠等黑颜色就会变亮；将这个点向右拉，阴影会变得更黑，甚至“发焦”，但当画面黑场不足时，可以用这个办法加深黑场。

曲线的右端点代表白场，降低这个点，高光就会变暗，鼻尖、眉弓等处的反光就会变成灰色；将这个点向左拉，接近高光的亮颜色就会变成高光，当画面亮调灰暗无力时，可以用这个办法调亮。

任务实施

1. 修复图片瑕疵

去除原片上的各种瑕疵（如明显的汗毛、痘印等）。

使用修复画笔工具，修图的时候最好不要损坏原始图像，可以新建一个空白图层，在新建的空白图层上面做修饰，需要注意在修复画笔的状态栏中“样本”模式选为“当前和下方图层”，如图7-2所示。

效果如图7-3和图7-4所示。

图 7-2

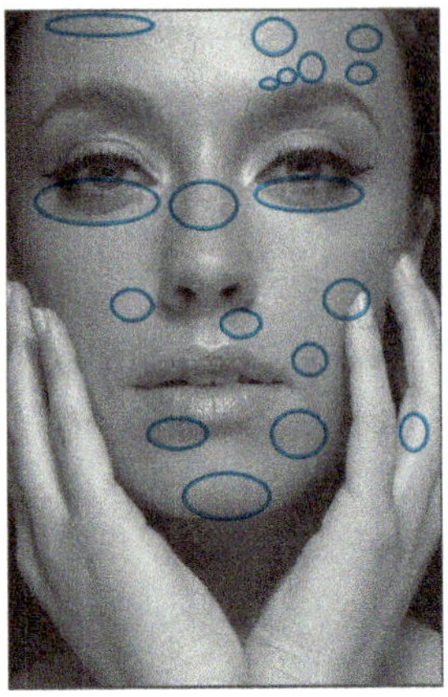

图　7-3

图　7-4

2．图片的减淡加深调整

1）明显的瑕疵去除之后，接下来对图片进行减淡加深的调整，可以在命名为减淡加深的文件夹里新建一个中性灰图层，命名为“减淡加深”，设置模式为柔光，勾选“填充柔光中性色（50%灰）”，如图7-5所示。

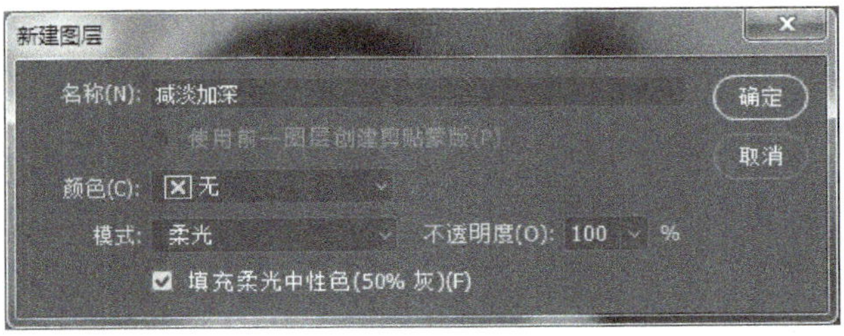

图　7-5

2）设置画笔工具的流量为5%，如图7-6所示，用黑色擦暗部、白色擦亮部。

图　7-6

3．调整图片

做减淡加深的同时，创建曲线调整图层和色相/饱和度调整图层，如图7-7所示，根据图片的明暗不同区域调节曲线，如图7-8所示，并且按照要求将画面调节成冷色调，如图7-9所示，最终效果如图7-10所示。

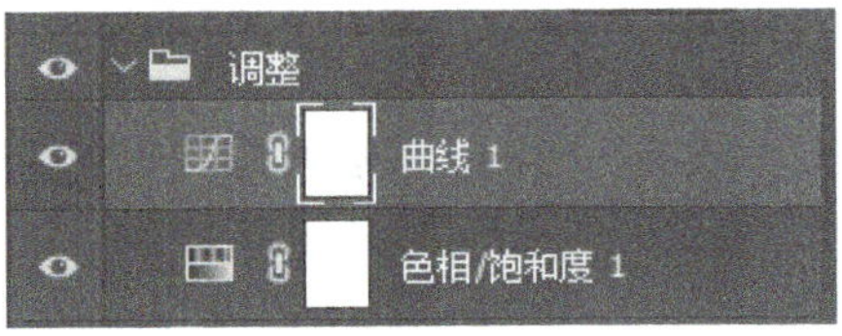

图　7-7

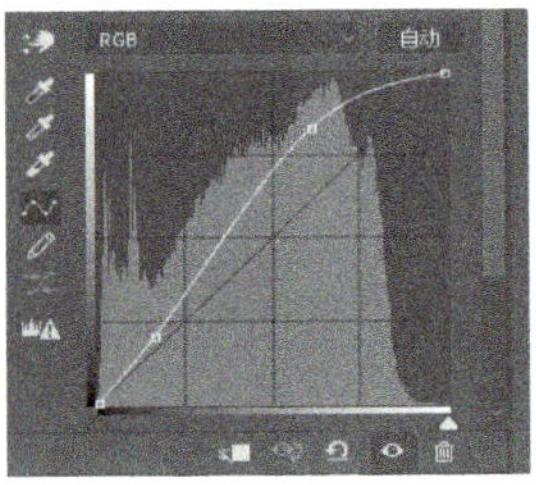

图　7-8

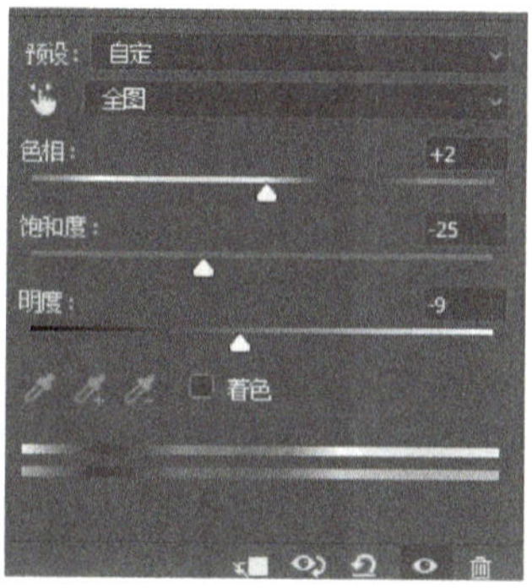

图 7-9

图 7-10

4. 局部锐化处理

按<Shift+Ctrl+Alt+E>组合键盖印一个图层，执行“滤镜”→“其他”→“高反差保留”命令，设置半径为12像素，如图7-11所示，设置图层模式为线性光，不透明度为20，擦除不需要锐化的部分，最终效果如图7-12所示。

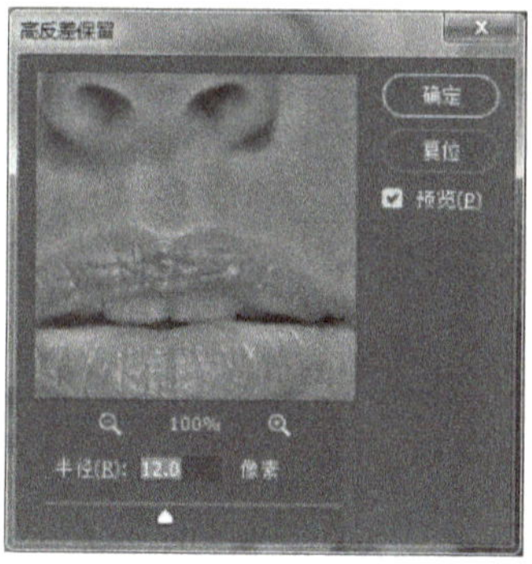

图 7-11

图 7-12

5. 调色

建立调色文件夹，创建“色彩平衡”和“亮度/对比度”调整图层，如图7-13所示，调整图片颜色，用色彩平衡给图片的亮部增添少量冷色调，再在暗部加些黄色，亮度/对比度设为8，使图片更通透一些，最终如图7-14所示。

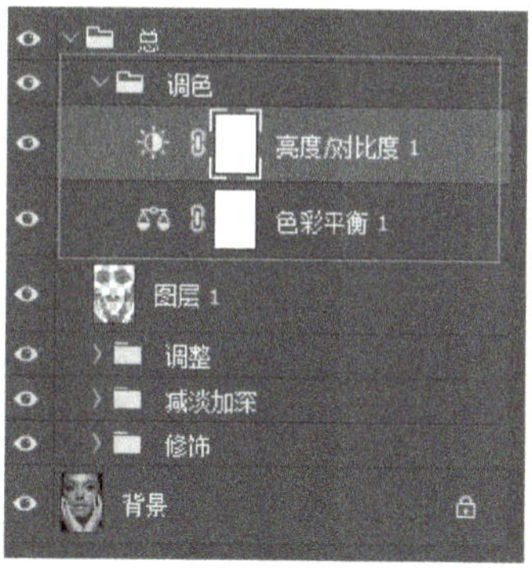

图 7-13

图 7-14

任务2　制作风景照片的水彩效果

任务情境

深圳市第一职业技术学校三年级的王同学在一家杂志社工作，今天他的同事写了一篇关于广西黄姚古镇的文章作为旅游宣传，需要配一幅古镇水彩效果的图片。

任务分析

王同学接到任务立刻开始制作。首先他要寻找一张黄姚古镇的照片，这张照片需要在构图、颜色方面没有大的问题，在处理照片的过程中可以使用干画笔和木刻效果来模仿水彩笔触感，使用查找边缘来模仿线稿笔触，最后加入背景和蒙版制作最终水墨边缘效果。

任务最终效果如图7-15所示。

图　7-15

必备知识

进行本任务之前，需要具备以下知识：理解图层点光模式并会应用，了解转换智能对象的作用，了解并熟练掌握滤镜库中的艺术效果、木刻和干画笔的数值设置以及效果。

任务实施

1. 转换为智能对象

1）打开目标素材图片或直接将素材目标图片拖入Photoshop中，如图7-16所示。

2）在图层面板中右击并选择“转换为智能对象”命令，如图7-17所示。

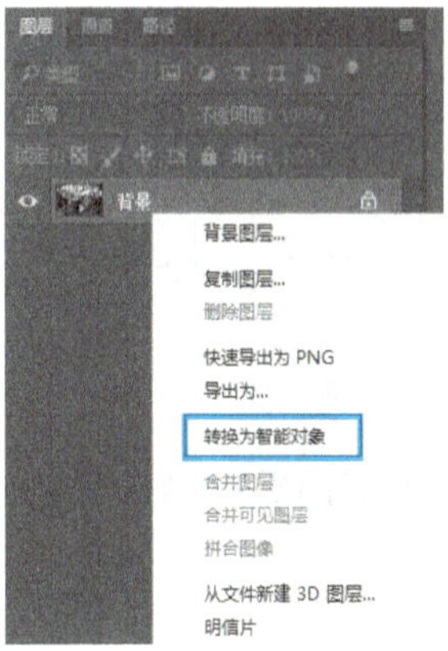

图 7-16　　　　图 7-17

小提示

转换为智能对象的作用：

1）所做滤镜效果可以双击更改数据。

2）可以直接更换智能图层，却能保留之前所做的滤镜和数据。

3）不管复制了多少个智能对象图层，只需要更换一个智能对象图层，其余的智能对象图层自动全部更换。

2. 加滤镜

1）选择“滤镜”→“滤镜库”→“艺术效果”→“干画笔”命令，设置画笔大小为10，画笔细节为10，纹理为1，如图7-18所示。

2）再次选择“滤镜”→“滤镜库”→“艺术效果”→“木刻”命令，设置色阶数为5，边缘简化度为4，边缘逼真度为1，如图7-19所示。

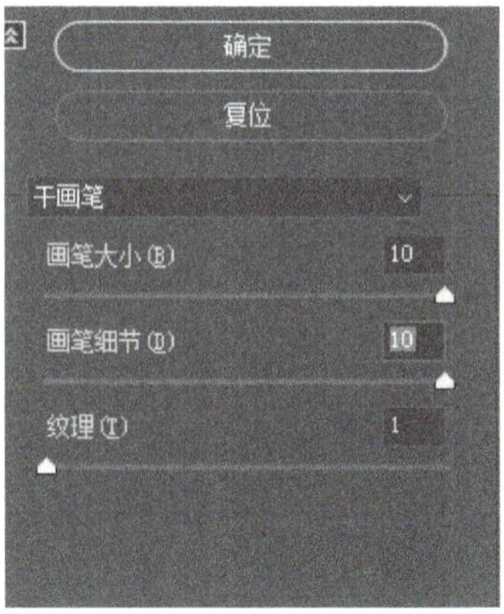

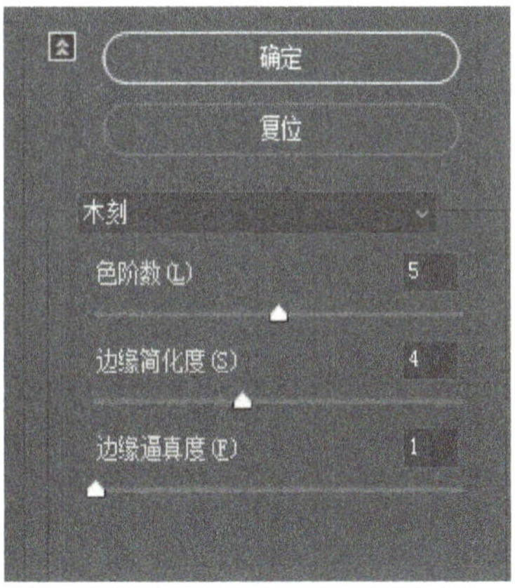

图 7-18　　　　图 7-19

小提示

在第二次选择木刻效果时注意，不要选择顶部默认选项，这将重新应用相同的效果，如图7-20所示。

图 7-20

3. 混合模式更改

回到图层面板，将图层混合模式改为点光，如图7-21所示。

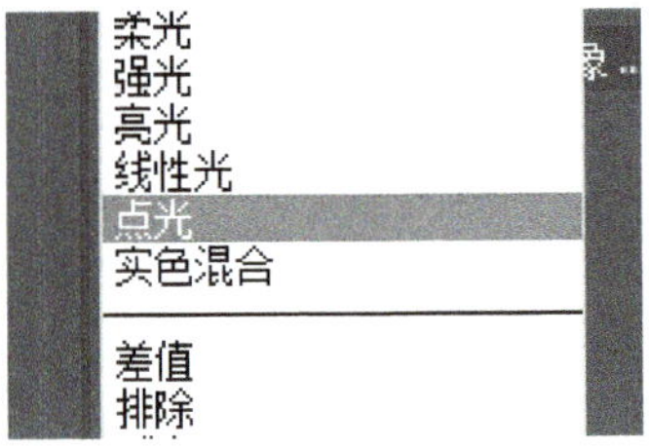

图 7-21

基本知识

“点光”替换颜色，具体取决于混合色。如果混合色（光源）比 50% 灰色亮，则替换比混合色暗的像素，而不改变比混合色亮的像素。如果混合色比 50% 灰色暗，则替换比混合色亮的像素，而不改变比混合色暗的像素。这对于为图像添加特殊效果非常有用。

4. 模糊效果添加

选择“滤镜”→“模糊”→“特殊模糊”命令，设置半径为5，阈值为100，并将“品质”更改为“高”，如图7-22所示。

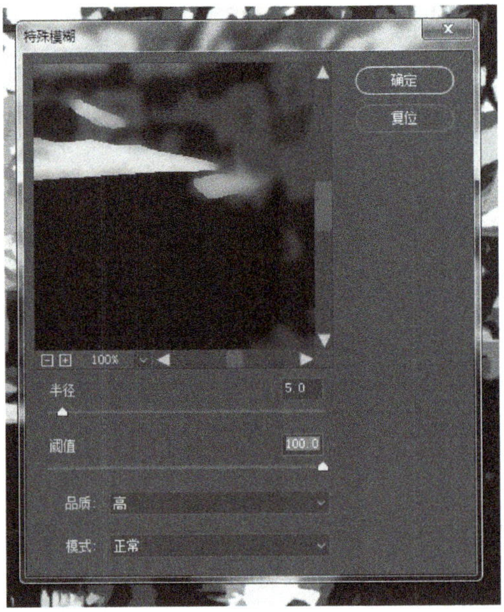

图 7-22

5. 编辑滤镜混合模式

在图层面板中双击智能滤镜下特殊模糊后面的符号，将特殊模糊效果的混合模式更改为“滤色”，并将不透明度降低到50%，如图7-23所示。

6. 细节处理

选择“滤镜”→“风格化”→“查找边缘”命令，并更改混合模式为“正片叠底”，如图7-24所示。

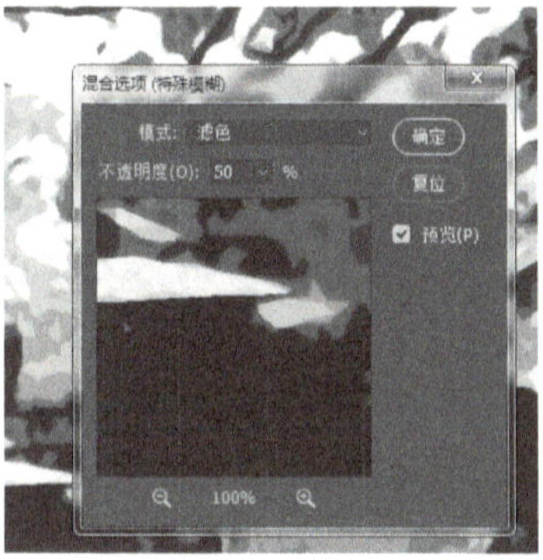

图 7-23

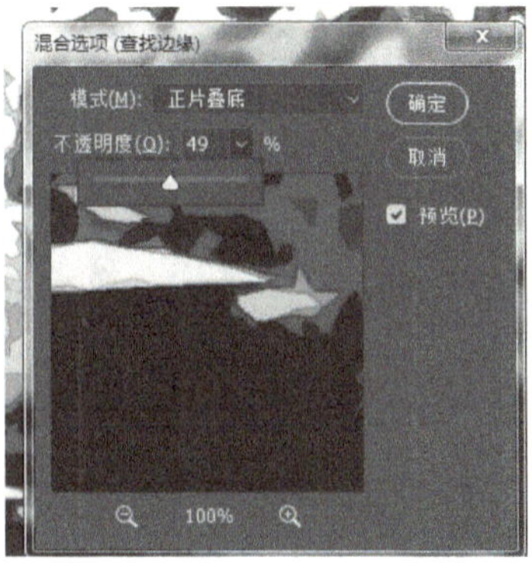

图 7-24

7. 导入背景

导入“背景图片”，更改混合模式为“正片叠底”。

8. 水彩画笔擦出效果

1）为图片添加蒙版，如图7-25所示，并使用快捷键<Alt+Backspace>将蒙版填充成黑色，如图7-26所示。

图 7-25

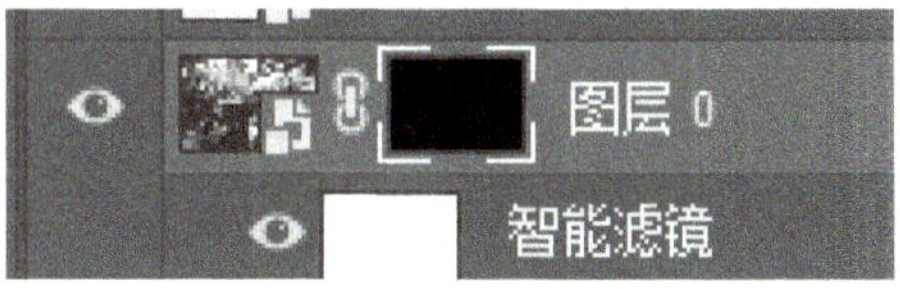

图 7-26

2）下载安装水彩笔刷，擦出的水墨效果如图7-27所示。

图 7-27

小提示

笔刷安装步骤：打开画笔预设，选择设置下的“载入画笔”命令，如图7-28所示，将下载的笔刷安装到PS中，如图7-29所示。

图 7-28

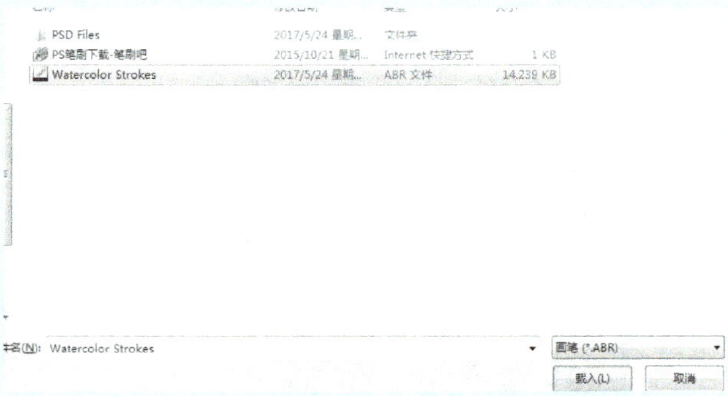

图 7-29

9. 给其他图片添加相同效果

由于所有的效果都被设置为智能对象的一部分，所以通过编辑智能对象图层的内容，可以将水彩绘画效果应用于其他图片。双击智能对象缩略图打开PSD文件，添加另一张图片，然后保存并关闭文件。回到主页面，会发现所有的效果已经应用到新的图片，如图7-30和图7-31所示。

图 7-30

图 7-31

项目评价

在这一项目中，通过“人像的精细化磨皮修图”和“制作风景照片的水彩效果”两个任务，了解制作设计流程，掌握Photoshop CC修复画笔工具的使用，理解图层柔光模式并会应用，创建并使用曲线、色相/饱和度、色彩平衡、亮度/对比度调整图层，理解图层点光模式并会应用，了解转换智能对象的作用，了解并熟练掌握滤镜库中艺术效果木刻和干画笔的数值设置以及效果。进一步激发学生的求知欲，培养学生的创新精神和设计才能，并通过对本项目的学习，做出项目评价和自我评价。

项目13　图像领域应用	很满意	较满意	有待改进	不满意
项目设计的评价				
项目的完成情况				
知识点的掌握情况				
与本组成员协作情况				
客户对项目的评价				
自我小结				

项目14　电商美工领域应用

学习目标

知识目标：掌握Photoshop CC电商美工领域的应用。

技能目标：能使用Photoshop软件制作电商美工所需的简单海报和商品广告等。

情感目标：培养学生的整体协调能力以及综合运用知识的能力。

任务1　设计Banner条

任务情境

孙一大学毕业后在一家电商公司做运营，深知经常更新宝贝及网店内容对店铺销量的促进作用，因此本月准备更新首页的Banner横幅广告，并且要求美工部在规定时间内完成广告更新。

要更新的店铺是该公司旗下的一家C店，整体属于小清新风格，要求Banner设计符合整体店铺的气质，所选商品为IPH电池，除了要有商品外还要将商品的必要信息进行合理排版。

美工部在接到任务后，开始着手设计方案，以最快的速度完成Banner更新。

任务分析

C店整体属于小清新风格，在制作Banner时为了不破坏整体格调，也应迎合整个店铺的小清新设计，背景不宜过于艳丽，挑选合适的素材搭配主商品进行布局设计，突出商品的特性和卖点。在制作过程中锻炼学生对美工全面的运用能力。

任务最终效果如图7-32所示。

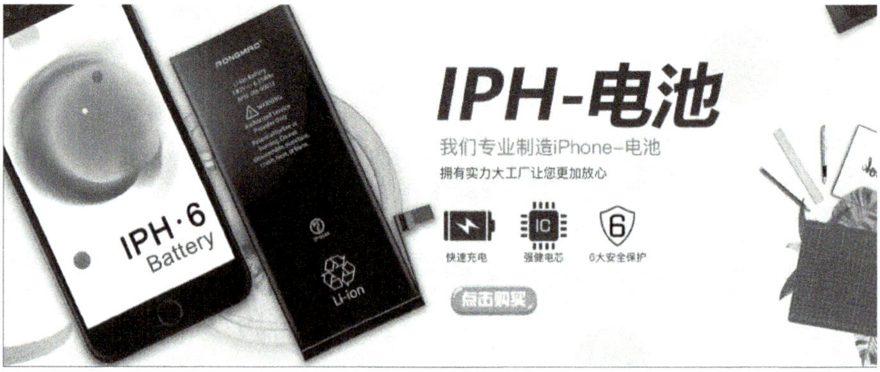

图　7-32

◆ 必备知识

进行本任务之前，需要具备以下知识：选区的建立、修改和编辑；文字工具的熟练使用；如何运用剪切蒙版制作想要的图案以及对图层样式进行设置等。

基本知识

Banner是指可以作为网站页面的横幅广告，也可以作为活动时使用的旗帜，还可以是报纸杂志上的大标题。Banner主要体现中心意旨，形象鲜明地表达最主要的情感思想或宣传中心。

电商美工所说的Banner条一般是指首屏的横幅广告。在制作时首先要确定广告的尺寸大小、主副标题、产品素材、是否要放模特等信息，确定风格后就可以去设计配色、填充内容，反复修改定版，最后要审核这条Banner是通过色彩、创意还是排版等来传达信息的，效果是否理想，最终确定完成Banner制作。

◆ 任务实施

1. 新建文档

1）新建画布大小为（1920×779）像素，分辨率为72像素/英寸，RGB模式，背景为白色。

2）拖入素材图片，设置透明度为60%；选择“椭圆工具”，按住<Shift>键不放，拖动鼠标画直径为170像素的正圆，填充颜色为“#00edca”，在“图层”面板修改透明度为20%，按<Ctrl+J>组合键复制该椭圆图层，命名为“椭圆2”，拖动鼠标移动到合适的位置，如图7-33所示。

图　7-33

2. 导入素材，设置投影

1）拖入素材图片“画板”“叶子”“砧板”以及“电子”并放置在合适的位置。在图层面板中选择“砧板”图层并双击打开“图层样式”面板，勾选“投影”并调整参数，如图7-34所示；同理对“电子”图层进行投影设置，效果如图7-35所示。

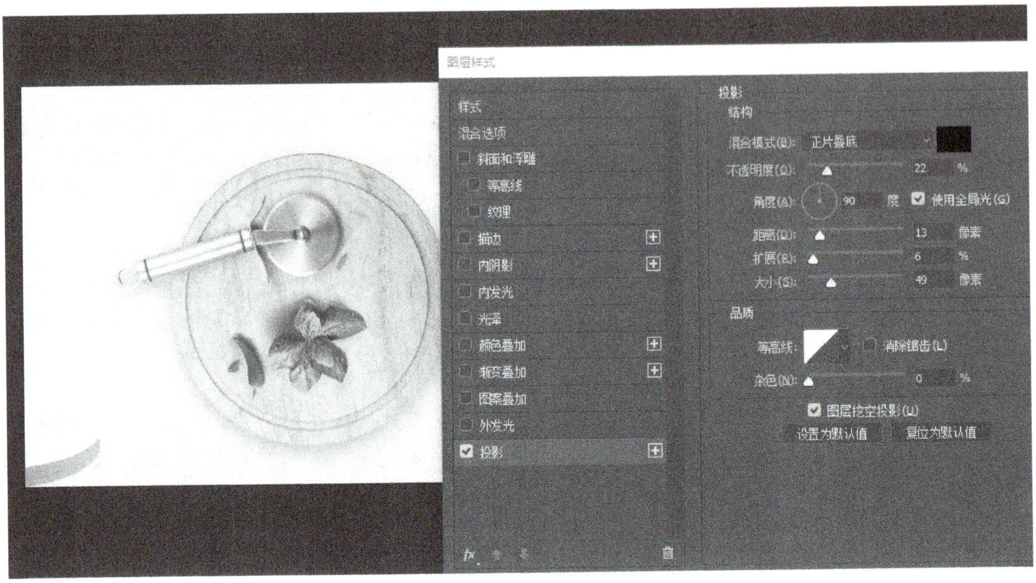

图　7-34

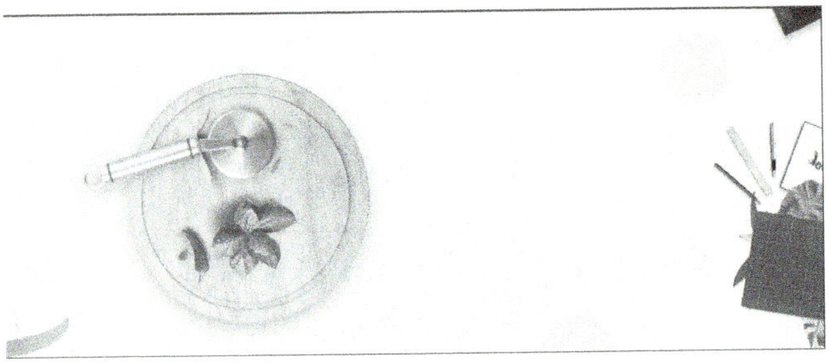

图　7-35

2）拖入“手机”和“电池”素材，在“图层样式”面板中双击进行“投影”设置，如图7-36所示。

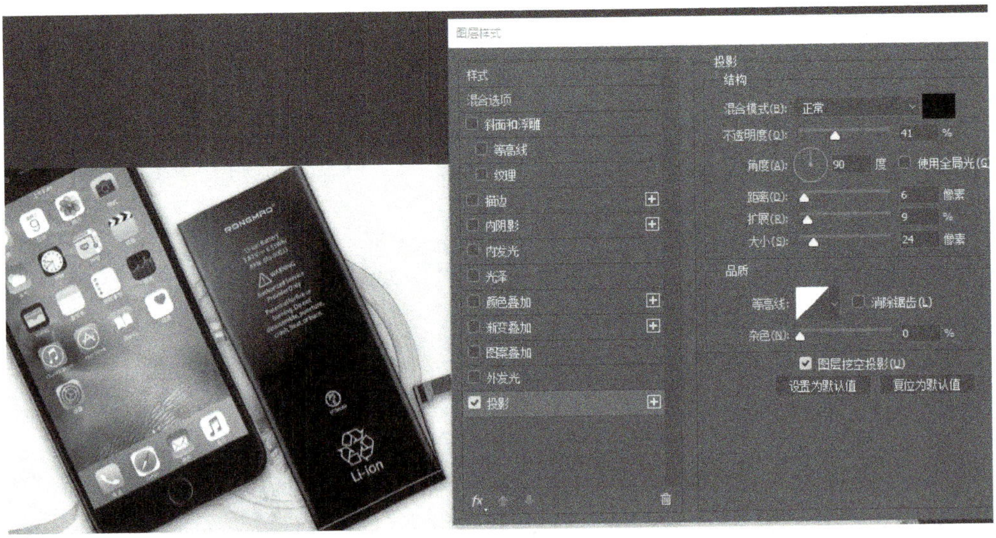

图　7-36

3．制作手机屏保

1）用“多边形套索工具”选出手机中屏幕的部分，创建选区，新建图层，填充为黑色，命名为“屏保”，如图7-37所示，按<Ctrl+D>组合键取消选区。

图 7-37

2）导入素材图片“色彩”，放置在屏保图层上方，在“图层”面板中选中“色彩”图层，右击选择“创建剪切蒙版”，然后调整到合适的位置即可；选择“文字工具”并调整参数，输入屏幕中的文字“IPH • 6 Battery”，如图7-38所示。

图 7-38

小提示

剪切蒙版在制作过程中牢记形状在下，图案在上；另外，除了右击“创建剪切蒙版”命令外，还可以将鼠标放置在图案和形状图层中间，按<Alt>键，鼠标箭头会变成向下的箭头，单击一下即可。

4. 制作文字效果

选择“文字工具”设置参数，颜色为“#241915”，输入“IPH-电池”，调整位置；再输入下方文字，颜色分别为“#ee3024”与“#241915”，如图7-39所示。

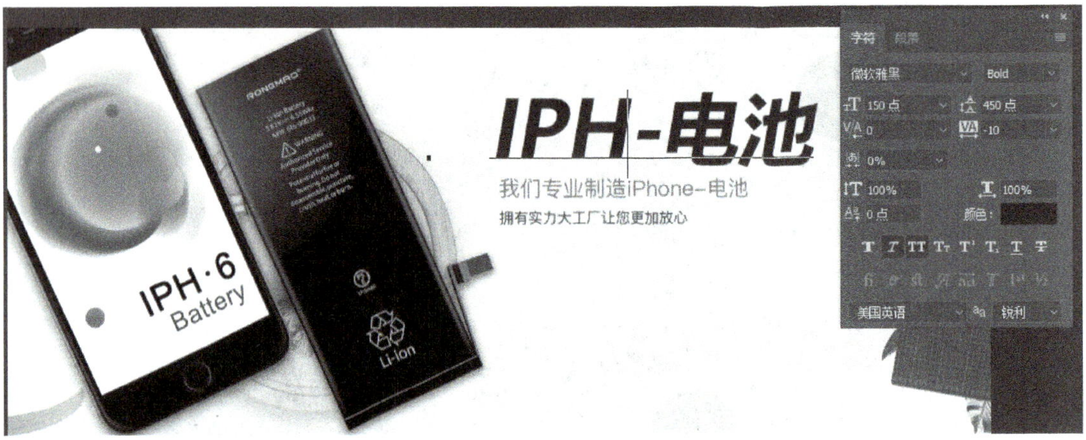

图 7-39

5. 导入素材，制作附件

1）导入素材图片“小电池”“电芯”和“保护盾”，在“图层”面板中选中“小电池”图层，双击打开“图层样式”，勾选“颜色叠加”，所选颜色为“#241915”，单击“确定”按钮添加颜色叠加效果，同理对“电芯”和“保护盾”进行“颜色叠加”，如图7-40所示。

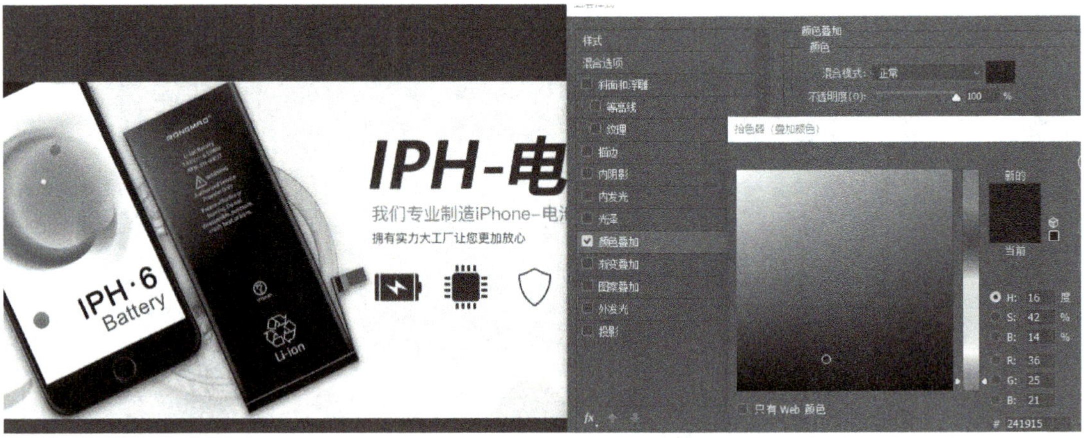

图 7-40

2）选择“文字工具”，分别输入“小电池”“电芯”和“保护盾”下方的文字以及

“电芯”中的“IC”和“保护盾”中的数字6，调整大小和位置，颜色为“#241915”，效果如图7-41所示。

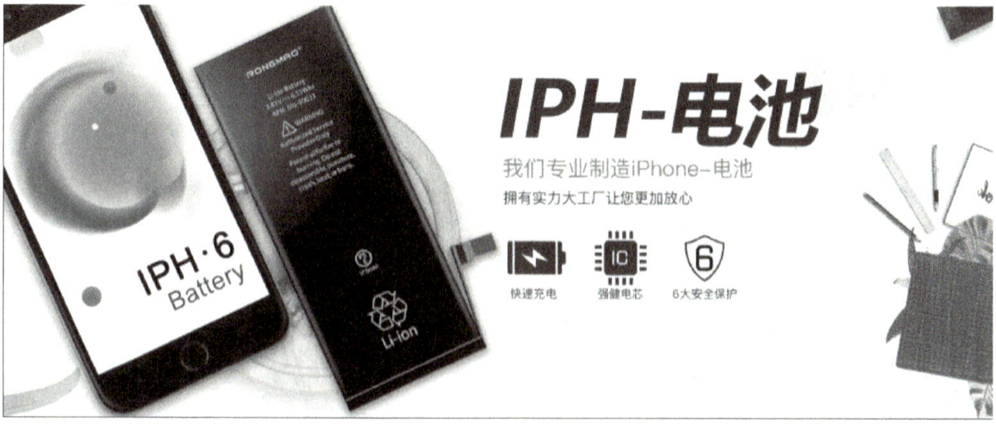

图 7-41

3）导入“按钮”素材，按<Ctrl+T>组合键进行“自由变换”来调整位置和大小，在“图层”面板中选中“按钮”图层，双击打开“图层样式”，添加“投影”效果，如图7-42所示；选择“文字工具”并调整参数，输入“点击购买”，将文字图层置于“按钮”图层上方，最终完成效果如图7-43所示。

图 7-42

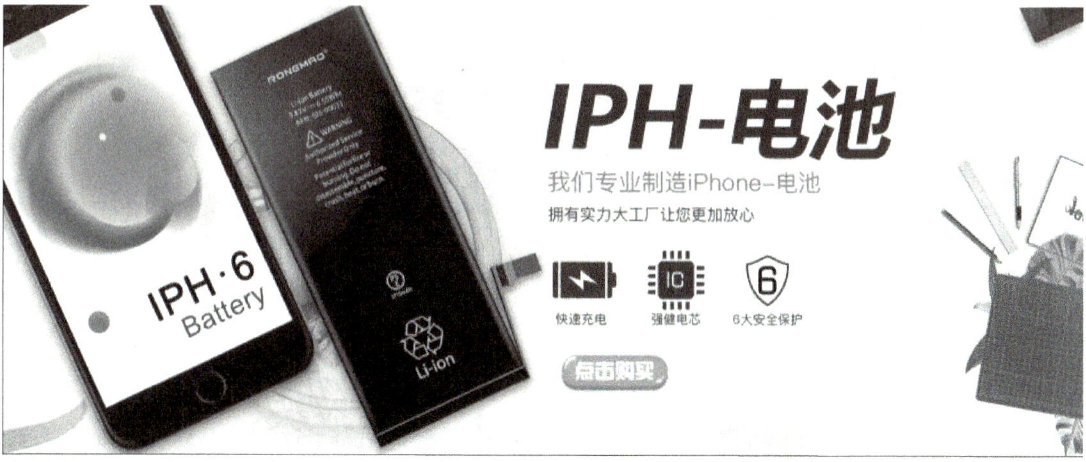

图 7-43

任务2　设计商品广告

任务情境

在竞争日益激烈的电商行业，公司想要一直保持较好的业绩和较高的人气，需要不断调整宣传营销策略，并及时更新宝贝信息。

刘生的电商公司想要推出一款新产品——触屏旋转计算机，需要美工制作一份商品广告，和运营协商后定出卖点，该商品主要的特色是可触屏并且可以360° 全方位旋转。需要广告突出商品特色，达到好的效果。刘生在和美工、运营沟通交流后便开始安排工作，美工着手制作该商品的广告。

任务分析

该商品的卖点突出明确，文案设计主要就是“触屏旋转”，整体风格可设计酷炫、偏科技感一些，通过该案例的学习制作，可加深学生对电商美工的进一步认识和理解，也可以加强学生对Photoshop知识的综合灵活运用。

任务最终效果如图7-44所示。

图　7-44

必备知识

进行本任务之前，需要具备以下知识：图层的基本知识；剪切蒙版的使用；蒙版的创建以及使用蒙版时画笔的设置；曲线的调整方法；选区的建立以及选区描边的使用等。

基本知识

商品广告是以介绍商品的名称、特征并进行销售说服等为主要内容的。商品广告是以促进产品的销售为目的，通过向目标受众介绍有关商品消息，突出商品的特性，以引起目标受众和潜在消费者关注的广告。

电商中的商品广告也有同样的目的，即为了达到宣传效果，最终实现商品销售目的，不同的是电商中的商品广告，尤其是淘宝中的静态商品广告基本都是用Photoshop来完成制作的，大多数的创意思维广告都可以借助Photoshop来实现。在了解了商品的卖点后，确定广告的风格和各方面的制作参数，挑选素材创建合适的场景或制作特定的效果来实现商品广告的表达。

◆ 任务实施

1. 新建文件，制作背景

1）新建画布大小为（750×1000）像素，分辨率为72像素/英寸，RGB模式，背景为黑色。

2）导入素材“电子”背景放置在底部合适位置，导入“墙面”背景并放置在上方与电子背景相接，在“图层”面板选择“墙面”图层，建立图层蒙版，将前景色调为黑色，选择“柔边画笔”工具，将公共栏透明度调为20%，擦掉电子与墙面背景拼接部分的线条，使二者能更自然地拼合在一起，然后按<Ctrl+M>组合键，使用“曲线”调整墙面颜色，使整幅画面更和谐，如图7-45所示。

图 7-45

2. 制作文字效果

选择“文字工具”，输入文案“触屏旋转”，在字符面板调整参数，选择合适的字体以及大小排列；导入“金箔纸”素材，“金箔纸”图层放置在文案图层上方，右击“创建剪贴蒙版”，调整金箔纸位置查看文字效果，可多复制两个金箔纸图层，依次做剪贴蒙版以增强效果，按<Ctrl+M>组合键并使用“曲线”调整亮度，如图7-46所示。

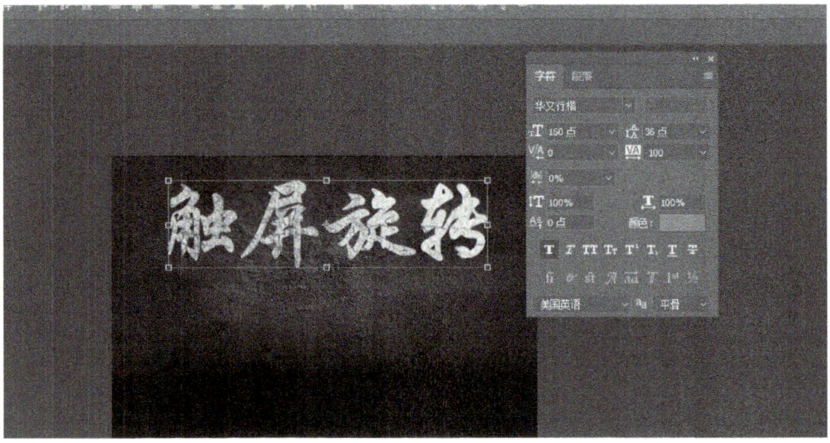

图 7-46

小提示

调整亮度或者调整色彩的方法有很多种，除了曲线外还有色阶和亮度/对比度等进行调整，还可以执行“图像”→“调整”命令选择调整图像的各个命令。

3. 制作描边正圆

1）选择“椭圆选区工具”，按<Shift>键用鼠标拖出直径为3cm的圆形选区，新建图层“圆1”，在选区中右击选择“描边”，宽度为1像素，颜色为“#c5e7b4”，如图7-47所示。

图 7-47

2）复制图层“圆1”两次，复制后的图层命名为“圆2”和“圆3”，将“处理器”“内存”和“分辨率”的图片素材放入画布，将其分别放置在3个圆中，然后在“图层”面板中分别选中“处理器”“内存”和“分辨率”图层，双击载入“图层样式”面板，选择“颜色叠加”，颜色为“#c5e7b4”；用“文字工具”分别输入下方文案，字体颜色为“#c5e7b4”，如图7-48所示。

图 7-48

4. 输入文字并导入素材

选择“文字工具”，在字符面板中设置参数，输入文案即可，颜色分别为白色和“#c5e7b4”，如图7-49所示。然后拖入“笔记本计算机”素材，放置在合适的位置即可，最终效果如图7-50所示。

图 7-49

图 7-50

项目评价

在这一项目中，通过了解Photoshop CC在各个领域的综合运用情况，学习在各领域的实操案例，理解Photoshop在电商美工中是如何运用的。选取“设计Banner条”和“设计商品广告”两个任务来完成电商领域的案例制作过程，并通过对本项目的学习，做出项目评价和自我评价。

项目14 电商美工领域应用	很满意	较满意	有待改进	不满意
项目设计的评价				
项目的完成情况				
知识点的掌握情况				
与本组成员协作情况				
客户对项目的评价				
自我小结				

项目15 动漫领域应用

学习目标

知识目标：掌握Photoshop CC在动漫领域的应用。

技能目标：能使用Photoshop软件绘制卡通动物、绘制儿童插画。

情感目标：培养学生的任务操作能力。

任务1 绘制卡通动物

任务情境

三年级的王同学临近毕业，在一家动漫公司求职时，有一个测试环节，要求绘制一幅动漫卡通动物。

设计要求：绘制十二生肖之中羊的可爱卡通形象，要求设计新颖独特，创新设计概念。

要求时间：两个小时。

任务分析

十二生肖中的羊给人的印象是形象温顺，并且设计要求绘制可爱的卡通羊形象，在设计时的用色要温和以符合羊的温顺性格。通过此项目，掌握绘制动漫卡通动物的技巧。

任务最终效果如图7-51所示。

图 7-51

必备知识

进行本任务之前，需要具备以下知识：数位板的使用，画笔工具的使用，钢笔工具的使用以及路径选择工具和直接选择工具的使用。

基本知识

1）数位板使用技巧：落笔要平滑、有力，为笔尖施加压力，尾笔提笔要放松；想要画出一条由A到B的连线，先试着浮空多练习几次，直到熟悉线条的轨迹，多练习有利于画出完美线条；画线要一步到位，不要慢慢磨；数位板的压感如果突然消失了，可以打开预设、调整笔势等，重新打开绘画软件，若没有解决问题，则可考虑去官网重新下载对应品牌型号的数位板驱动程序。

2）画笔工具中的流量设置：控制画笔颜色的轻重，就好比实物画笔中墨水的量，墨水越多，画出的效果越浓；墨水越少，画出的效果越淡。

3）钢笔工具组：

① 钢笔工具：绘制路径的常用工具。在界面中单击可以创建锚点和线段，最后把光标放到起点，光标右下角出现一个小圆圈的时候单击，可以使路径闭合。

② 自由钢笔工具：自由地创建路径。自由钢笔工具属性栏：曲线拟合是控制路径上锚点数量的多少（0.5～10px），数值越高，创建的路径锚点越少，路径越平滑；数值越低，创建的路径锚点越多，路径越不平滑。磁性的：勾上此选项，自由钢笔工具就好像磁性套索工具一样，会吸附在图像的边缘。宽度：指在移动光标时的跨度（1～256）。频率：控制路径上锚点数量的多少。

③ 添加锚点工具：在路径上单击可以添加一个锚点。

④ 删除锚点工具：在锚点上单击可以把锚点删除。

⑤ 转换点工具：用于曲线锚点和拐角锚点之间的相互转换。单击路径上的曲线锚点，可将其转换为拐角锚点。拖动路径上的拐角锚点，可将其转换为曲线锚点。

⑥ 绘制路径：用钢笔工具绘制路径时先单击一点，然后按<Shift>键再单击下一点，所绘制出的线条角度是45°的倍数。

⑦ 结束路径的绘制：按住<Ctrl>键单击路径以外的任何区域，这时路径所有的锚点消失，就结束了路径的绘制。

4）钢笔工具使用技巧：

① 画第一个点的时候按住鼠标拖动，会画出对称的方向线，同理在画下一个点的时候按住鼠标拖动也是一样的。如果要修改方向线按住<Alt>键并单击，拖动方向线就会变化大小和角度。拖动时按住<Shift>键可以以直线或45°进行绘制，同样在确定下一个锚点时按住<Shift>键也是同样的效果；

② 如果要修改已经画好的曲线可以用Photoshop里面的钢笔工具组，使用转化点工具可以修改曲线的方向，拖动曲线上的锚点即可；

③ 如果锚点不够，可以用鼠标在路径上增加。如果锚点过多，用鼠标移到锚点上，鼠标旁边出现减号时，单击该锚点即可删除。

5）路径选择工具：可以整体移动和改变路径的形状，还可以调整两个路径的相对位置。其使用方法类似于“移动工具”，只不过“移动工具”是对选取区域进行操作，而“路径选择工具”是对路径进行操作。

其属性栏各参数含义如下：

① 组合按钮：可以合并多个被选择的路径。

② 显示定界框选项：选择后会出现一个矩形定界框，通过这个矩形定界框上的调整手柄来调节路径的大小和旋转角度。

6）直接选择工具：可以改变路径的位置。它可以方便地对锚点、控制手柄、一段路径甚至全部路径进行移动、改变方向和形状操作。其属性栏没有任何参数。在路径外任意处单击，可以取消对路径的选取。将路径框架包围在该工具的选定范围之中，可以选中所有的锚点，这时锚点全部变为实心状，移动任何锚点或曲线都会使全部路径移动。提示：如果移动的时候按住<Alt>键，则可以将路径复制到新的位置。

◆ 任务实施

1．绘制草图

新建文档，自定义画布大小。新建图层，设置前景色颜色为#d1d6ad，按快捷键<Alt+Backspace>填充前景色。再新建图层，使用数位板，设置画笔工具参数并降低流量和不透明度，绘制卡通动物草稿，如图7-52所示。

图 7-52

2．绘制羊毛

1）使用钢笔工具进行绘制，如图7-53所示。结合删减锚点工具删去多余的锚点，并结合直接选择工具进行调整，绘制出羊毛部分，如图7-54所示。

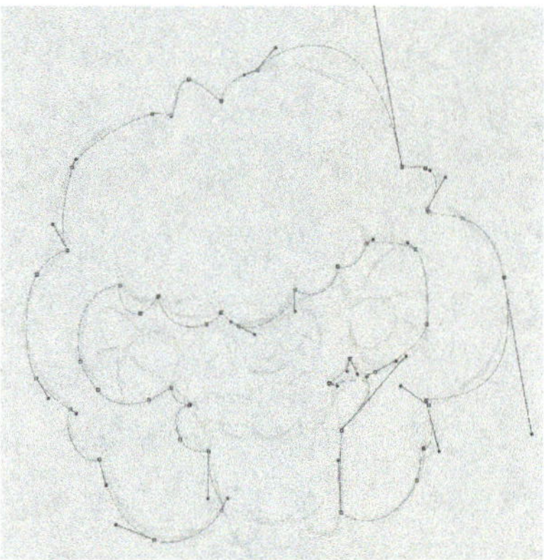

图 7-53

图 7-54

2）新建图层，导入素材“纹理”，右击栅格化图层，将钢笔绘制出的羊毛大型路径作为选区载入，如图7-55所示，反选选区并删除，如图7-56所示。

图 7-55

图 7-56

3）选择“图像”→“调整”→“色相/饱和度”命令，调整羊毛的颜色，调整数值如图7-57所示。最终效果如图7-58所示。

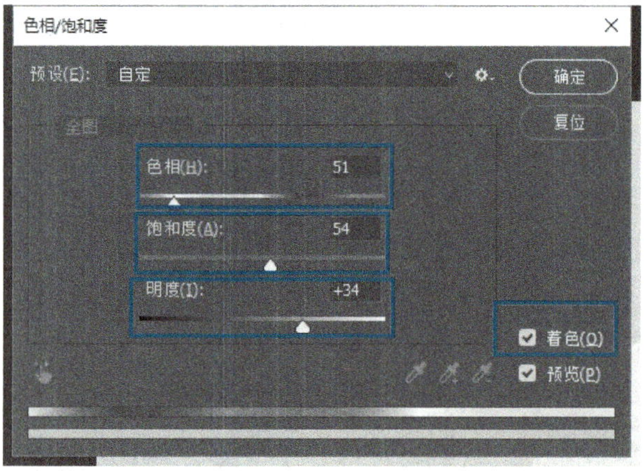

图 7-57

图 7-58

小提示

色相/饱和度快捷键：<Ctrl+U>反选捷键：<Ctrl+Shift+I>

新建剪切图层快捷键：<Shift+Ctrl+J>

3．绘制羊角

新建图层，使用钢笔工具绘制羊角外型，结合删减锚点工具删去多余的锚点，并结合直接选择工具进行调整，然后将“羊角外型”路径作为选区载入，填充颜色为“afb948”，如图7-59所示，最终效果如图7-60所示。

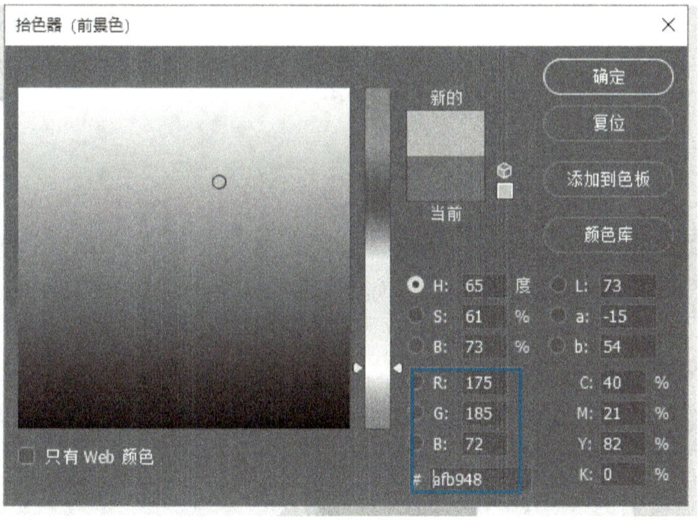

图 7-59

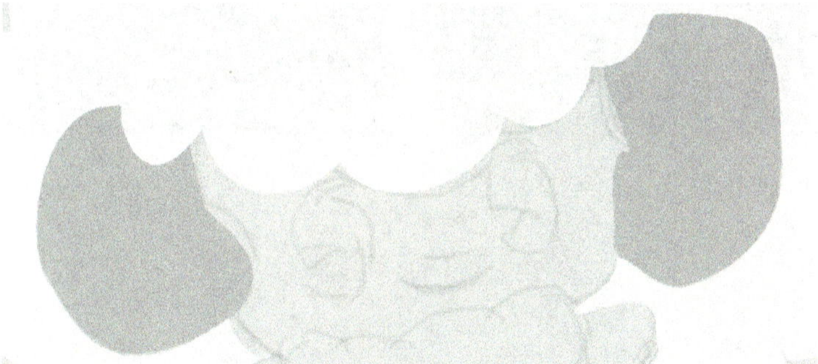

图 7-60

4．制作身体

新建图层，使用钢笔工具绘制羊的身体，结合删减锚点工具删减多余的锚点，并结合直接选择工具调整，然后将“羊的身体”路径作为选区载入，填充颜色为“b68c5a”，如图7-61所示，最终效果如图7-62所示。

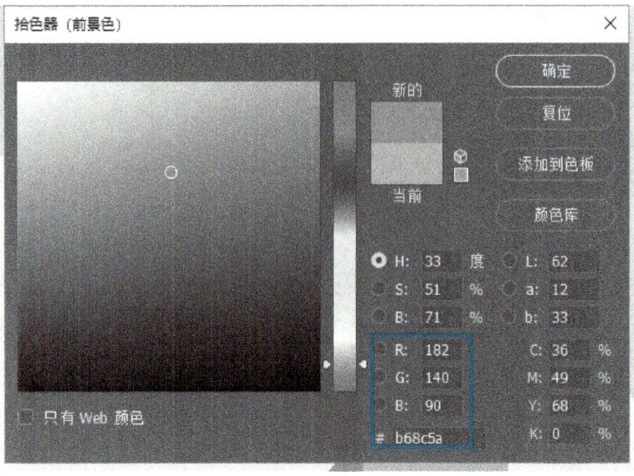

图 7-61

图 7-62

5. 制作羊脖毛、眼睛

新建两个图层，使用钢笔工具绘制羊脖毛、眼睛，结合删减锚点工具删减多余的锚点，并结合直接选择工具调整，然后将“羊脖毛”“眼睛”路径作为选区载入，填充“眼睛”颜色为“43262b”，如图7-63所示，填充“羊脖毛”颜色为“f0eac6”，如图7-64所示，最终效果如图7-65所示。

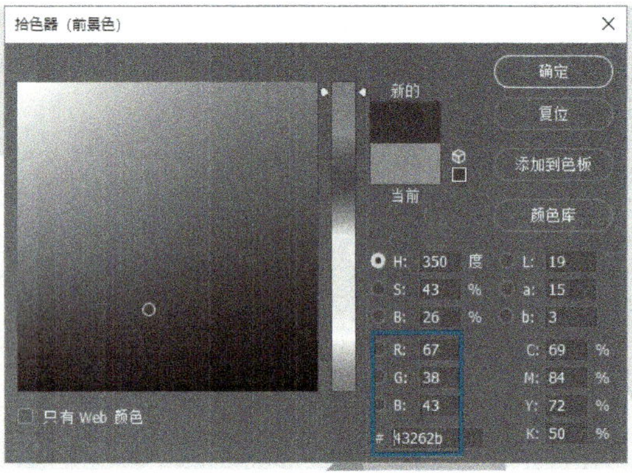

图 7-63

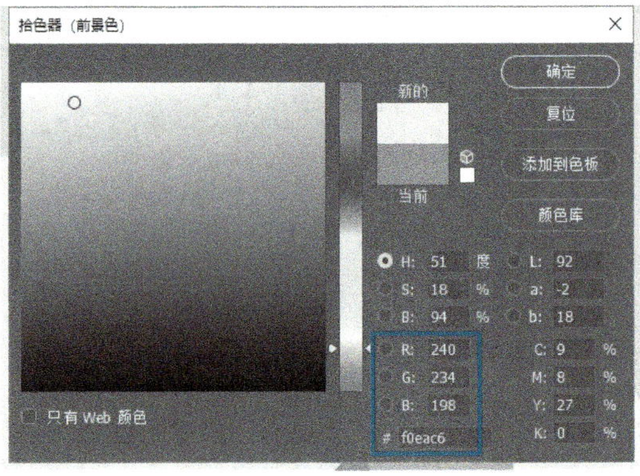

图 7-64

图 7-65

6. 用数位板绘制阴影

新建图层，使用数位板画笔工具，画笔大小为3像素，调整画笔的不透明度和流量，绘制阴影，如图7-66所示，最终效果如图7-67所示。

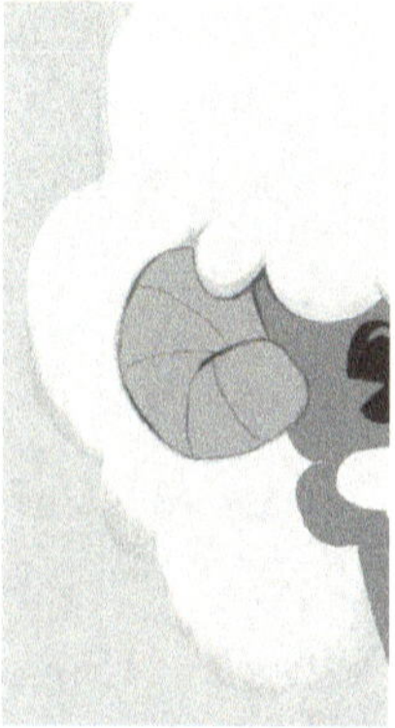

图 7-66

图 7-67

7. 绘制高光、眼睛、其他装饰及细节

使用数位板画笔工具，调整画笔大小，选择颜色为白色，选择木炭铅笔画笔，画笔不透明度和流量都设为100，绘制高光，如图7-68所示。选择画笔，设置颜色、流量和不透明度后绘制眼睛、鼻子和腮红，最终效果如图7-69所示，最终效果如图7-70所示。

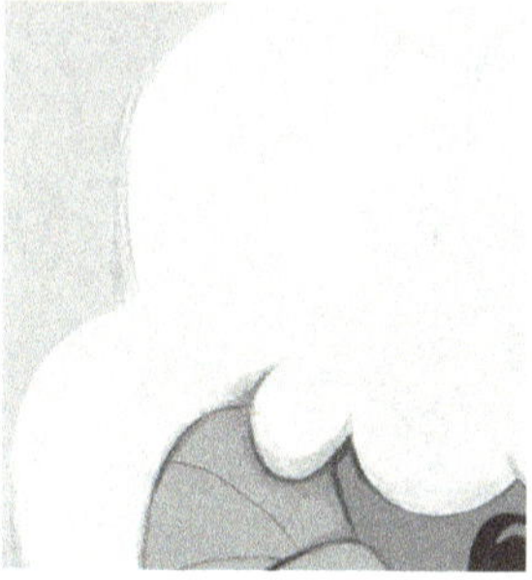

图 7-68

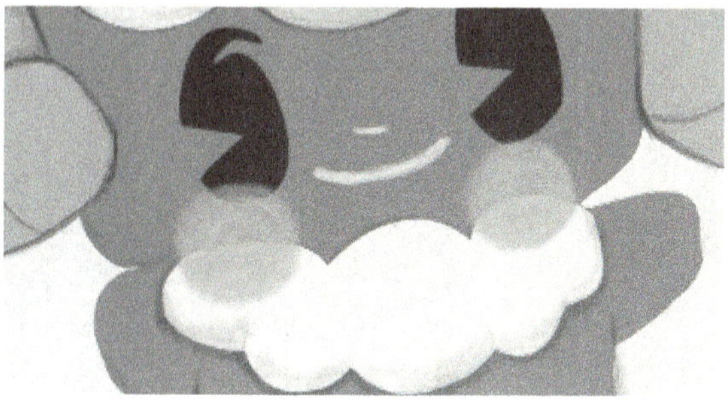

图 7-69

图 7-70

任务2　绘制儿童插画

任务情境

《幼儿画报》是最受年轻家长喜欢的儿童书籍之一，现需要为该书绘制一幅插画，为英文栏目的一篇文章《Dolphin show》配图。

设计要求：色彩鲜艳，符合儿童心理。

内容要求：尽量包含原文文字。

任务分析

为《幼儿画报》绘制插画时必须围绕文章《Dolphin show》，要体现文章内容所涉及的动物和场景元素。通过此项目，熟悉和理解儿童插画的绘制过程。

任务最终效果如图7-71所示。

图　7-71

必备知识

进行本任务之前，需要具备以下知识：画笔工具的使用，钢笔工具的使用，图层蒙版以及混合模式调整图层的综合应用。

基本知识

1）栅格化图层：因为通常情况下建立的文字图层、形状图层、矢量蒙版和填充图层等，不能在它们的图层上再使用绘画工具或滤镜进行处理。如果需要在这些图层上继续操作，就需要栅格化图层，它可以将这些图层的内容转换为平面的光栅图像。

2）矢量蒙版：是通过形状控制图像显示区域的，它仅能作用于当前图层。矢量蒙版中创建的形状是矢量图，可以使用钢笔工具和形状工具对图形进行编辑修改，从而改变蒙版的遮罩区域，也可以对它任意缩放而不必担心产生锯齿。

3）调整背景色相饱和度的方法有许多，可以添加调整图层，还可以选择“图像”→“调整”→“色相/饱和度”命令，快捷键为<Ctrl+U>。

4）色相/饱和度中是否着色的区别：如果选中“着色”命令，那么会使黑色图像变为单一颜色的彩色图像，或使彩色图像变为单一颜色的图像，例如，可以使整个图像呈红色或其他颜色等。选中“着色”时，对话框中的“编辑”下拉列表中会默认为“全图”。

任务实施

1. 制作海豚

1）新建文档，自定义画布大小。新建图层，用数位板画笔工具绘制海豚草稿，如图7-72所示，并使用钢笔工具绘制海豚外型部分，如图7-73所示。

图 7-72

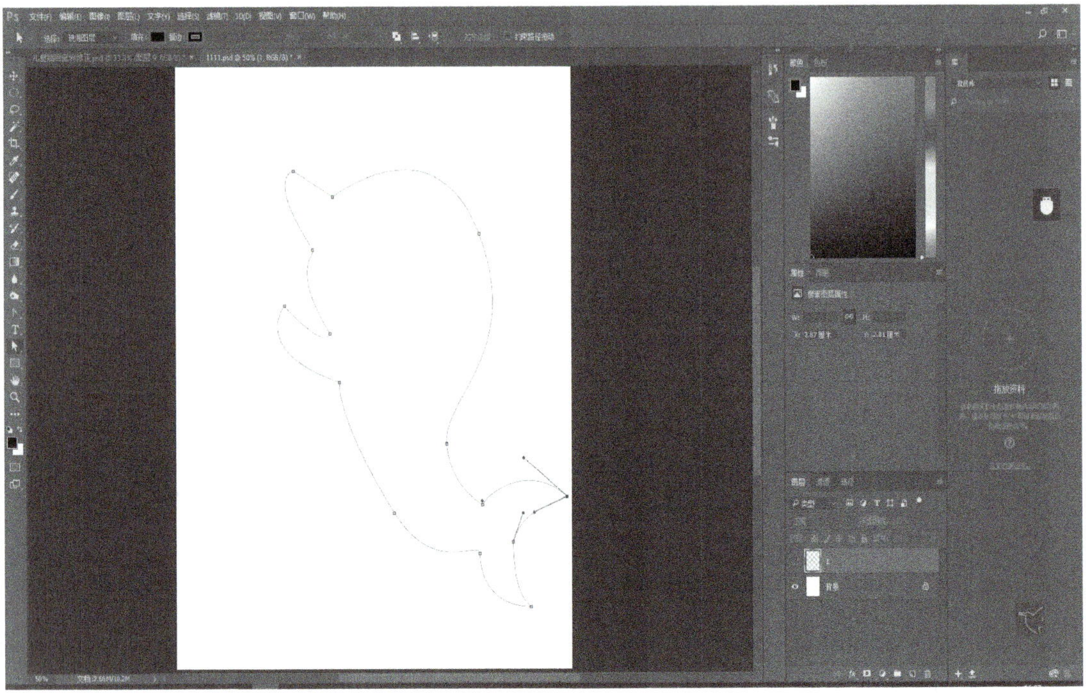

图 7-73

2）新建图层，导入素材“背景”图片，调整大小位置，并栅格化图层，如图7-74所示，将绘制的钢笔路径转化为选区，如图7-75所示。

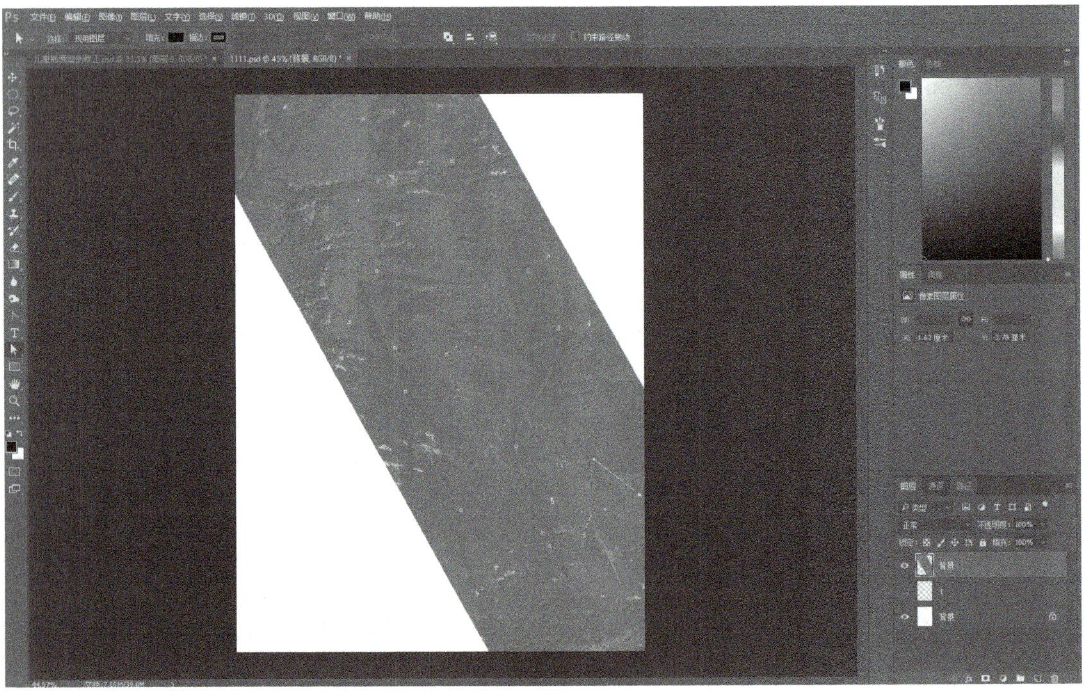

图 7-74

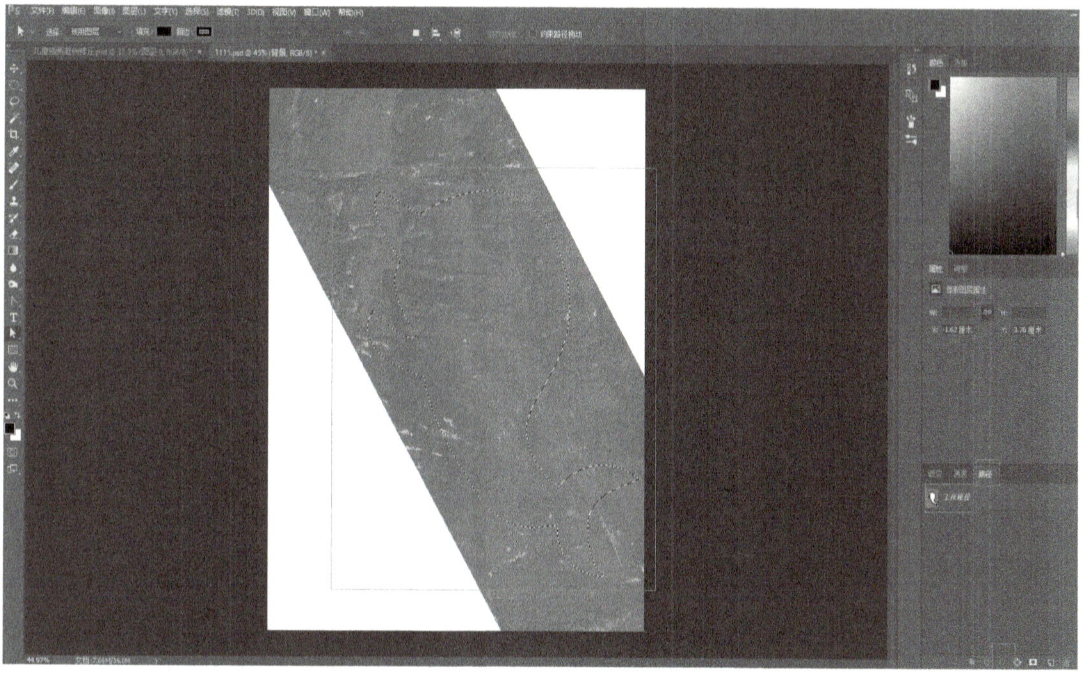

图　7-75

3）添加矢量蒙版，如图7-76所示，并按住<Ctrl>键单击图层蒙版缩览图选出海豚选区，创建色相/饱和度调整图层，调整数值如图7-77所示。给海豚着色，最终效果如图7-78所示。

图　7-76

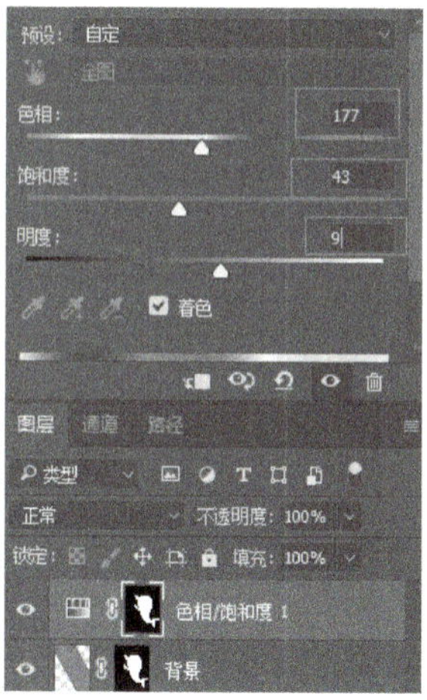

图　7-77

图　7-78

基本知识

创建调节图层的作用：可以在不影响原图的情况下，对图片进行调色、调亮度、加特殊效果等处理。

4）新建图层，导入素材“背景”，栅格化图层并复制，使用钢笔工具制作海豚的其他部分，使用“背景”素材创建矢量蒙版为绘制的部分着色，创建色相/饱和度调整图层，如图7-79所示。

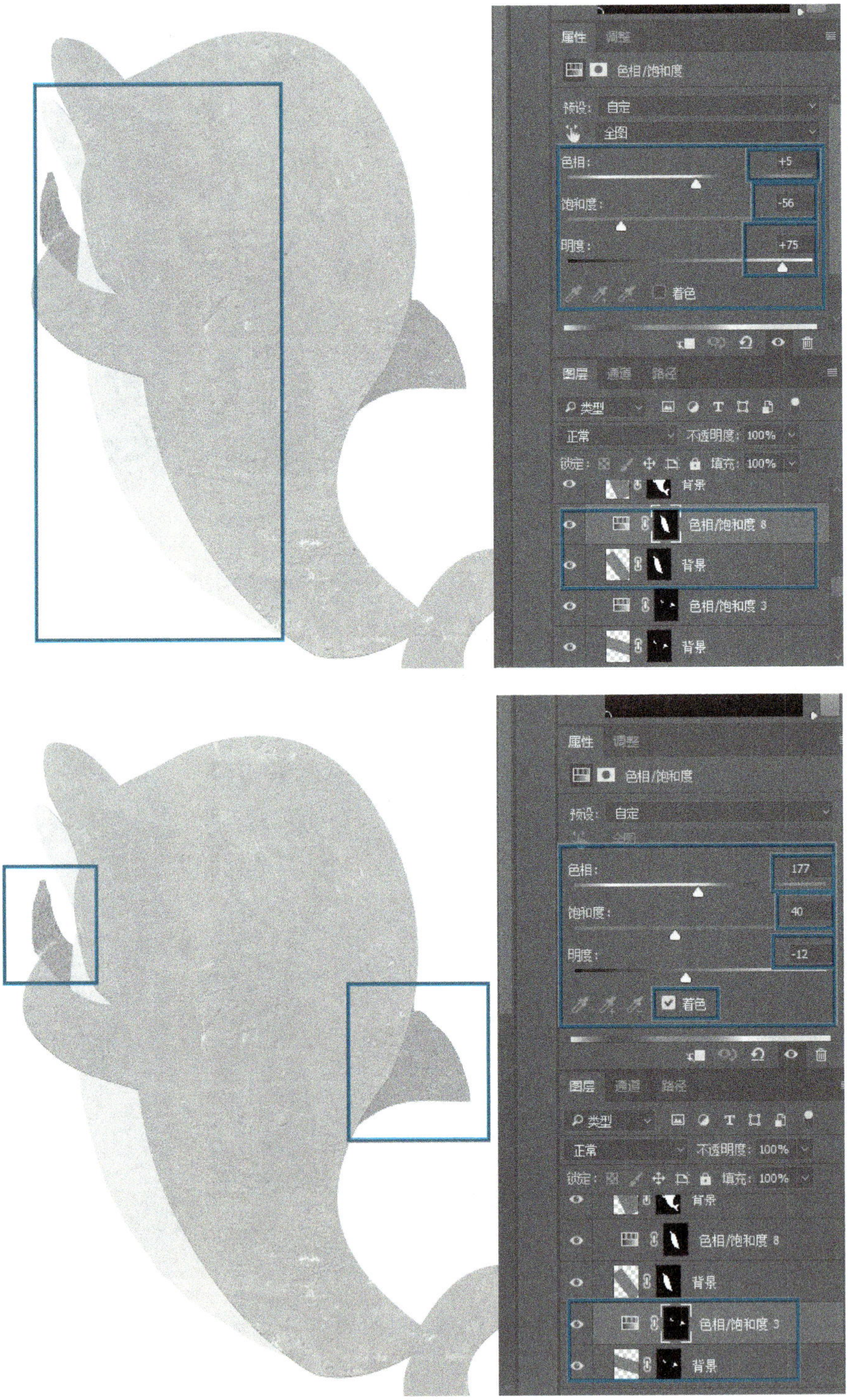

图 7-79

5）使用画笔工具，选择画笔工具中的蜡笔，调整大小，绘制海豚的眼睛、睫毛与眉毛，如图7-80所示。

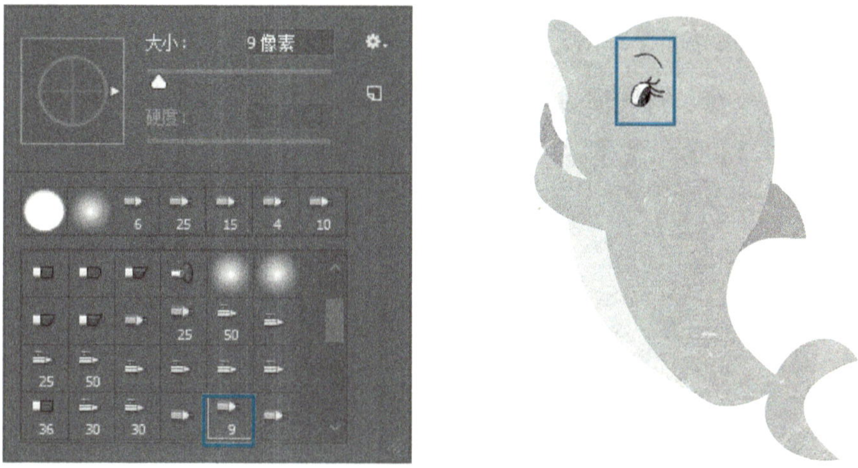

图　7-80

2. 制作色调鲜明的背景

新建图层，导入素材“背景”，栅格化图层，添加色相/饱和度调整图层，调整数值如图7-81所示，最终效果如图7-82所示。

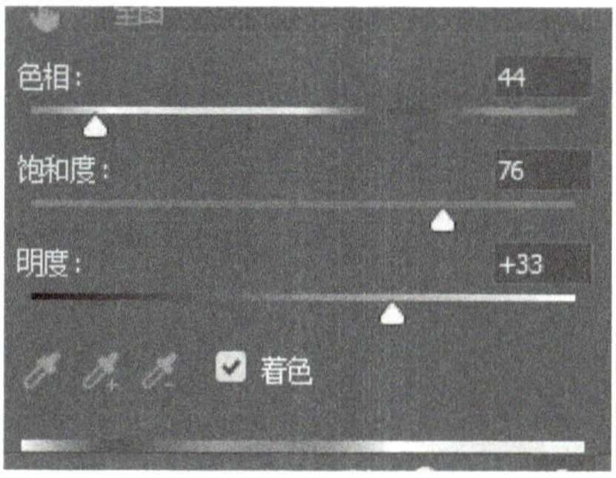

图　7-81

图　7-82

3. 制作层次分明的海浪

1）新建图层，导入素材“背景”，栅格化图层，调整方向位置并复制两个，分别命名“前”“中”“后”进行分层制作。首先制作“前”浪，使用钢笔工具或者套索工具绘制前浪，添加矢量蒙版，按住<Ctrl>键单击图层蒙版缩览图选出选区，创建色相/饱和度调整图层，调整数值如图7-83所示，最终效果如图7-84所示。

2）制作“中”浪。使用钢笔工具或者套索工具绘制中浪，添加矢量蒙版，按住<Ctrl>键单击图层蒙版缩览图选出选区，创建色相/饱和度调整图层，调整数值如

图7-85所示，注意叠放层次，放在海豚后面，最终效果如图7-86所示。

3）制作“后”浪。使用钢笔工具或者套索工具绘制后浪，添加矢量蒙版，按住<Ctrl>键单击图层蒙版缩览图选出选区，创建色相/饱和度调整图层，调整数值如图7-87所示，最终效果如图7-88所示。

图 7-83

图 7-84

图 7-85

图 7-86

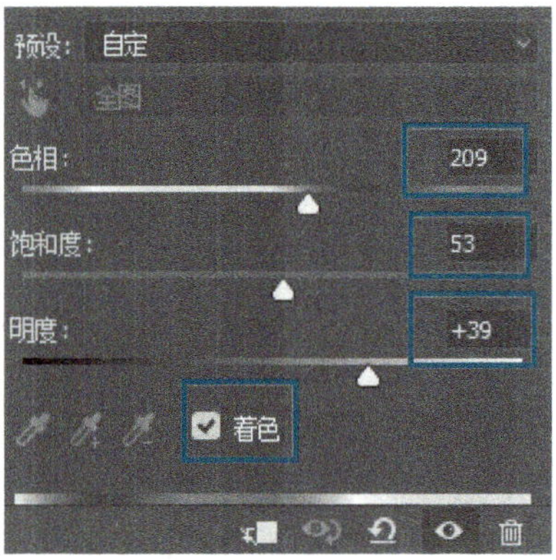

图 7-87

图 7-88

4. 制作装饰

制作小鱼，新建图层，导入素材“背景”，栅格化图层，调整方向位置，使用钢笔工具绘制小鱼，使用“背景”素材创建矢量蒙版为绘制的小鱼着色，创建色相/饱和度调整图层，并使用画笔工具绘制眼睛，使用同样的方法制作小浪花、白云，如图7-89和图7-90所示。

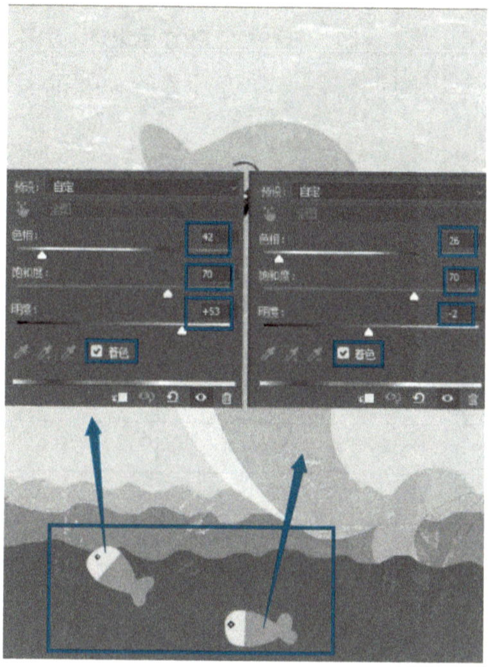

图　7-89

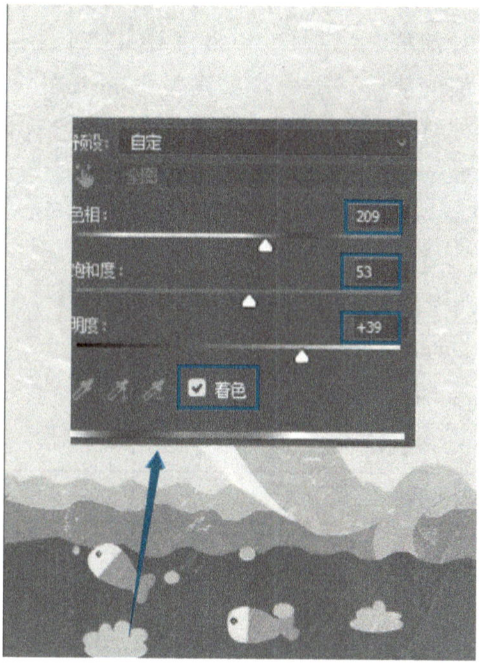

图　7-90

5．输入文字

输入“Did you see the dolphin show today?”，选择Comic Sans MS字体，字体大小为16，调整位置，最终效果如图7-91所示。

图　7-91

项目评价

在这一项目中，通过“绘制卡通动物”和“绘制儿童插画”两个任务，了解制作设计流程，掌握Photoshop CC的钢笔工具、图层矢量蒙版、调整图层基本操作以及数位板的使用，进一步激发学生的求知欲，培养学生的创新精神和设计才能，并通过对本项目的学习，做出项目评价和自我评价。

项目15　动漫领域应用	很满意	较满意	有待改进	不满意
项目设计的评价				
项目的完成情况				
知识点的掌握情况				
与本组成员协作情况				
客户对项目的评价				
自我小结				

参 考 文 献

[1] 前沿文化．Photoshop CS6中文版从入门到精通[M]．北京：科学出版社，2013．

[2] 马兆平，李仁，郑国强．Photoshop CC设计从入门到精通[M]．北京：清华大学出版社，2015．

[3] 夏磊，时延辉，冯海靖．Photoshop CC从入门到精通[M]．北京：人民邮电出版社，2017．

[4] 曹茂鹏．Photoshop CC 3D及动画极致应用[M]．北京：电子工业出版社，2015．

[5] 时代印象．中文版Photoshop CS6平面设计实例教程[M]．北京：人民邮电出版社，2014．

[6] 张松波．神奇的中文版Photoshop CC 2017入门书[M]．北京：清华大学出版社，2017．

[7] 创锐设计．中文版Photoshop CS6实例教程[M]．北京：人民邮电出版社，2014．

[8] 数码创意．中文版Photoshop CS6完全学习手册[M]．北京：中国铁道出版社，2013．